给水排水产品系列标准乡村建设应用实施指南

住房和城乡建设部标准定额研究所　编著

中国建筑工业出版社

图书在版编目（CIP）数据

给水排水产品系列标准乡村建设应用实施指南/住房
和城乡建设部标准定额研究所编著. —北京：中国建筑
工业出版社，2020.10
ISBN 978-7-112-25445-3

Ⅰ.①给… Ⅱ.①住… Ⅲ.①农村住宅-给排水系统-
建筑安装工程-指南 Ⅳ.①TU82-62

中国版本图书馆 CIP 数据核字(2020)第 175212 号

责任编辑：丁洪良 石枫华
责任校对：赵 菲

给水排水产品系列标准乡村建设应用实施指南
住房和城乡建设部标准定额研究所 编著

*

中国建筑工业出版社出版、发行（北京海淀三里河路 9 号）
各地新华书店、建筑书店经销
北京科地亚盟排版公司制版
北京建筑工业印刷厂印刷

*

开本：787 毫米×1092 毫米 1/16 印张：17¼ 字数：431 千字
2020 年 10 月第一版 2020 年 10 月第一次印刷
定价：**69.00** 元
ISBN 978-7-112-25445-3
(36427)

《给水排水产品系列标准乡村建设应用实施指南》
编委会

主 任 委 员：李　铮
副主任委员：展　磊
编制组组长：赵　霞
编制组成员：华明九　秦永新　任向东　王冠军　陈宝旭
　　　　　　王　锋　郑长华　何明清　刘志君　张　平
　　　　　　倪中华　杨艳玲　都的箭　章征宝　陈小丰
　　　　　　曹　掘　李　凯　张惠锋　赵秀英　刘宇奇
　　　　　　於华国　张德伟　刘丰年　李统一　程小珂
　　　　　　吕国钦　黄建聪　周敏伟　李艳英　陈梅湘
　　　　　　胡晓亮　邓帮武　杨大巍　许建华　邓永峰
　　　　　　刁小莉　李陶然　杨玉仁　邵　忆　王　燕
评审组成员：赵　锂　程宏伟　赵力军　王　研　杨政忠
　　　　　　刘绍根　郭金鹏

编 制 单 位

（排名不分先后）

住房和城乡建设部标准定额研究所
全国城镇给水排水标准化技术委员会
中国建筑金属结构协会给水排水设备分会
中国建筑金属结构协会国防系统机电设计分会
航天建筑设计研究院有限公司
军事科学院国防工程研究院
中国航空规划设计研究总院有限公司

火箭军工程设计研究院

海军研究院海防工程设计研究所

空军研究院工程设计研究所

北京工业大学

北京华夏源洁水务科技有限公司

北京国科绿源环境科技有限公司

浙江利欧环境科技有限公司

安徽华骐环保科技股份有限公司

上海冠龙阀门机械股份有限公司

广东联塑科技实业有限公司

济南迈克阀门科技有限公司

浙江正康实业股份有限公司

江苏河马井股份有限公司

保定力达塑业有限责任公司

戴思乐科技集团有限公司

南方泵业智水（杭州）科技有限公司

安徽舜禹水务股份有限公司

北京泰宁科创雨水利用技术股份有限公司

江苏百海环保科技有限公司

黄山拓达科技有限公司

江苏睿济鼎洲科技工程有限公司

北京瑞吉泉科技有限公司

威海瑞吉泉净水科技有限公司

前　言

实施乡村振兴战略，是党的十九大作出的重大决策部署，是决胜全面建成小康社会、全面建设社会主义现代化国家的重大历史任务，是新时代"三农"工作的总抓手，是符合我国当前社会实际的战略决策。乡村振兴战略必须坚持以乡村建设为中心，重视乡村的基础设施建设，基础建设要因地制宜、因村制宜。

当前，在乡村基础建设中，给水排水设施匮乏，重建设轻管理的现象严重，造成乡村的居住环境较差。因此，急需结合当前乡村发展的需要，寻求适合乡村经济自然条件的技术，以解决乡村地区给水排水系统及其生活污水处理方面的问题。乡村建设需要有整体性、系统性和协同性的综合解决方案，合理建设乡村的给水排水系统是乡村建设中的重要任务之一，对保证乡村居民的生活饮用水质量、降低环境污染具有重要意义。

目前，给水排水产品相关标准在乡村建设过程中，存在标准之间协调性不够、部分标准内容适用性不强，以及一线从业人员对于标准了解不全面、理解不透彻、把握不准确等问题，缺少具有特色的和实施性强的工作指南。为此，我所组织有关单位编写了《给水排水产品系列标准乡村建设应用实施指南》（以下简称《指南》），用于指导从事乡村给水排水建设领域工作的工程技术人员准确理解给水排水产品标准，并在实际工程中结合工程标准进行合理应用。

《指南》共分8章，对乡村建设给水排水产品标准进行了归纳和梳理，总结了乡村建设给水处理、给水系统、排水系统、污水处理及回用系统等环节的应用经验，对于给水排水乡村建设产品标准的应用实施具有重要的指导作用。本书具体内容包括：第1章对国内外乡村给水排水工程及产品标准的发展现状进行了概述；第2章介绍了乡村建设中给水排水工程的基本要求；第3章对给水处理系统建设从标准应用角度进行介绍；第4章对给水系统从标准应用角度进行了介绍；第5章对排水系统从标准应用角度进行了介绍；第6章对污水处理及回用系统从标准应用角度进行了介绍；第7章总结了给水排水产品标准在乡村建设过程中的常见问题，并进行案例分析；第8章从乡村给水排水模式规划、产品标准需求、产品标准应用、系统运营管理和智慧水务建设等方面进行了展望。

为了让读者更好地使用本书，对《指南》编写及应用有关事项说明如下：

1. 《指南》以目前颁布的给水排水产品标准为立足点，以其在工程中的合理应用为目的编写；

2. 《指南》重点介绍给水排水产品相关标准的应用，对标准本身的内容仅作简要说明，详细内容可参阅标准全文，《指南》不能代替标准条文；

3. 《指南》对涉及的相关标准的状态进行了说明，也参考了部分即将颁布的标准，相关内容仅供参考，使用中仍应以最终发布的标准文本为准；

4.《指南》列出了给水排水工程案例，目的是通过对案例中出现的问题进行分析，指导《指南》使用人员在实际工作中正确运用概念和技术，做到科学选材、合理设计、高效使用，避免同类错误的重复出现，切实提高给水排水工程产品的质量；

5.《指南》中案例说明不得转为任何单位的产品宣传内容；

6.《指南》及内容均不能作为使用者规避或免除相关义务与责任的依据。

由于给水排水产品涵盖内容广泛，书中选材、论述、引用等可能存在不当或错误之处，望广大读者多加理解，并及时联系作者以便修正，以期在后续出版中不断完善。

住房和城乡建设部标准定额研究所

2020 年 5 月

目　录

第1章 概述

解决乡村饮水安全是党中央、国务院高度重视和广大农民群众迫切需要的一项民生工程，是水利工作中贯彻和谐社会的具体体现。多年来，中央一号文件对于探索乡村饮水安全专管机构、水质监测中心、维修基金、排水污染问题等作出明文规定，将促进乡村给水排水系统的良性发展作为头等大事。各级政府把解决乡村饮水安全作为水利工作的首要任务，制定了总体规划，并采取有效措施，全力推进工程建设。

乡村给水方面，偏远地区主要是利用地表水和浅层地下水。地表水主要是指水库、山塘、池塘、溪坑、河道、渠道内的水，这些饮用水源本身就缺少必要的卫生防护，加上垃圾、废弃物等随意排放，使得水源很容易遭到污染，致使病菌滋生，直接导致多种疾病的产生。乡村中普遍使用化肥和农药，其残留物会随潜流渗入到地下水中，导致浅层地下水被污染。此外，由于城市工业废水与生活污水的随意排放，致使多地的饮用水源出现较重的污染，危害的区域还呈逐渐扩散的趋势。

发达地区乡村给水基本上已实现水厂供水，但供水质量与城市相比还存在一定差距，其原因有如下几方面：

（1）乡村给水水质检验和检测不到位，导致很多工程给水水质难达标准。究其原因：一是基层水利部门传统上是保证给水、重视工程建设，轻视水质检验工作；二是提供水质检测的水厂积极性不高，水样自检和送卫生部门抽验手续麻烦、收费高，对于出厂水质行业监督跟不上，水质检验和抽验工作实际上难以落实；三是国家水质监测经费不足，监测部门没有能力到乡村进行质量检测。

（2）乡村给水工程建设初期不规范。主要表现在对饮用水水源的水质问题重视不够，初步设计时标准较低，有些工程仅凭肉眼观察或经验推测判定水质是否安全，没有进行水质化验分析；有些工程在设计过程中没有考虑设置净化、消毒设施等，导致工程从开始建设时，就已是不安全工程了。在乡村给水工程建设初期因缺少对水源的科学评估，无法采取适当的水处理措施，以保证饮用水安全。

（3）乡村给水设施竣工后运行管理体制和机制不健全，工程难以良性运行。乡村给水工程面广、量大，但是单个工程规模小，管理难度大，有些给水工程产权不清，管理机构不健全，不少乡村饮水工程只有1人～2人管理，且绝大多数未经过培训，业务水平较低。部分集中给水工程水价不合理，水费征收率低，加上地方财政困难，没有资金补助，不少工程甚至连正常的运行经费也无法保证，影响了工程效益。据不完全统计，目前多数乡村饮水工程处于亏损经营状态，很难满足良性运行的要求。

（4）工业废水与生活污水未实现达标排放，生活垃圾得不到规范处理，农药与化肥用量持续增多，导致大量饮用水源被污染，特别是地表水与浅层地下水，污染问题尤为严重。

（5）村民对饮用水的安全意识比较淡薄。乡村因为经济落后，村民认为有水用就可以了，对水质的安全没有产生足够的认识。

同时，乡村排水问题也非常突出，没有纳入城镇污水管网、没有处理、直排水源等现象非常严重。

乡村生活污水不加处理，直接排放到自然水体，而工业废水只有少量经轻度处理后排放，严重污染了水资源。乡村只有部分镇区铺设污水管道，而且多采用雨污合流的排水体制。很多地区无力建设排水管网及集中式污水处理设施，90%以上的生活污水未经任何处理，直接排入附近的河流湖泊，造成严重的水环境问题。同时，村庄沟渠的排水断面普遍偏小，常被垃圾堵塞，致使街巷污水漫流，严重影响周围环境。乡村地区的地理环境和居住习惯造成生活污水源头分散，难于收集处理。乡村生活污水含有机质、氮磷营养物质、悬浮物，以及病菌等成分，污染物浓度较高。

在乡村生活污水的处理上，政策、标准缺位，技术选择偏离实际需求，是乡村污水治理面临的首要问题。由于尚未出台乡村生活污水排放标准，乡村地区的出水水质和对工程的设计、施工、评价、验收都只能依照城市标准，由此造成了实际运行成本高等问题；乡村地域广、生态环境和经济水平等情况差异大、污染点多且分散，再加上现有技术适用性不强，导致一些地方乡村污水处理的技术选择偏离实际需求。2018 年 9 月 29 日，住房和城乡建设部、生态环境部联合发布了《关于加快制定地方农村生活污水处理排放标准的通知》，通知提到，乡村生活污水能就近纳入城镇污水管网的，执行现行国家标准《污水排入城镇下水道水质标准》GB/T 31962；500m³/d 以上规模（含 500m³/d）的乡村生活污水处理设施可参照执行现行国家标准《城镇污水处理厂污染物排放标准》GB 18918；乡村生活污水处理排放标准原则上适用于处理规模在 500m³/d 以下的乡村生活污水处理设施，各地可根据实际情况进一步确定具体处理规模标准。

乡村污水的污染面广、设施分散，导致运营管理成本高、难度大。由于污水治理基础设施匮乏和监管制度不完善等因素，一些乡村地区的生活污水未经处理随意排放，已经成为影响乡村人居环境、威胁身体健康的突出问题和制约推进宜居宜业的美丽乡村建设的短板。乡村生活污水处理点多量少，农户居住相对分散，有些村即使已建污水处理站，但复杂的管理工艺、昂贵的维护费用，村民可承受的污水处理费有限，无法完全实现"污染者付费"，财政渠道的资金来源不足，扶持措施不力，社会资本参与度不高，给乡村带来较大负担，专业技术人员缺乏也是造成部分乡村地区污水处理设施不能长期有效运行的重要原因，导致乡村污水处理站常常出现"晒太阳"问题。

1.1 我国乡村给水

1.1.1 发展历程

（1）起步阶段（1949～1973 年）：20 世纪 50～60 年代，国家主要结合兴修灌溉工程，兼顾解决乡村饮水困难，组织缺水地区群众，以一家一户为单位挖水窖、打旱井、修水池，工程规模很小。

（2）解困阶段（1974～2004 年）：从 1974 年到 2004 年，国家通过以工代赈、氟病区改水、扶贫攻坚、安排专项财政资金等措施，累计解决了 2.8 亿乡村居民饮水困难问题，结束了乡村长期存在的"没水吃"和取水困难的历史。

（3）给水安全阶段（2005～2015年）：2005～2015年历时11年的全国乡村饮水安全工程建设，总投资2800多亿元，其中2005年，通过实施乡村饮水安全应急工程，总投资77.9亿元，解决了2120万人的饮水安全问题。"十一五"期间，总投资1053亿元，新建集中给水工程22.1万处，分散给水工程66.1万处，解决饮水不安全人口2.12亿人。"十二五"期间，总投资1768亿元，新建集中给水工程28万处，解决饮水不安全人口3.04亿人。

截至2015年年底，我国集中给水工程100万处，全国乡村集中给水率为82%，自来水普及率为76%，集中给水人口7.5亿人左右，占乡村总人口80%左右。

2019年水利部门将聚焦"建得好""改得好""管得好"，梯次推进乡村饮水安全巩固提升，全面提升乡村饮水安全保障水平，到2019年年底全国乡村集中给水率达到86%，自来水普及率达到82%。

1.1.2　发展现状

根据《中国农村发展报告（2018）：新时代乡村全面振兴之路》，2016年仍有2011万农户的饮用水为不受保护的井水和泉水，占8.7%，其中东部、中部、西部、东北地区这一比重分别是3.5%、11.9%、11.8%、85.3%；130万农户的饮用水为江河湖泊水，占0.6%。我国乡村给水总体情况：设施普遍简陋、规模较小，以传统、落后的分散式给水为主，自来水普及率低，管理落后。

（1）集中式给水：根据水利部2005年12月编制的《全国农村饮水安全现状调查评估报告》，截至2004年年底，集中式给水受益人口只占乡村总人口的38%，其中200人以上或日给水能力在20t以上的集中式给水受益人口占乡村总人口的33%，日给水能力大于200t的集中式给水受益人口仅占乡村总人口的13%；多数工程只有水源和管网，无净化消毒设施和检测措施，有水处理设施的给水工程只占8%左右；乡村集中式给水中，多数为单村给水，交由村民承包管理；尚有1万多个乡镇无自来水。许多给水工程由于设计给水能力远大于实际用水量，致使运行成本加大。

（2）分散式给水：分散式给水人口占乡村总人口的62%，多数给水设施为户建、户管、户用的微小工程，其中，67%的分散式给水人口为浅井给水，3%为集雨，9%为引泉，21%直接取用河水、溪水、坑塘水、山泉水或异地取水。

（3）从分省情况看，各省（自治区、直辖市）都有饮水不安全人口，且人口多的省份，饮水不安全人数相对较大；饮水不安全人口占乡村人口比例较高的省区多为少数民族地区和边疆地区；中部和西部的饮水不安全人数均多于东部。

（4）从给水设施看，饮水不安全人口多数为设施简陋的分散式给水，少数为水源水质差、缺乏有效水处理设施的集中式给水。

我国乡村给水工程建设已由解决广大村民有水喝，满足人们生存需要饮用水量的基本要求，发展到既要保证水质安全，又要满足村民需求；从以小型分散式给水或单村集中式给水方式，向城乡给水一体化，以乡镇为中心的集中式给水为主，分散式给水为辅的模式发展。随着我国乡村经济的发展和广大村民生活水平的提高，合格的自来水是乡村给水工程建设的发展方向。

1.1.3 特点和难点

乡村给水排水系统需遵循"因地制宜，适宜技术"的原则，具体问题具体分析，这样才能建设成为真正意义上的新农村，而不是城市模式在乡村的再版。乡村饮水工程属于公共事业工程，回报能力低，难于维持，部分地区建成饮水工程后，还未达到设计使用年限，就因管理、维修问题提前报废而停用。

乡村给水主要有如下特点和难点：

（1）乡村人口居住分散，给水工程因规模小，点多、面广、量大但效益低，难以实现专业化管理。

（2）地形条件复杂，区域差异性大。特别是包括青藏高原、云贵高原等在内的广大山丘区乡村，山高水低、地形变化大，工程建设难度大。

（3）水源条件差，劣质水、污染水问题突出。乡村给水水源往往是就地选择，水源类型多、规模小，保护性差，供水保证率低；同时由于水质条件差，高氟水、苦咸水、铁锰超标水和污染水问题突出，缺乏有针对性的水处理技术和设备。

（4）乡村给水发展滞后，工程建设与管理人员缺乏。2004 年以前，全国乡村给水以饮水解困为主，主要解决"没水吃"和取水困难的问题，工程投资少，建设标准低，给水设施简陋，只有水源和管网，普遍缺乏水处理设施，不能满足饮水安全要求。运行管理专业人员缺乏的问题依旧存在。

（5）乡村经济条件差，管理水平低。乡村基础设施薄弱，经济发展滞后，村民收入和管理水平低，需要经济适用、操作简单、管理方便的给水技术和设备。与此同时，部分村民的饮水安全意识薄弱，对水价政策不理解，存在用水量少、不愿交水费等问题，影响工程正常运行。

（6）乡村给水科研积累严重不足。国家和行业基本没有重大的乡村给水科技计划项目，研究资料、实验条件、规划设计与研发技术人员缺乏，没有形成适合乡村给水特点的工程规划设计指南、标准图集和水处理、消毒与水质检测技术及设备。

1.1.4 主要成效和经验

1. 主要成效

（1）2014 年全国乡村饮水安全总人口 86230 万人，乡村改水累计受益人口 91511 万人，比 2000 年增长 3.9%。

（2）新建集中给水工程 100 多万处，给水状况大幅度改善，截至 2016 年年底，全国建制镇用水普及率达到 83.9%。

（3）基本形成了乡村给水工程建设管理办法。"十五"期间，共制定给水排水相关技术标准 194 项，修编的标准为 16 项。2007 年国家发改、水利、卫生等三部委出台《农村饮水安全项目建设管理办法》，2013 年国家发展改革委、水利部、卫生计生委、环境保护部、财政部等五部委出台《农村饮水安全工程建设管理办法》。内蒙古、甘肃、山东、安徽、浙江、湖北等省（自治区）先后发布了省级《农村供水管理办法》；2019 年 1 月 3 日，水利部出台《关于建立农村饮水安全管理责任体系的通知》，指导各地建立健全乡村饮水安全管理责任体系，确保乡村饮水工程建得成、管得好、长受益。

（4）挂牌成立了专管机构。2006年12月，水利部发文，挂牌了"水利部农村饮水安全中心"（水人教〔2006〕40号），承担乡村饮水安全有关规划、标准的制定；工程项目评估与咨询；技术推广、培训、宣传，以及项目管理和技术服务等工作。湖北、四川、辽宁、贵州、陕西、安徽等省先后成立了农水局、供水管理总站等省级专管机构，安徽定远、湖北潜江、辽宁黑山等县成立供水管理总站、供水公司等县级专管机构。

（5）形成了多种管理模式。如山东商河和桓台、河北固安和海兴等县级事业单位管理模式，江西省、湖北潜江、辽宁黑山等公有水务公司管理模式，安徽阜南和泗县、湖北潜江、山东沂源等县级政府授权管理模式，安徽定远股份制公司管理模式，安徽阜南、山东临朐小型工程委托管理模式等。

（6）初步建立乡村给水工程技术标准体系。《村镇供水工程技术规范》SL 310 内容涵盖村镇供水规划，集中供水工程设计，施工与验收，集中供水工程运行管理，分散供水工程建设与管理等。

2. 主要经验

（1）党和国家高度重视。在《国民经济和社会发展第十一个五年规划纲要》和《国民经济和社会发展第十二个五年规划纲要》中，把乡村饮水安全工程列为美丽乡村建设的重点工程，明确提出解决乡村饮水安全问题的目标任务。

（2）坚持摸清现状、规划先行。2005年水利部牵头组织实施了"全国农村饮水安全现状调查评估"，摸清了现状和问题。在此基础上，组织编制了《全国农村饮水安全工程"十一五"规划》和《全国农村饮水安全工程"十二五"规划》，经国务院批准实施。

（3）工程建设资金以中央和省级政府投资为主。"十一五"和"十二五"期间，全国乡村饮水安全工程建设总投资2821亿元，其中中央投资1805亿元，占64%，地方投资1016亿元（包括地方政府投资、受益群众自筹、社会融资）占36%。其中省级政府投资不低于地方投资的50%，受益群众自筹资金不超过工程总投资的10%。

（4）科研与工程建设紧密结合。科技部先后批准实施了"十一五"和"十二五"国家科技支撑计划项目"农村安全供水集成技术研究与示范"和"村镇饮用水安全保障重大科技工程"，国拨经费1.08亿元，集中水利、卫生、教育、国土等国内一流研发团队，开发形成了一批先进实用科技成果，并试点示范应用，为工程规划设计、建设与管理提供了有力的科技支撑。

1.1.5 面临的主要问题

国家一次性投资建设给水排水工程，按运行成本收费的办法无法根本解决水质超标等饮水不安全问题，也是导致给水工程设计能力远大于实际用水量的根本原因，需要进一步加大国家财政补贴的力度。发达国家的历史表明，国家财政补贴是解决乡村饮水困难的根本途径。建设高标准集中给水工程、实现城乡给水一体化是解决乡村饮水安全的根本出路。

目前，我国乡村给水主要面临如下问题：

（1）多数给水工程规模小、持续性差。全国100万处乡村集中给水工程，平均每处受益人口750人。其中90%以上为小型单村给水工程，占给水人口40%以上，难以持续运行。

（2）水源可靠性差，缺乏保护。规模以上集中给水工程水源可靠率为 70% 左右，规模以下集中给水工程水源可靠率为 50% 左右。大多数工程没有划定水源保护区或保护范围，更缺少污染防控措施。

（3）净水消毒设施不完备、使用不规范，水质合格率比较低。规模以上工程配备水质化验室的比例为 30%；给水规模 $20m^3/d \sim 1000m^3/d$ 工程配备水处理设施比例为 23%，配备消毒设备比例为 29%；给水规模 $20m^3/d$ 以下工程基本没有水处理和消毒设备。规模以下工程消毒设备普遍没有正常运行。卫生部门监测结果显示，乡村给水水质合格率还比较低，部分地区中小型工程细菌学指标超标严重。

（4）部分工程设施和管网老化失修。特别是 2004 年以前建设的 30 多万处集中给水工程，由于建设标准低、运行维护机制不健全，取水工程、净水设施和管网老化严重，给水可靠性差，漏损率高。全国集中给水工程管网漏损率多在 20%～30%。

（5）乡村给水法律法规、管理体制机制不健全。全国及大部分地方尚未出台乡村给水管理条例或管理办法，多数工程产权不清、管护责任不明。全国乡村集中给水工程由村委会、乡镇、县级水利部门和企业管理的比例分别为 45.6%、22.8%、18.2% 和 13.4%，专业化管理程度低；大多数工程尚未建立合理的水价形成机制，执行水价低于运行成本，实收率低，还有 1/5 以上工程不计收水费。此外，部分县没有建立专管机构和维修养护基金，乡村给水技术服务体系建设滞后。

综上所述，近年来全国乡村给水发展迅速，成效显著，但由于基础薄弱、工程量大面广、投资标准低，乡村给水总体处于"低水平、广覆盖"的普及阶段，依然存在给水规模小、设施不完善、供水保证率、自来水普及率、水质达标率、信息化、专业管理水平低的问题，与全面建成小康社会的要求不适应。修建乡村给水工程是一项惠及子孙的伟大工程，怎样经济、合理地做好乡村给水工程的规划和设计，使其能发挥最佳效益，应从用水量的确定、水源的选择、管网布设、用户等四个方面协调考虑。

1.2 我国乡村排水和污水处理

1.2.1 发展历程

我国乡村排水和污水处理可以分为三个阶段：起步阶段、发展阶段和快速发展阶段。

（1）起步阶段（2005～2008）：该阶段国家逐渐开始重视乡村环境保护问题，并期望通过政策的制定引导产业的发展，国务院、建设部、环保部重点出台了 5 项政策措施。

（2）发展阶段（2008～2015）：该阶段的特点为政策探讨、资金配套和示范建设，主要表现为 21 个省、直辖市及自治区的"全国农村环境连片整治示范"及相关政策配套。

（3）快速发展阶段（2015～至今）：该阶段的特点为政策及机制完善、大力推进和区域综合服务。

1.2.2 发展现状

据住房和城乡建设部统计，我国乡村污水处理率 2006 年仅为 1%，2010 年为 6%，

2014 年为 9.98%，2016 年增长到 11.4%。2014 年，我国有 3821 个建制镇对生活污水进行了处理，占比达 21.7%，污水处理能力达 2345 万 m³/d。其中，浙江、上海、江苏、山东、重庆、北京对生活污水进行处理的建制镇个数比例分别达到 97.1%、92.2%、82.8%、57%、51.9%、37.2%，在全国处于领先水平。2019 年 5 月 6 日，国家发展和改革委员会在专题新闻发布会上介绍，2018 年户籍人口和常住人口城镇化率分别提高到 43.37%、59.58%。乡村基础设施和公共服务设施的历史欠账仍然较多、短板依旧突出。比如，城市的污水、生活垃圾处理率分别为 95%、97%，而乡村仅为 22%、60%；城市的每千人卫生技术人员数为 10.9 人，而乡村仅为 4.3 人。

根据《中国农村发展报告（2018）》，2013 年～2017 年，中央财政累计投资 6592 亿元用于支持乡村生态环境建设，保护乡村山水田园景观，保持乡村环境整洁。2018 年 9 月 29 日，生态环境部、住房和城乡建设部印发了《关于加快制定地方农村生活污水处理排放标准的通知》，标志着国家有了乡村生活污水处理排放要求，对指导推动各地加快制定乡村生活污水处理排放标准，突破当前乡村污水治理的瓶颈，具有划时代、里程碑、历史性的意义。

1.2.3 特点和难点

长期以来，我国乡村排水和污水处理设施严重不足，随着国家对乡村污水治理力度的加大，近几年建设生活污水处理设施的行政村比例增长迅速。乡村污水与城市污水有所不同，不同地域生活习惯不同，人均生活用水量、排放强度和规律存在差异，平均水平远低于城市人均用水标准和污水排放量；乡村生活污水排放比较分散，个体水量较小，呈不连续状态；对于人口流动大的村庄，污水排放量的季节性波动大，统计困难。导致乡村污水排放标准缺失、缺乏科学的决策系统、缺少设备质量认证体系、缺乏有效的乡村生活污水处理设施长效运营机制，许多已建乡村污水处理设施不能正常运行。

1.2.4 主要成效和经验

1. 主要成效

（1）形成较完善的污水处理方式。目前我国乡村生活污水处理常用方式有三种：纳管区域集中处理、村落集中就近处理、分户原位处理。

（2）形成多种不同的污水处理工艺技术。初级处理技术有化粪池、厌氧生物膜反应池等；生物处理技术有生物膜反应器、序批式活性污泥法（SBR）、氧化沟、厌氧—缺氧—好氧法，生物脱氮除磷工艺（A²/O）等；此外还有人工湿地、稳定塘、土地渗滤等生态处理技术，以及化学除磷、消毒等化学法处理技术。

（3）乡村卫生实施达到改善。根据《中国农村发展报告（2018）》，2016 年全国乡村累计卫生厕所户数达到 21460.1 万户，是 2000 年的 2.2 倍；累计使用卫生公厕户数达到 3502.6 万户，无害化卫生厕所普及率达到 60.5%。2017 年和 2018 年全国分别完成 2.8 万个和 2.5 万个村庄环境综合整治任务。

（4）形成较完善的污水治理体系。只有在相应的体系内，技术才能长效发挥作用。污水处理体系包括法规标准、科学选择的技术和管理。需要建立长效运营机制、有效监管机制和资金保障机制。资金保障需考虑建设成本、运营成本和监管成本。

2. 主要经验

（1）因地制宜，区别对待。我国幅员辽阔，各地区环境、经济差异较大，需要结合当地情况构建乡村污水处理体系。

（2）与市政设施相适应。在城镇化率高、人口密度大、经济发达的地区，将乡村污水处理设施作为市政基础设施的一部分，与城镇污水处理设施统一管理。通过城乡统筹和专业化管理，以及固定的资金保障，可以确保乡村污水处理设施的长期稳定运行。在欧美等发达国家的一些小镇和居民区采用此方式较多。我国江苏省、浙江省等一些经济发达的地区城镇化率较高，实施城乡一体化管理，在此方式的乡村污水处理方面也积累了经验。该体系的优点是污水处理设备效率高、占地小、处理水质好，不足之处是污水处理设施的建设和运行成本高，管理人员的专业化程度要求高。

（3）与农业生产相适应。中国是一个历史悠久的农业古国，传统农业延续了近3000年。传统农业以自给自足的自然经济为主导，具有低能耗、低污染特征。现代农业注重农业生产效率，将种植与养殖分离，割断了传统农业种养结合、相互依赖的内在循环，用化肥代替传统的农家肥。因此，原先进入农业生产循环的人畜粪尿成为污染源，需要对其进行处理和处置。自20世纪70年代以来，人们逐渐认识到化肥超量施用所带来的环境污染、食品安全受到威胁、能源浪费等一系列的问题。

（4）与中国国情相适应。中国是资源缺乏的国家，水资源人均拥有量仅是世界人均量的1/4。污水作为非常规水资源利用是弥补水资源不足的有效途径之一，而乡村具备污水资源化利用的先决条件。中国的耕地面积占世界耕地总面积7%，养活的人口占世界人口的22%。人粪尿占污水中有机污染物总量的60%，氮和磷总量的90%以上，将人粪尿回用于农田可减少污染物的外排。但长期以来村民已经习惯于依赖化肥的使用，很少有人愿意再使用传统的人畜粪尿收集和还田的方式，因此需要针对从源分离到资源分类分质利用全过程，建立相应的现代化的方法和管理模式。

（5）与乡村改厕相适应。乡村改厕是目前国家重点关注的领域，改厕重点解决了农户的卫生问题，但若厕所粪尿和污水得不到有效的处理与处置，则会产生环境问题，因此需要配套相应的处理设施。不同类型的厕所对于处理设施要求是不同的，根据发达国家经历的改厕经验，在考虑厕所粪尿和污水处理的同时，尽可能与厨房等其他污水处理综合考虑。此外，应结合乡村的环境条件及农业生产需求，优先考虑粪尿和污水的农业资源化利用。目前，我国的一些地方已有成功的经验。

（6）需考虑公共安全。在乡村污水资源化方面，还需要考虑公众安全问题，因为污水处理起源于防止瘟疫传染，所以在乡村污水资源化利用的时候，公共安全问题也应纳入整个体系的考虑范畴内。

1.2.5 面临的主要问题

我国是人口大国，又是资源不足的国家，主要资源人均拥有量低于世界平均水平。乡村污水处理具有站点分散、管理难度大、村镇无力运营的特点，因此，我国乡村排水和污水处理主要面临如下问题：

1. 处理方式争议

乡村污水是以集中式污水处理法为主，还是分散式污水处理法为主。2035年，乡村污水处理市场空间将达到 2000 亿元，那市场格局又如何呢？从影响因素考虑，城镇化率是乡村污水治理市场格局的一个重要影响因素，未来城镇化率越高、人口越集中，污水处理宜采用集中式处理法，反之则宜采用分散式污水处理法。

2. 政策短板问题

目前，我国乡村污水治理的发展出现了一些瓶颈，如现行体制、监管、资金、运行机制、优惠政策等。处理设施及管网投资建设成本高、运行费用无保障导致污水处理设施普遍处于闲置状态；管理难度大且缺乏专业的运行管理人员、群众环保意识弱，造成乡村污水处理设施不能正常运行。

总体而言，我国乡村污水处理既不能照搬城市污水处理的模式，也不可能采用统一的乡村污水处理模式，需要因地制宜构建适宜的乡村污水处理体系。同时，应结合乡村的特点，注重污水及其所含有机物和营养物质的资源化利用。目前，发达国家已经形成比较完善的乡村污水治理体系，具有借鉴意义，但需要结合国情发展我国的乡村污水治理体系。我国乡村污水处理应逐渐从粗放化管理向精细化管理转变，从重视数量向质量控制转变。

1.3　国外农村给水排水发展概况

1.3.1　日本

二战前，日本农村几乎没有给水排水设施，给水排水工程仅在城市的中心区域存在，20 世纪 60 年代和 70 年代，给水设施覆盖的范围快速增长，主要是向未曾有给水设施的农村和超大城市的新增人口发展。

给水排水设施在小城镇和农村的发展，政府支持起到了决定性的作用。1952 年日本中央政府建立了全国补助计划用于发展和支持小型给水排水设施的建设和运行。2002 年出台的给水设施法令允许给水设施的技术维护交由第三方负责，私人机构开始介入给水设施的管理。2004 年由日本健康劳工和福利部（MHLW）启动全国性的"供水设施前景（Waterworks Vision）"计划，旨在提高给水设施的管理水平以达到更好的供水目标。当地"供水设施前景"计划，由各给水服务机构执行，评价和分析自身表现，提出未来的发展目标、方向和措施。采用表现指数（PI，Performance Index）来诊断问题并确定目标，以达到更好的管理。出于对公众健康的考虑，日本的给水设施均由市政府负责。

在农村排水方面，日本的情况和中国有些类似，它有分散型污水处理标准，但不同的是日本规模很小，基本每公顷 40 人这样的集中居住地采取的是《日本下水道法》，其他乡村执行的是《净化槽法》。所以日本的农村污水治理就很简单，在进行乡村分散型污水治理的时候，用一个《净化槽法》将问题解决。《净化槽法》在 2000 年的时候进行修订，修订的目标就是明确指出，净化槽是保证公共用水水域的水质安全，用来处理粪尿以及杂排水的一种设备。所以标准主要是根据设备来制定的，而这其中有三个指标最值得我们思考。

这三个指标分别为生化需氧量（BOD）、悬浮物（SS）以及总氮（TN）。净化槽标准把这三个指标作为重点，同时又进一步把生化需氧量（BOD）和色度建立了相关性，这就意味着可以通过透明度这样的简单指标来判断水的生化含氧量。之所以标准把 BOD 放在这么重要的位置，而没有强调化学需氧量（COD），是因为 BOD 真正代表了有机物以及一些毒害物质对生物的影响。

同时，日本的排放标准也对应了相应的处理技术，这个技术在村镇里面就是净化槽。净化槽是一种组合或综合的技术工艺。日本的分散型污水处理总共有 12 个等级，在 12 个等级里面分别建立不同规模，比如 50 户～100 户这样的规模基本就采用了简单的处理方式。此外，又根据不同的规模进一步采取不同的处理方式，而不同的处理方式里面又对应不同的排放要求。比如 7 级～11 级的时候，它的 COD 指标要求是 15mg/L，这个标准相比中国要低得多。

1.3.2 韩国

韩国农村的水生疾病曾经十分普遍，首尔政府从 1000 个农村开始建设简易的管道给水系统，取得了极大成功，并于 1971 年将这套系统扩展到韩国的其他地区，但遇到了财政问题。借助于 1976 年开始执行的世界食物计划，到 1979 年完成了 8874 处管道系统，对象为至少 20 户和附有较好水源的村庄；随后，世界食物计划又提供了第二批 1600 万美元的资助，大大提高了农村饮用水的自来水供应水平；然后直到 20 世纪 90 年代，韩国农村地区和岛屿的自来水覆盖率仍仅有 30%。为此，1994 年韩国政府仅投入 10 亿美元改善农业和渔业区的给水设施，1997 年投入 4 亿美元改善岛屿的给水设施，投入 8 亿美元改善中小城市的给水设施，并实施了旨在消除自来水供应差别的中长期投资计划，使农村地区的自来水普及率达到了 70%。韩国农村给水排水工程特点是借助于外力，政府主导，不惜重资，短时间内迅速完成了农村饮用水的基础设施建设。

韩国农村居民居住分散，其生活污水不适合集中处理。所以湿地污水处理系统因耗能低、运行成本低、维护费用低等优点，在韩国有较广泛的研究和应用。湿地污水处理系统的机理是基于"土地—植物系统"的生态作用。韩国利用湿地处理后的污水再浇灌水稻，可取得较理想的净化效果。常用的湿地植物有香蒲、灯芯草等，去污能力强，对病原体去除效果好。此外，污水生物膜法也是韩国农村污水处理工艺中较为常用的工艺。

1.3.3 美国

美国农村给水排水工程经过多年发展，农村饮水安全问题不突出。

美国约有 11000 个农村社区给水系统，供给 1.6 亿人的饮用水。这些饮用水供给系统以湖泊、水库、河流为水源。这些水源一旦被污染，就需要投入大量资金进行净化。为此，联邦、州和地方三级政府及美国国家环境保护局决策部门深刻地认识到，有效的农村社区饮用水管理应该更加关注水源的质量和管理机制建设。1972 年，美国国会颁布了《清洁水法》，它的基本目标在于消除污染物排入水环境，并改善水质以便鱼类生存和人游泳。在该水法约束下，全国点源污染被定期监测，必须达标排放，但忽视了非点源污染对水体的污染。为此，1987 年，美国国会通过了《清洁水法》的修正案，并增补了非点源污染的控制大纲，促使人们重视小社区的生活污水问题。另外美国国家环境保护局还通过执行《安全饮用水法案》和《海岸带法修正案》来保护水质。随着美国民众可持续环境保护意识的增强，人们愈发关注的重大问题是管理层缺乏应有的管理知识和理念。为此，美国国家环境保护局分别于 2002 年和 2003 年发布了分散处理系统管理指南的初稿和定稿。让州和地方政府在保留对分散处理系统的立法和执法权的前提下，为其提供灵活可行的指导框架。美国城市化程度高，城乡差别小，城乡饮用水水质标准高，自来水可直接饮用，所有地区均实现了自来水供应，饮水安全问题不突出，社区水源保护措施和机构比较完善。

对于美国的污水排放标准，有两点可以借鉴：

（1）保障国家水体的生态完整性。在美国，生态系统完整性在《清洁水法》当中是水环境治理的一个重要目标；同时，美国不断修正《清洁水法》，也不断修正了污染物排放的限值和标准。

（2）要根据技术的可实施性制定标准，包括指标和污染物浓度的控制。美国《清洁水法》中强调技术标准和处理方式的统一，这是极为重要的，如果没有可行的技术支撑，就不可能有实施标准这样的具体行动，也不能达到现行标准。

除了参考美国污水排放标准外，美国的许多污水治理经验也值得我们借鉴。如保证国家水体生态系统完整性和水生态安全，一定要按照水体敏感性来制定标准，比如饮用水源、生物栖息地等等这样的敏感性水体。同时，也要有详细的容量和负荷核算，在负荷分配上，美国是按照处理规模分配的。实际上美国国家环境保护局不具体制定、也不统一规定污水排放标准，不要求各州排放标准一样，也不要求各个厂排放标准一样，采取发放许可证的制度，每个州根据处理规模包括敏感水体等条件自行制定标准，这就避免了某些地方标准太高而不能实行或是"一刀切"的情况出现。同时美国没有农村污水处理标准，原因是美国的农村和城市排放标准基本一样，所以农村污水排放标准也采取了城市污水处理厂的排放标准，但是规模不一样。此外，2002年美国提出了《污水就地处理系统指南》，提出一些不能够纳管的地区要就地处理。2005年，美国又发布了《分散污水处理管理手册》，进行了分散就地处理的管理引导。

1.3.4 德国

德国国土面积小，超过百万人口的城市有柏林、汉堡、慕尼黑，70%以上的居民生活在10万人口以下的"城市"，多数居住在1000人～2000人规模的村镇。

德国是世界上主要发达工业国家之一，其高度发达的物质生活水平决定了人们对生活饮用水水质的要求也必然相应提高。德国政府及给水企业投入大量资金，不断地开发和应用新的水处理技术，如紫外线杀菌、超声波杀除水中动植物浮游微生物等。德国属于世界上少数几个能丰富供应高质量水的国家之一。尽管如此，水厂已发出警报，因为污染物通过居民家庭、工业和农业等渠道流入地下水和河流，水厂必须采用昂贵的处理方法才能使水可以饮用。

在20世纪90年代以前，德国农村污水采取工业化集中式处理办法，即将污水通过排水管道输送到污水处理厂集中处理，但这样做除了成本很高以外，还带来污水处理之后的大量沉淀物和废物对环境造成压力，富含营养物质的元素——氮、磷、钾持续不断地流入排放水域，造成水域富营养化和水生物、鱼类因缺氧而衰亡，以及水和营养物质的自然循环过程被人工技术打断等诸多弊端。进入21世纪以后，这种集中式处理办法正被分流式污水处理新办法所代替。分流式污水处理系统是分散市政基础设施系统，即在没有接入排水网的偏远农村建造先进的膜生物反应器，平时把雨水和污水分开收集，然后通过先进的膜生物反应器净化污水。人工湿地（PKA）污水处理系统工艺主要将农村生活污水通过排水管道，汇集流入沉淀池，经过沉淀池的 4 层筛选之后，再经 PKA 湿地净化处理，然后达标排放或用于农田灌溉。此外，多样性污水分类处理系统也有所应用，主要原理是将污水分为雨水、灰水和黑水后分别处理。

德国农村日常的生物垃圾通过专门的生物垃圾桶收集、切碎，并与真空管道系统收集的黑水一起汇入居住区的处理中心。两者的混合物先被高温净化处理，之后导入在 30℃～40℃工作的发酵反应器，经过有氧处理，稳定之后生产出还残留富含高浓度营养物质的流质物。这些流质物将被保存起来，并用于居住区的绿化养护或者卖给临近的农业联合组织。该组织将其分配给各个成员用于农业生产，并保存在季节性存储器中。营养物质的再利用不仅使人类居住区产出的富含营养元素废物以生态可承载的方式进入自然界的物质循环，而且在一定程度上取代高能耗的化肥生产，为节能作出贡献。

1.3.5　印度

印度人口众多，经济发展相对落后，给水排水工程起步较晚。1986 年，印度中央政府启动全国饮用水任务项目，目标是为所有的农村提供安全的饮用水，帮助社区保持饮用水源的水质，特别关注世袭阶层和部落。采取一系列措施，如加速安全给水系统没有覆盖或部分覆盖地区的建设，关注水质问题并使水质检测和监测制度化，保证可持续发展，包括水源和给水系统的运行等。印度农村给水覆盖范围小，高度依赖地下水。由于缺少国家水资源预算和规划，印度半岛高原西部和南部大片地区的饥荒，以及北部和东部的洪水年复一年地困扰着成千上万名农民的生活，并造成数以千万美元计的农作物损失。

由于城市化、海水入侵、土地盐渍化、人类活动等原因，造成印度水资源污染严重。为此，印度制定了土地处理污水指南，其主要内容：为使地下水不被污染，限制土地处理污水的量及所含物质，不污染破坏土壤、消除有害于健康的元素，将土地处理作为污水处理的中间介质，即污水要经过预处理才能渗入地下。印度的中央委员会已开始了一项研究项目，主要是研究在采用土地处理工业废水和生活污水方法之后，对土壤、地下水系统和农业产品所造成的短期和长期的影响。

1.3.6　其他国家

国外农村给水水源主要是水井和钻井，给水总的趋势是通过管道系统向用户供给符合卫生标准的水。波兰由于人口分散，村庄采用单独的水井给水；西班牙北部农村同样以水井给水为主；在英国，尽管法律上规定要通过管道系统向村民供应满足要求的饮用水，但这种合法权利必须付出一定的投资方能实现。不少国家向村镇供应饮用水时，首先是建造蓄水池或与汇水干管连通的给水管道系统，例如葡萄牙；而在土耳其，利用蓄水池给水仅限于水源不足的地区，或居住条件很差、居民点分散的地区；在罗马尼亚，目前有的村民通过分散的独立水井、喷泉或公共蓄水池给水。

很多国家，地表水也得到广泛地开发和利用。在瑞士，有大量融化的冰川雪水；在挪威，有比较清洁的湖泊和溪流；在英国，农村给水的水源主要是一些分散的钻井、喷泉和地表河水；在波兰，地表水用于成组的居民点给水水源，为此，波兰有关当局根据给水情况，建造了不少农村给水厂。

关于水源保护问题，目前不少国家对保护农村饮用水水源在法律上作了有关规定。人们普遍关心的是，农业给水源带来的影响，特别是大量地使用化肥与农药给水源带来的影响更大。在农药中，氮肥是一个主要污染源，它会导致水源中硝酸盐浓度增高，从而直接危害人们的健康。

农村给水的净化处理，在很大程度上取决于给水水源的情况。在挪威，农村给水使用大量的山湖和溪流水，这种水是清洁的；在瑞士，尽管水源水质也不错，但仍需经过消毒处理后，再供村民饮用。总之，目前不少国家如果利用地表水作为农村给水水源，通常至少经过砂滤及消毒处理。在波兰，采用慢滤池将地表水进行处理，并向池中投加次氯酸盐进行消毒；在土耳其，只有地表水水源经消毒处理；在西班牙，几乎所有的农村给水都经过消毒处理；在葡萄牙，政府部门也很重视水净化技术，对农村给水水源采取了去除重金属、水质软化等措施；在波兰和匈牙利，重点是设法去除水中过量的铁和锰。

就水质消毒方法而论，各国消毒方法也不一样。匈牙利主要采用氯气消毒方法；挪威采用紫外线照射进行消毒，其余通过次氯酸钠溶液消毒处理，也有些国家通过化学处理方法净化水质，以保证村镇居民的身体健康。至于各国水质标准问题，不论是城市给水，还是农村给水，水质标准都不完全一样。但总的要求是水质必须安全可靠，不可对人体带来损害。

在水质监督方面，不少国家是由公共卫生机构最后负责水质的监督和把关。在瑞士和英国，给水部门以卫生机构的名义执行它本身的监督任务；在西班牙，如果地区性组织不能承担监督水质的义务，由省级卫生组织跨区担任水质监督工作；在葡萄牙，主要由地方卫生中心在国家卫生主管机构的协助下进行水质监督。

在农村污水处理方面，各国也不相同。在法国农村，蚯蚓生态滤池最近几年发展起来，是利用蚯蚓对有机物的吞食功能，通过对土壤渗透性的提升和蚯蚓与微生物的协同作用而设计出的污水处理技术；在澳大利亚农村，FILTER 污水处理系统由澳大利亚科学和工业研究组织的专家在最近几年提出，是一种将过滤、土地处理与暗管排水相结合的污水再利用系统，FILTER 污水处理系统以土地处理为基础，将污水用来浇灌农作物，污水经农作物和土地处理后，再通过暗管排出；在新西兰农村，新西兰环境部制定污水就地处理系统的国家环境标准，提出了强制要求，明确污水就地处理系统的管理责任。从 2010 年 7 月 1 日开始，新西兰污水就地处理系统的所有者要求持有"许可证"，证明其污水就地处理系统运行正常并以适当的标准维护。这种污水处理系统主要是通过自然过程消纳污染物，但是当有大量污染物同时产生时，其累积效应就会对人类健康和环境造成负面影响。

1.3.7　启示

欧美发达国家，乡村给水与城市差别不大，但在亚非拉等第三世界国家，正常饮水还存在问题，更无法解决污水处理的问题。正如我国的国情，东西、南北、沿海和内地等地区经济、气候差异，给水排水标准一定也会有差异。近年来不少国内外文献报道，乡村的给水问题必须考虑在区域给水规划中，并且应考虑到给水所需的费用、地理环境、技术力量和当地村民的文化水平。在进行乡村规划时，既要考虑到当前和将来家庭的需水量，又要考虑到将来农业和工业发展所需的水量。在制定新的给水方案时，必须考虑到现有的给水设施，对现有的经营、管理机构和可以利用的技术力量优先加以利用。另外，应尽可能地建造跨区的联合给水厂，这比建许多小给水厂投资少，也便于统一管理。

1.4 乡村给水排水发展思路

1.4.1 给水发展目标和措施

按照全面建成小康社会的总体要求，通过实施乡村饮水安全巩固提升工程，采取新建和改造等措施，进一步提高乡村集中给水率、城镇自来水管网覆盖行政村比例、自来水普及率、水质达标率和供水保证率，建立健全工程良性运行机制，提高运行管理水平和监管能力，为全面建设小康社会提供良好的饮水安全保障。

根据《农村饮水安全巩固提升工程"十三五"规划》要求，到2020年，全国乡村饮水安全集中给水率达到85%以上，自来水普及率达到80%以上；水质达标率整体有较大提高；小型工程给水保证率不低于90%，其他工程的给水保证率不低于95%。推进城镇给水公共服务向乡村延伸，使城镇自来水管网覆盖行政村的比例达到33%。健全乡村给水工程运行管护机制，逐步实现良性持续运行。

要确保乡村给水目标得以实现，应采取如下措施：

(1) 配套完善，更新改造。对近年新建工程配套完善水处理、消毒等设施，对2004年以前建设的老旧工程实施更新改造。

(2) 规模化工程建设。统筹县域工程布局，通过新建、联网和管网延伸等方式，推进城乡一体和跨乡村规模化给水发展。

(3) 统筹规划，合理布局。首先做好县级乡村给水工程统筹规划和布局。根据县域人口分布、城镇化发展、区域内外水源条件、地形条件等，按照规模化建设、专业化管理、技术经济合理等原则，合理规划乡村给水工程总体布局；根据工程建设标准和投资规模确定配套完善、更新改造、新建扩建和加强管理任务，形成县级规划。然后，按照"从下到上、从上到下、上下结合"的方式，编制省级和全国规划。各级规划应报同级政府审批，落实政府投资和主体责任。

(4) 加强科技支撑，提升技术水平。针对乡村给水面临的主要问题和给水工程提质升级、配套完善、提高行业技术水平的需要，建立全国乡村给水水质监测分析与技术服务平台，成立乡村给水设备质量监督检验中心，提升行业技术服务、技术指导与监管能力；开展共性关键技术研究，解决技术难题，如风险评估与改造技术、水处理技术及设备升级改造、适宜乡村给水消毒与水质检测技术及设备、乡村给水管网优化设计与安全调控技术及设备、乡村给水工程自动化与信息化集成技术；开展技术集成与示范应用，促进行业技术进步。

(5) 完善法律法规。建立健全县级乡村给水管理服务机构，开展技术服务和人员培训；规模较大及以上给水工程实行专业化管理，小型工程委托专业公司或协会管理；建立合理的水价政策或工程管护经费保障机制；全国及地方出台乡村给水管理条例或管理办法，明确政府、工程管理单位和社会群众的责任，加强政府监管。

(6) 加强宣传培训，提高安全认识。针对部分干部群众对饮水安全重要性认识不足，不愿意缴纳水费等问题，开展宣传教育和引导，提高饮用安全水、缴纳水费和管好用好给水工程的自觉性。

1.4.2　排水和污水处理发展目标和措施

2015 年住房和城乡建设部提出"到 2020 年，使 30％的村镇人口得到比较完善的公共排水服务，并使中国各重点保护区内的村镇污水污染问题得到全面有效的控制"；"从 2010 年起用大约 30 年时间，在中国 90％的村镇建立完善的排水和污水处理的设施与服务体系"。2018 年 1 月发布的《中共中央国务院关于实施乡村振兴战略的意见》指出，乡村振兴，生态宜居是关键，良好生态环境是乡村最大优势和宝贵财富。因此，要持续改善乡村人居环境，把乡村建设成为幸福美丽新家园，亟须积极探寻乡村生活污水治理难题的破解之道。

《水污染防治行动计划》提出了 2016 年～2020 年乡村环境治理的明确目标，即"以县级行政区为单元，实行农村污水处理统一规划、统一建设、统一管理。深化'以奖促治'政策，实施农村清洁工程，开展河道清淤疏浚，推进农村环境连片整治"。同时，《关于加快推进生态文明建设的意见》提出"加快美丽乡村建设，加大农村污水处理力度"，以改善环境质量为导向，乡村污水处理与"生态文明""美丽乡村"相结合将是未来的政策发展之路。

要确保乡村排水及污水处理目标得以实现，应采取如下措施：

（1）坚持政府主导。由于乡村社会公益性特点，工程建设及投资应以国家和地方政府投资为主，吸收社会资金和受益群众投资投劳为辅。

（2）加强宣传培训。针对部分干部群众对环境安全重要性认识不足，开展宣传教育和引导，提高污水处理设施的使用和维护。

（3）采用智能管理模式。智能自动化程度高的污水处理技术设备，与环境融合的生态技术，以及互联网思维下的新型管理模式将是乡村污水处理技术的主要发展趋势。

（4）商业模式创新。基于我国乡村的特点，乡村污水治理的商业模式将是"区域打捆"的 PPP 模式（新建项目）与第三方运营（已建项目）的结合。

1.5　乡村给水排水产品标准体系

1.5.1　发展现状

近年来，我国逐步开展对标准战略的全面系统研究，填补国家标准发展战略的空白，标准体系逐步完善，标准总体水平逐步提升，必要的检测手段和方法逐步建立，公众标准意识逐渐加强。

通常情况下，专利影响的只是一个或若干个企业，标准影响的却是一个产业，甚至是一个国家的竞争力，所以必须从战略高度上重视和加强技术标准工作。技术标准是科学技术发展的基础，已经成为国际经济、科技竞争的重要手段，要尽快完善国家技术标准体系，改变目前我国技术标准化建设滞后，特别是高新技术领域标准受制于人的现状，以迅速提高我国整体的标准水平。

我国城镇建设给水排水工程建设标准体系及产品标准体系的内在联系和规律表明，两个标准体系的结构在阶段维度上表现出一致性，但在对象维度上的差异相对较大；各标准体系结构合理，层次清晰，拓展性强，但与城镇建设给水排水产业发展需求之间仍存在错位、平均标龄较高的问题，在一定程度上制约了给水排水产业的发展，因此，仍需进一步完善城镇建设给水排水工程建设标准体系及产品标准体系。

2019 年 3 月 25 日，国家标准化管理委员会发布了关于印发《2019 年国家标准立项指南》的通知，将"农业农村领域"作为重点领域，重点支持改善乡村基础设施、公共实施和乡村人居环境标准制修订，体现对乡村建设的重视和支持。目前住房和城乡建设部正在统筹针对乡村污水排放标准建立后的工作，在未来，我们不仅仅要建立标准，还要进行设施的指导，包括运维等，这对于乡村污水治理来说，也同样具有重要的意义。

1.5.2 发展乡村给水排水标准的重要性

知识经济时代的到来，使世界范围内的技术标准竞争越来越激烈，一个时期以来，发达国家政府都争先恐后地加大力度进行标准化战略研究，试图在技术标准竞争中牢牢掌握主动。目前，欧盟拥有的技术标准就有 10 万多个，德国的工业标准约有 1.5 万种。

自 20 世纪 80 年代，随着我国国民经济的再度崛起，环保产业得到了快速发展。进入 20 世纪 90 年代，随着全球性水资源紧张问题、控制全球性环境污染问题、保护绿色生态等问题的提出，给我们给水排水处理工作，提出了更高的标准和要求。

近 20 多年来，我国给水系统工程发展迅速，针对饮用水水质，国家出台了相关国家水质控制标准，规定了 106 项控制指标，其中微生物学指标 6 项，饮用水消毒剂 4 项，毒理指标 74 项，感官性状 20 项，放射性指标 2 项。

纵观各国在技术标准上的竞争，将变为非关税壁垒的主要形式，技术标准与专利技术越来越密不可分，越来越成为产业竞争的制高点。技术标准更新换代速度不断加快，扩散效应不断增强。在经济全球化的背景下，许多国家或区域性组织纷纷推出自己的标准化战略，技术标准已经从过去单纯的科技问题，逐渐转变为国家的战略发展问题。

1.5.3 建立乡村给水排水标准的必要性

原国家质检总局、国家标准委 2015 年 5 月 27 日发布了《美丽乡村建设指南》GB/T 32000—2015。该标准于 2015 年 6 月 1 日起正式实施。作为推荐性国家标准，为开展美丽乡村建设提供了框架性、方向性技术指导，使美丽乡村建设有标可依，使乡村资源配置和公共服务有章可循，使美丽乡村建设有据可考。

《美丽乡村建设指南》GB/T 32000—2015 对村庄饮水、生活污水工程的建设提出了原则上的要求：

（1）饮水应根据村庄分布特点、生活水平和区域水资源等条件，合理确定用水量指标、给水水源和水压要求；应加强水源地保护、保障乡村饮水安全，生活饮用水的水质应符合国家相关标准的要求。

（2）污水的收集、处理从村庄规划和乡村环境质量两个方面给出了指导性意见：要求污水收集设施要按照生态环境保护目标来建设；生活污水的处理要在保障环境质量的前提下，确定污水水量、收集模式、处理工艺、维护标准。重点要求生活污水处理农户覆盖率 70%。

目前给水排水产品的研发、生产、维护针对城市用户需求做了较多的工作，对乡村实际需求、特点调研较少，也事实上形成产品标准覆盖面不全的状况。我国目前有大约 1.6 亿户乡村住宅，根据《中国农村发展报告（2018）》，2016 年中国有 52.62 万个行政村，261.68 万个自然村，乡村工程建设对产品需求巨大，迫切需要满足乡村建设实际需求的产品标准来规范市场、指导乡村给水排水工程建设。行业内常用给水排水产品标准 100 余项，其中针对乡村建设的独立标准很少，涉及乡村建设的标准寥寥无几。专门针对乡村基础设施建设的产品屈指可数，尤其是在乡村具有使用广泛性、专属性的产品标准几乎仍是空白，产品标准体系尚未建立。因此，编制乡村产品标准体系是建设社会主义美丽乡村的时代所需。乡村给水排水产品标准体系是乡村基础设施产品标准体系的重要组成部分，建立健全乡村给水排水产品标准体系将对我国乡村建设的发展起到积极的支撑和保障作用。

除给水设施的规模较小外，乡村给水工程技术与城市给水工程技术不会有较大差别，很多应用于城市给水工程中的技术经适当改进完全可以应用于乡村。建立乡村给水排水产品标准体系有助于促进和保障乡村居民饮用水的品质。乡村排水与污水处理，也应因地制宜，建立乡村专用的集中或分散式处理标准，规范乡村污水处理，这对村民的生活质量、身心健康意义深远。

1.5.4　乡村给水排水产品标准体系

乡村给水排水产品标准体系是由乡村给水排水领域内具有一定内在联系的乡村给水排水技术标准组成的科学有机整体，是一幅包括现有和计划制定的乡村给水排水产品标准的工作蓝图，用来说明村镇给水排水产品标准化的总体结构，反映我国乡村给水排水领域内有关标准的相互关系。标准体系的宗旨有两个方面：其一是作为指导今后 5～10 年乡村给水排水产品标准的制定、修订立项、标准管理的基本依据；其二是引导和规范产品的研发和生产。

本标准体系分三个层次，分别为基础标准、通用标准、专用标准。

第一层基础标准，是整个给水排水产品标准体系的基础部分，同时为给水排水产品标准体系的专用标准和通用标准提供基础。为整个给水排水产品标准体系提供基本的框架。分术语及定义、符号、图形及图例、标志等标准，主要沿用城镇产品标准体系。

第二层通用标准，是给水排水产品体系标准中针对某一方面或者某一类方面所制定的覆盖面较广的标准，顾名思义，通用标准就是给水排水产品中使用范围最广、涉及面最多的标准。通用标准也是制定给水排水产品标准的基础。目前最常用的通用标准主要是针对通用的安全、卫生与环保要求，通用的质量要求，通用的设计、施工要求与试验方法，以及通用的管理技术等。

第三层专用标准，范围相对较为狭窄，主要是针对某一具体的事件所制定的标准，专用标准是通用标准的补充，专用标准与通用标准的区别在于专用标准的范围较小，同时专业标准对于某一具体的活动所作出的规定，相对比较详细。

我国乡村给水排水产品标准是乡村基础设施产品标准的重要组成部分，对保护饮用水安全、提高乡村水生态环境、促进美丽乡村的建设具有重要意义。

1.5.5　乡村给水排水标准急需解决的问题

未来 5～10 年，我国在给水排水专业标准化工作中应重点解决的问题主要有以下几个方面：

（1）国内给水排水标准制定周期长，高新技术领域国家标准严重缺乏，采用国际标准和国外先进标准比例偏低。例如膜技术方面的国家标准几乎空白。再如消毒、除臭、中水回用深度处理设备等尚缺乏相关标准。要加快我国标准化工作与国际接轨的步伐。借鉴国外发达国家技术标准战略，深入研究我国技术标准和战略，把握技术标准的发展方向，搞清我国目前给水排水技术标准与发达国家的差距，提出符合我国国情的技术标准战略，为构建新型国家乡村给水排水产品技术标准体系奠定坚实的基础。

（2）标准制定与技术研究开发脱节，制约了我国给水排水标准工作整体水平的提高，尤其在高新技术领域，标准制定不能及时适应市场及技术快速变化和发展的需求，导致标准滞后，这已影响我国相关产业的国际竞争力。

（3）要加强对国外先进标准的研究，大力推进企业采用、参与制定国际标准和国外先进标准。根据给水排水行业特点和各地方经济特点以及产业优势，有针对性地研究欧美、日本等发达国家的标准和技术法规等情况，促进给水排水产品水平及质量的提高，突破国外的技术壁垒，促进我国给水排水产品出口。对于在国内有相当竞争力、国际上有一定竞争力、发展潜力巨大的行业，鼓励将行业内多家企业的技术创新成果，通过专利等方式形成企业联盟标准。鼓励企业、行业的技术开发成果形成标准后，以此为基础积极参与国际上标准的制定。

（4）加强给水排水专业标准化信息体系建设。着手建设国家级的标准化信息系统。开发国家标准、行业标准和国际标准的数据库，建立权威的标准服务网站，为社会提供咨询服务平台，用现代化的信息手段和方法，使企业能够及时掌握国内外的最新标准化现状和发展趋势。

（5）要积极参与国际标准化活动，参加国际标准的制修订工作。通过直接参与国际标准的制修订工作，可以及时了解国际上相关产业发展的最新动向，有利于将我国技术标准纳入国际标准，为我国标准国际突破创造条件。

（6）切实加强科技创新与技术标准工作的密切结合，促进技术标准的持续发展。长期以来，我国的科研开发与标准的制修订严重脱节，这也是我国技术标准水平不高的原因之一。一方面要强化研究开发对标准的支撑作用，把与技术标准密切相关的研究开发工作纳入技术标准工作的整体工作中统筹安排，把技术标准工作真正融入科技计划、项目和相关科技工作中。要有效地利用好国家科技计划资源，加强资源集成。通过国家科技计划的实施，为技术标准的制定提供坚实的技术和研究开发支持；另一方面，国家标准化工作中要高度重视技术研究开发对技术标准制定的支撑和保障作用。

（7）发展检验检测手段，为标准作技术支撑。应加强检验测试，促进给水排水产品安全、质量、环保等法规规章及标准的实施，国外发达国家的实践表明，检验检测的技术支撑已构成发达国家保障标准实施的三大法宝之一，对标准的颁布与实施起着非常重要的作用。

（8）推陈创新，持续改进。应及时更新陈旧标准，纳入先进技术，在技术合作等方面加强与国外的交流，掌握我国现行标准与国际先进标准间的差距。

1.5.6　给水排水相关标准

我国现行给水排水相关标准见表1-1。

我国现行给水排水相关标准　　　　　　　　　　　　　表 1-1

序号	标准编号	标准名称
1	GB/T 1226—2017	一般压力表
2	GB 3838—2002	地表水环境质量标准
3	GB 4284—2018	农用污泥污染物控制标准
4	GB 5084—2005	农田灌溉水质标准
5	GB 5749—2006	生活饮用水卫生标准
6	GB/T 5750—2006	生活饮用水标准检验方法
7	GB/T 5836.1—2018	建筑排水用硬聚氯乙烯（PVC-U）管材
8	GB/T 5836.2—2018	建筑排水用硬聚氯乙烯（PVC-U）管件
9	GB 6952—2015	卫生陶瓷
10	GB 8978—1996	污水综合排放标准
11	GB/T 10002.1—2006	给水用硬聚氯乙烯（PVC-U）管材
12	GB 11607—1989	渔业水质标准
13	GB/T 12233—2006	通用阀门　铁制截止阀与升降式止回阀
14	GB/T 12243—2005	弹簧直接载荷式安全阀
15	GB/T 12772—2016	排水用柔性接口铸铁管、管件及附件
16	GB/T 13295—2019	水及燃气用球墨铸铁管、管件和附件
17	GB/T 13663.1—2017	给水用聚乙烯（PE）管道系统　第 1 部分：总则
18	GB/T 13663.2—2018	给水用聚乙烯（PE）管道系统　第 2 部分：管材
19	GB/T 13663.3—2018	给水用聚乙烯（PE）管道系统　第 3 部分：管件
20	GB/T 13663.5—2018	给水用聚乙烯（PE）管道系统　第 5 部分：系统适用性
21	GB/T 13932—2016	铁制旋启式止回阀
22	GB/T 14382—2008	管道用三通过滤器
23	GB/T 14848—2017	地下水质量标准
24	GB 14930.2—2012	食品安全国家标准　消毒剂
25	GB 15562.1—1995	环境保护图形标志　排放口（源）
26	GB 15603—1995	常用化学危险品贮存通则
27	GB/T 16800—2008	排水用芯层发泡硬聚氯乙烯（PVC-U）管材
28	GB/T 16881—2008	水的混凝、沉淀试杯试验方法
29	GB/T 17219—1998	生活饮用水输配水设备及防护材料的安全性评价标准
30	GB/T 17514—2017	水处理剂　阴离子和非离子型聚丙烯酰胺
31	GB/T 18477.1—2007	埋地排水用硬聚氯乙烯（PVC-U）结构壁管道系统　第 1 部分：双壁波纹管材
32	GB/T 18477.2—2011	埋地排水用硬聚氯乙烯（PVC-U）结构壁管道系统　第 2 部分：加筋管材
33	GB/T 18477.3—2019	埋地排水用硬聚氯乙烯（PVC-U）结构壁管道系统　第 3 部分：轴向中空壁管材
34	GB/T 18742.1—2017	冷热水用聚丙烯管道系统　第 1 部分：总则
35	GB/T 18742.2—2017	冷热水用聚丙烯管道系统　第 2 部分：管材
36	GB/T 18742.3—2017	冷热水用聚丙烯管道系统　第 3 部分：管件
37	GB 18918—2002	城镇污水处理厂污染物排放标准
38	GB/T 18920—2002	城市污水再生利用　城市杂用水水质
39	GB/T 18921—2019	城市污水再生利用　景观环境用水水质

序号	标准编号	标准名称
40	GB/T 18993.1—2003	冷热水用氯化聚氯乙烯（PVC-C）管道系统 第1部分：总则
41	GB/T 18993.2—2003	冷热水用氯化聚氯乙烯（PVC-C）管道系统 第2部分：管材
42	GB/T 18993.3—2003	冷热水用氯化聚氯乙烯（PVC-C）管道系统 第3部分：管件
43	GB 19106—2013	次氯酸钠
44	GB 19379—2012	农村户厕卫生规范
45	GB/T 19837—2019	城镇给排水紫外线消毒设备
46	GB/T 20221—2006	无压埋地排污、排水用硬聚氯乙烯（PVC-U）管材
47	GB/T 20621—2006	化学法复合二氧化氯发生器
48	GB 20922—2007	城市污水再生利用 农田灌溉用水水质
49	GB/T 22627—2014	水处理剂 聚氯化铝
50	GB/T 23485—2009	城镇污水处理厂污泥处置 混合填埋用泥质
51	GB/T 23486—2009	城镇污水处理厂污泥处置 园林绿化用泥质
52	GB/T 23858—2009	检查井盖
53	GB/T 24600—2009	城镇污水处理厂污泥处置 土地改良用泥质
54	GB/T 25178—2010	减压型倒流防止器
55	GB/T 27710—2011	地漏
56	GB 28233—2020	次氯酸钠发生器卫生要求
57	GB/T 28742—2012	污水处理设备安全技术规范
58	GB/T 28897—2012	钢塑复合管
59	GB 28931—2012	二氧化氯消毒剂发生器安全与卫生标准
60	GB/T 31436—2015	节水型卫生洁具
61	GB/T 31962—2015	污水排入城镇下水道水质标准
62	GB/T 32000—2015	美丽乡村指南
63	GB/T 33608—2017	建筑排水用硬聚氯乙烯（PVC-U）结构壁管材
64	GB/T 36758—2018	含氯消毒剂卫生要求
65	GB 50013—2018	室外给水设计标准
66	GB 50014—2006	室外排水设计规范（2016年版）
67	GB 50015—2019	建筑给水排水设计标准
68	GB 50027—2001	供水水文地质勘察规范
69	GB 50069—2002	给水排水工程构筑物结构设计规范
70	GB/T 50106—2010	建筑给水排水制图标准
71	GB/T 50125—2010	给水排水工程基本术语标准
72	GB 50141—2008	给水排水构筑物工程施工及验收规范
73	GB 50202—2018	建筑地基基础工程施工质量验收标准
74	GB 50203—2011	砌体结构工程施工质量验收规范
75	GB 50204—2015	混凝土结构工程施工质量验收规范
76	GB 50205—2020	钢结构工程施工质量验收标准
77	GB 50231—2009	机械设备安装工程施工及验收通用规范
78	GB 50242—2002	建筑给水排水及采暖工程施工质量验收规范
79	GB 50265—2010	泵站设计规范
80	GB 50268—2008	给水排水管道工程施工及验收规范

续表

序号	标准编号	标准名称
81	GB 50288—2018	灌溉与排水工程设计标准
82	GB 50300—2013	建筑工程施工质量验收统一标准
83	GB 50332—2002	给水排水工程管道结构设计规范
84	GB 50334—2017	城镇污水处理厂工程质量验收规范
85	GB 50364—2018	民用建筑太阳能热水系统应用技术标准
86	GB 50400—2016	建筑与小区雨水控制及利用工程技术规范
87	GB/T 50445—2019	村庄整治技术标准
88	GB/T 50596—2010	雨水集蓄利用工程技术规范
89	GB/T 50625—2010	机井技术规范
90	GB 50788—2012	城镇给水排水技术规范
91	GB/T 51347—2019	农村生活污水处理工程技术标准
92	CJ/T 108—2015	铝塑复合压力管（搭接焊）
93	CJ/T 120—2016	给水涂塑复合钢管
94	CJ/T 123—2016	给水用钢骨架聚乙烯塑料复合管
95	CJ/T 124—2016	给水用钢骨架聚乙烯塑料复合管件
96	CJ/T 133—2012	IC 卡冷水水表
97	CJ/T 141—2018	城镇供水水质标准检验方法
98	CJ/T 151—2016	薄壁不锈钢管
99	CJ/T 154—2001	给排水用缓闭止回阀通用技术要求
100	CJ/T 159—2015	铝塑复合压力管（对接焊）
101	CJ/T 164—2014	节水型生活用水器具
102	CJ/T 167—2016	多功能水泵控制阀
103	CJ/T 169—2018	微滤水处理设备
104	CJ/T 170—2018	超滤水处理设备
105	CJ/T 177—2002	建筑排水用卡箍式铸铁管及管件
106	CJ/T 178—2013	建筑排水用柔性接口承插式铸铁管及管件
107	CJ/T 186—2018	地漏
108	CJ/T 189—2007	钢丝网骨架塑料（聚乙烯）复合管材及管件
109	CJ/T 216—2013	给水排水用软密封闸阀
110	CJ/T 217—2013	给水管道复合式高速进排气阀
111	CJ/T 219—2017	水力控制阀
112	CJ/T 233—2016	建筑小区排水用塑料检查井
113	CJ/T 241—2007	饮用净水水表
114	CJ/T 250—2018	建筑排水用高密度聚乙烯（HDPE）管材及管件
115	CJ/T 255—2007	导流式速闭止回阀
116	CJ/T 256—2016	分体先导式减压稳压阀
117	CJ/T 261—2015	给水排水用蝶阀
118	CJ/T 262—2016	给水排水用直埋式闸阀
119	CJ/T 272—2008	给水用抗冲改性聚氯乙烯（PVC-M）管材及管件
120	CJ/T 273—2012	聚丙烯静音排水管材及管件
121	CJ/T 278—2008	建筑排水用聚丙烯（PP）管材和管件

序号	标准编号	标准名称
122	CJ/T 282—2016	蝶形缓闭止回阀
123	CJ/T 283—2017	偏心半球阀
124	CJ/T 295—2015	餐饮废水隔油器
125	CJ/T 300—2013	建筑给水水锤吸纳器
126	CJ/T 324—2010	真空破坏器
127	CJ/T 326—2010	市政排水用塑料检查井
128	CJ/T 344—2010	中间腔空气隔断型倒流防止器
129	CJ/T 352—2010	微机控制变频调速给水设备
130	CJ/T 355—2010	小型生活污水处理成套设备
131	CJ/T 373—2011	活塞平衡式水泵控制阀
132	CJ/T 380—2011	污水提升装置技术条件
133	CJ/T 382—2011	不锈钢卡装蝶阀
134	CJ/T 383—2011	电子直读式水表
135	CJ/T 404—2012	防气蚀大压差可调减压阀
136	CJ/T 409—2012	玻璃钢化粪池技术要求
137	CJ/T 410—2012	隔油提升一体化设备
138	CJ/T 441—2013	户用生活污水处理装置
139	CJ/T 442—2013	建筑排水低噪声硬聚氯乙烯（PVC-U）管材
140	CJ/T 454—2014	城镇供水水量计量仪表的配备和管理通则
141	CJ/T 468—2014	矢量变频供水设备
142	CJ/T 471—2015	法兰衬里中线蝶阀
143	CJ/T 472—2015	潜水排污泵
144	CJ/T 478—2015	餐厨废弃物油水自动分离设备
145	CJ/T 481—2016	城镇给水用铁制阀门通用技术要求
146	CJ/T 498—2016	自动搅匀潜水排污泵
147	CJ/T 511—2017	铸铁检查井盖
148	CJ/T 3063—1997	给排水用超声流量计（传播速度差法）
149	CJJ 6—2009	城镇排水管道维护安全技术规程
150	CJJ/T 29—2010	建筑排水塑料管道工程技术规程
151	CJJ 32—2011	含藻水给水处理设计规范
152	CJJ 40—2011	高浊度水给水设计规范
153	CJJ/T 54—2017	污水自然处理工程技术规程
154	CJJ 58—2009	城镇供水厂运行、维护及安全技术规程
155	CJJ 60—2011	城镇污水处理厂运行、维护及安全技术规程
156	CJJ 68—2016	城镇排水管渠与泵站运行、维护及安全技术规程
157	CJJ/T 98—2014	建筑给水塑料管道工程技术规程
158	CJJ 101—2016	埋地塑料给水管道工程技术规程
159	CJJ 123—2008	镇（乡）村给水工程技术规程
160	CJJ 124—2008	镇（乡）村排水工程技术规程
161	CJJ 131—2009	城镇污水处理厂污泥处理技术规程
162	CJJ 140—2010	二次供水工程技术规程

续表

序号	标准编号	标准名称
163	CJJ/T 154—2011	建筑给水金属管道工程技术规程
164	CJJ/T 155—2011	建筑给水复合管道工程技术规程
165	CJJ/T 165—2011	建筑排水复合管道工程技术规程
166	CJJ 207—2013	城镇供水管网运行、维护及安全技术规程
167	CJJ/T 209—2013	塑料排水检查井应用技术规程
168	CJJ/T 229—2015	城镇给水微污染水预处理技术规程
169	CJJ/T 246—2016	镇（乡）村给水工程规划规范
170	CJJ/T 251—2017	城镇给水膜处理技术规程
171	CJJ/T 285—2018	一体化预制泵站工程技术标准

第 2 章　乡村建设给水排水工程基本要求

乡村是具有自然、社会、经济特征的地域综合体，兼具生产、生活、生态、文化等多重功能，与城镇互促互进、共生共存。乡村振兴，生态宜居是关键：加强乡村建设规划，推行绿色发展方式，加强乡村饮用水水源地保护，饮水安全巩固提升，推进乡村生活污水治理，资源化综合再利用，建立人居环境建设和管护长效机制，健全监督评价考核制度，是促进乡村生产生活环境稳步改善、自然生态系统功能和稳定性全面提升的基本要求。

2.1　相关标准

GB 3838—2002	地表水环境质量标准
GB 4284—2018	农用污泥污染物控制标准
GB 5084—2005	农田灌溉水质标准
GB 5749—2006	生活饮用水卫生标准
GB/T 5750—2006	生活饮用水标准检验方法
GB 8978—1996	污水综合排放标准
GB/T 13295—2013	水及燃气用球墨铸铁管、管件和附件
GB/T 13663.2—2018	给水用聚乙烯（PE）管道系统　第2部分：管材
GB/T 14848—2017	地下水质量标准
GB 17051—1997	二次供水设施卫生规范
GB/T 17219—1998	生活饮用水输配水设备及防护材料的安全性评价标准
GB 18055—2012	村镇规划卫生规范
GB 18918—2002	城镇污水处理厂污染物排放标准
GB/T 18921—2002	城市污水再生利用景观环境用水水质
GB 19379—2012	农村户厕卫生规范
GB 20922—2007	城市污水再生利用农田灌溉用水水质
GB/T 23485—2009	城镇污水处理厂污泥处置混合填埋用泥质
GB/T 23486—2009	城镇污水处理厂污泥处置园林绿化用泥质
GB/T 24600—2009	城镇污水处理厂污泥处置土地改良用泥质
GB/T 31962—2015	污水排入城镇下水道水质标准
GB 50013—2006	室外给水设计规范
GB 50014—2016	室外排水设计规范
GB 50069—2002	给水排水工程构筑物结构设计规范
GB 50141—2008	给水排水沟筑物工程施工及验收规范
GB 50188—2007	镇规划标准

GB 50203—2011　　　砌体结构工程施工质量验收规范

GB 50268—2008　　　给水排水管道工程施工及验收规范

GB 50332—2002　　　给水排水工程管道结构设计规范

GB 50445—2008　　　村庄整治技术规范

GB/T 50596—2010　　雨水集蓄利用工程技术规范

GB 50788—2012　　　城镇给水排水技术规范

GB/T 51347—2019　　农村生活污水处理工程技术标准

CJ 3020—93　　　　　生活饮用水水源水质标准

CJJ 123—2008　　　　镇（乡）村给水工程技术规程

CJJ 124—2008　　　　镇（乡）村排水工程技术规程

CJJ/T 246—2016　　　镇（乡）村给水工程规划规范

HJ 338—2018　　　　　饮用水水源保护区划分技术规范

HJ 2031—2013　　　　农村环境连片整治技术指南

HJ 2032—2013　　　　农村饮用水水源地环境保护技术指南

SL 308—2004　　　　　村镇供水单位资质标准

SL 310—2004　　　　　村镇供水工程技术规范

SL 687—2014　　　　　村镇供水工程设计规范

SL 688—2013　　　　　村镇供水工程施工质量验收规范

SL 689—2013　　　　　村镇供水工程运行管理规程

2.2　给水处理基本要求

我国乡村区域条件差别大，乡村给水水源分散、选择面较窄、水质千差万别，给水处理难度往往比城镇规模水厂更为复杂。乡村小型集中式和分散式给水系统普遍规模很小，水处理设施建设不规范、消毒设备配置率低甚至没有，饮用水水质不稳定、多数不达标，水质安全已成为当前乡村给水较为严重的薄弱环节。

2.2.1　强化水源保护和水质保障

根据《关于做好"十三五"期间农村饮水安全巩固提升工作的通知》要求，乡村给水应进一步做好饮用水水源地评估和保护区划定，强化水源水质保护措施，建立健全饮用水水质检测监测机制，对乡村给水处理工艺选择不当、水质净化处理不规范、配套设施设备简陋、老化、缺乏的给水系统进行改造、配套、升级。并积极推广适宜我国乡村不同水源水质特点的给水处理技术体系，提高广大乡村给水水质达标率及水质安全保障。

2.2.2　饮用水水源标准

乡村给水以地下水为生活饮用水水源时应符合国家现行标准《地下水质量标准》GB/T 14848 和《生活饮用水水源水质标准》CJ 3020 的有关规定。以地表水为生活饮用水水源时应符合国家现行标准《地表水环境质量标准》GB 3838 和《生活饮用水水源水质标准》CJ 3020 的有关规定。

2.2.3 给水处理工艺

乡村给水处理首先应与当地饮用水源相适应，要求根据原水水质特点、水质适应性、稳定性、给水规模、处理后水质要求等条件确定相适宜且匹配的给水处理工艺。

根据水源水质的不同，给水处理主要可分为常规水处理工艺、微污染水源水处理工艺、特殊水质处理工艺。给水处理工艺的选择，应依据原水水质检测报告的各项指标综合确定。目前国内较为常见的给水处理技术工艺有：

（1）原水浊度长期低于20NTU，瞬时不超过60NTU，可采用微絮凝过滤或生物慢滤加消毒工艺；

（2）原水浊度长期低于500NTU，瞬时不超过1000NTU，可采用混凝、沉淀（澄清）、过滤加消毒工艺；

（3）原水中氨氮或有机物超标（微污染的地表水），可采用在常规净水工艺前增加生物预处理、化学预氧化及活性炭吸附等工艺；

（4）原水藻类含量高，可采用在常规净水工艺前增加化学预氧化、强化混凝沉淀及生物处理工艺；

（5）原水含铁、锰量超标，可采用曝气氧化工艺；

（6）原水含氟量超标，可采用活性氧化铝吸附或反渗透膜处理工艺；

（7）原水含盐量（苦咸水）超标，可采用电渗析或反渗透工艺；

（8）原水含砷量超标，可采用多介质吸附过滤工艺；

（9）原水高硬度，可采用离子交换法或纳滤、反渗透膜处理工艺。

给水处理的目的是去除原水中的悬浮物物质、胶体物质、细菌、病毒以及其他有害成分，处理后的水中不得含有病原微生物，所含化学物质及放射性物质不得危害人体健康，水的感官性状良好，饮用水水质应符合现行国家标准《生活饮用水卫生标准》GB 5749的规定。乡村小型集中式和分散式给水的水质因条件限制，其中部分水质指标及限值可按表2-1执行。

小型集中式供水和分散式供水部分水质指标及限值　　表2-1

指标	限值
1. 微生物指标	
菌落总数（CFU/mL）	500
2. 毒理指标	
砷（mg/L）	0.05
氟化物（mg/L）	1.2
硝酸盐（以N计）（mg/L）	20
3. 感官性状和一般化学指标	
色度（铂钴色度单位）	20
浑浊度（散射浊度单位）（NTU）	3（水源与净水技术条件限制时为5）
pH	6.5～9.5
溶解性总固体（mg/L）	1500
总硬度（以$CaCO_3$计）（mg/L）	550
耗氧量（COD_{Mn}法，以O_2计）（mg/L）	5

续表

指标	限值
铁（mg/L）	0.5
锰（mg/L）	0.3
氯化物（mg/L）	300
硫酸盐（mg/L）	300

2.2.4 饮用水消毒

乡村生活饮用水的消毒应根据当地条件、原水水质、给水处理工艺、出水水质，以及给水规模、消毒副产物形成的可能，通过实验确定最优消毒工艺。消毒效果应能灭活水中病原微生物，且满足联户给水管网末梢水的消毒剂余量要求，并控制消毒副产物指标不超标。目前国内乡村生活饮用水的消毒方法主要包括氯、二氧化氯、次氯酸钠、漂白粉、臭氧、紫外线等。

乡村联片集中给水规模较大、供水管网较长，厂站消毒难以满足管网末梢水的消毒剂余量要求时，可在配水管网中的增压泵站、调节构筑物等部位补加消毒剂。单村小型集中式和分散式给水，系统规模小、配水管网较短，在卫生防护条件较好且水源水质除微生物外其他指标均符合现行国家标准《生活饮用水卫生标准》GB 5749 的要求时，可选择使用紫外线或臭氧消毒。

乡村饮用水的消毒设备、材料应使用符合国家标准的消毒剂及涉及饮用水卫生安全的产品。

2.2.5 饮用水水质检测

乡村联片集中给水系统应根据水源水质、水处理工艺、供水规模，按照现行国家标准《生活饮用水卫生标准》GB 5749、《生活饮用水标准检验方法》GB/T 5750 的要求确定水质检测指标，配备水质检测仪器、建立水质化验室，健全水质检测检验管理制度，定期对水源水、出厂水和管网末梢水进行水质检验。有条件时可在水源和管网的各关键部位安装水质在线检测设备，做到实时监测。

规模较小的单村小型集中式或分散式给水系统，应配备便携式水质检测设备，应能检测色度、浑浊度、臭、味及肉眼可见物、pH、电导率、消毒剂余量等指标。水质化验无法完成必检指标项时，可委托具有水质检测资质的单位完成检验。水质检验记录应真实、完整，应建立档案并保存完好。

乡村饮水安全保障是一项长效管理机制，应加强乡镇水质检测监测能力建设，逐步建立健全水厂（站）自检、乡镇巡检、县级抽检和卫生行政监督相结合的，覆盖全体小型集中式和分散式给水系统的水质检测监管体系。

2.3 给水系统基本要求

2.3.1 建设规划

乡村给水应在县级行政区域内因地制宜、统筹规划，城乡融合、协调发展。应以城乡融合一体化为目标，促进城乡基础设施互联互通，优先利用城镇现有水厂的扩建、改建、辐射扩网，向周边乡村延伸配水管线，同水源、同管网、同水质，提高乡村给水质量。

乡村建设应以集中式给水系统为主，分散给水为补充。不能利用城镇给水管网延伸供水，但具备优质水源条件的县域村镇，宜建设适度规模的集中式给水系统，统筹规划联村联网给水系统，以镇带村，以村促镇，推动乡村联动发展。

乡村给水系统建设规划要充分考虑区域内水源、村庄分布特点、给水系统服务范围、给水规模等条件，对远离水厂或位置较高的村庄宜设置增压泵站采用分区或分压方式保障供水。受水源、地形、居住点分布、经济条件限制的乡村，特别是在部分偏远、居住极为分散的山区、半山区乡村，可根据实际情况建设单村小型集中式或分散式给水系统。乡村给水水源水质需特殊处理、制水成本较高时，应优先保障农户生活饮用水。

自来水入户、集中给水、饮用水质达标是乡村给水的发展方向与要求，受条件限制暂时不能联网联户的乡村供水，给水系统仍应按入户规划，待条件具备时即可入户。

2.3.2 供水量、水质和水压

乡村集中式给水系统，应根据所在区域的用水定额标准，供水服务范围内各村庄综合用水量，村庄农户生活水平、用水习惯和经济发展变化等因素合理确定供水量。供水量应包括生活用水量、公共建筑（设施）用水量、企业用水量、畜禽饲养用水量、消防用水量、管网漏失水量和未预见其他用水量等。集中式给水系统的日变化系数、时变化系数可按现行行业标准《镇（乡）村给水工程技术规程》CJJ 123 的有关规定执行。

乡村集中式给水系统厂（站）出水和管网末梢水的水质应符合现行国家标准《生活饮用水卫生标准》GB 5749 的有关规定。水质检验方法按现行国家标准《生活饮用水标准检验方法》GB/T 5750 的有关规定执行。

乡村集中式给水系统的给水水压，应满足配水管网中农户接管点最小服务水头的要求。地形高或距离远的个别村庄农户水压不宜作为控制条件，可采用局部加压的措施满足用水需求。

2.3.3 输配水

输配水管网在乡村集中给水系统建设中占有着很重要的地位，是保证输水到给水厂站内并且配水到所有农户的重要组成部分。

乡村建设输配水管线布局应合理，选择较短的线路、满足管道地埋要求，走向沿现有道路或规划道路布置。管道布置应避免穿越有毒、有害、生物性污染或腐蚀性地段，无法避开时应采取防护措施。应满足管道敷设要求，避免急转弯、较大起伏、穿越地质断层、滑坡等不良地质地段，减少穿越铁路、公路、河流等障碍物。

原水输送宜采用管道或暗渠。输水管道可按单管布置，有条件时宜按双管布置。如采用明渠时，应有防止水质污染和水量流失的措施。原水输水管（渠）的设计流量，应按最高日平均时给水量确定，应包含输水管（渠）的漏损水量。给水厂站至配水管网的净水应采用管道封闭输送。输送管道的设计流量，应按最高日最高时用水条件下的给水量计算确定。

水源到水厂的输水管道始端和末端均应设置控制阀。输配水管道在管道凸起点上应设自动进（排）气阀，排气阀口径宜为管道直径的 1/8～1/12，且不小于 15mm。在管道低凹处应设泄水阀，泄水阀口径宜为管道直径的 1/3～1/5。管道上的闸阀、蝶阀、进（排）气阀、泄水阀、减压阀、消火栓、水表等宜设在井内，并有防冻、防淹措施。测压表应设置在水压最不利用户接管处。

集中给水到各用水村庄的配水干管、支管布置总体上应以树枝状为主，但应考虑将来连成环状管网的可能，并应采取保证水质的措施。有条件时，配水管网布置可环状、树枝状相结合。配水管网应合理分布于整个用水区域。平原区，主管道应以较短的长度控制各个用水村庄。山丘区乡村，主管道的布置应与高位水池的布置相协调，充分利用地形重力流配水。压力管道竣工验收前应进行水压试验，运行前应冲洗消毒，应符合现行国家标准《给水排水管道工程施工及验收规范》GB 50268 的有关规定。

乡村生活饮用水管网不得与非生活饮用水管网，以及企业的自备给水系统相连接。

2.3.4　管材、附件和管道敷设

乡村建设给水系统采用的管道、附件、仪表等产品，其生产应符合国家相关产品标准的规定，设计、施工及验收应遵守相关技术规范和规程的要求。给水系统管材、管件选择应满足设计内径、设计压力、敷设方式、外部荷载、地形地质、施工和材料供应、卫生、安全及耐久等条件，通过结构计算和技术、经济比较后确定。

给水管材、附件应符合现行国家标准《生活饮用水输配水设备及防护材料的安全性评价标准》GB/T 17219 的有关规定。给水管材、附件应取得涉及饮用水卫生安全产品卫生许可批件。

给水系统管道结构设计应符合现行国家标准《给水排水工程管道结构设计规范》GB 50332 的规定。输配水管道埋设应根据冰冻情况、外部荷载、管材强度、土壤地基、与其他管道交叉等因素确定。当给水管与污水管交叉时，给水管应布置在上面，且不应有接口重叠。露天管道应装有调节管道伸缩的设施，并设置保证管道整体稳定的措施。冰冻地区给水系统管道应采取保温等防冻措施。

2.3.5　水量、水压、水位监测

乡村集中式给水系统，在水源取水管上、厂站出水总管上应设置能够计量瞬时流量和累计水量的流量计，向多个村庄供水时，每个入村的干管上应设置总表。系统需要在线监测时可采用超声波流量计、电磁流量计或智能远传水表。用水企业的入户给水总管上、分户给水管上应设置计量水表或 IC 卡水表。出厂水总管上、入村给水干管上应设置压力表。每个村庄应在水压最不利用户接管点处设置压力检测。需要在线监测时，可采用远传压力表或压力变送器。集中式给水系统，应有检测水源水位、调节构筑物水位、泵站前池水位、药剂池（罐）液位的措施或设备。需要在线监测时，可采用超声波、浮子式、压力式水位计。

2.3.6　给水系统、供水设施设备

乡村集中式给水系统中水源井、水箱间、泵组设备等，应设在装有安全设施且门窗齐全的固定构筑物内且保持环境卫生，具备条件的可在室内地面铺设防滑瓷砖、墙壁贴瓷砖、顶部涂刷防水防霉涂料（颜色以白色为佳），安装通风扇或相似设备。给水系统选用

的水箱，供水设备、设备配套阀门仪表，水处理装置（消毒设备）等，其生产应符合国家相关产品标准的规定。设计、施工及验收应遵守相关技术规范和规程的要求。相关涉及饮用水卫生安全的设备产品必须具有卫生行政部门颁发的卫生许可批件并提供出厂合格证、质量认证书或检测报告等资料文件。

随着我国城镇化进程的加快，城乡统筹发展、基本公共服务均等化、一体化，之前乡村多数小型集中式和分散式给水系统将逐步被规模化集中给水系统所替代。然而受水源、地形、居住点分布、经济条件等因素限制，我国仍将有约50％的乡村必须通过小型集中式和分散式给水系统获取生活饮用水（小型集中式供水人口约占30％、分散式供水人口约占20％），由此可见，小型集中式和分散式给水系统仍然是构建乡村饮水安全保障体系的重要组成部分，对现阶段乡村饮水供应以及今后全面实现乡村饮水安全意义重大。

乡村小型集中式、分散式给水系统普遍规模很小，水源分散，设计不规范、建设标准低、管理薄弱，水质很容易受到污染，饮水安全存在极大隐患，故要求加快开展小型集中式、分散式给水系统标准化建设，同时对于早期建设的或建设标准偏低的工程进行改造升级、配套安装必要的水处理和消毒设备，修复损坏工程，加强对取水、蓄水构筑物周边设置卫生防护措施，保持环境卫生。

乡村分散式给水主要包括供水井给水、引蓄给水、雨水集蓄给水等。乡村分散式给水点多面广，多数为户建、户管、户用。在因地制宜的前提条件下，给水系统在有地形高差可利用时，宜布置成自流供水到户。水源需要提升时，宜采用泵提水供水到户。同时乡村分散式给水系统应根据水源水质特点选择适宜的水处理、消毒工艺，以及便于农户操作管理的产品设备。

2.3.7 自动化控制与安防

乡村给水系统的自动化控制，可分为现场设备就地控制和厂站集中控制。规模较小的单村小型集中式和分散式给水系统可采用现场就地控制，条件许可时宜建设联动控制。规模化的集中式给水系统宜设置中控室和中控管理系统，对在线设备的数据进行实时监测和调控。水源离水厂较近时宜采用有线传输数据的方式，配水管网中的增压泵站、高位水池以及各村庄的监测数据可采用无线方式传输。中控管理系统应有故障和超限报警，数据处理和报表功能。可在水源、厂站、水处理间、消毒间、配电室、泵站等重要部位安装摄像头，进行视频安防监控。

2.3.8 运行和维护

乡村给水系统应通过竣工验收后，方可投入运行。运营单位应制定供水设施设备运行操作规程及日常保养制度，定期维护检修。发生突发事件时，运营单位应有应急供水措施。厂站内各种设备、设施档案应完整齐全，与实物相符。给水管网应具有大比例分区切块网图，管网有变化时，布置图应及时更新。应定期、分片对管线进行巡视、维护。管道上分设的各类阀门应定期检查、启闭与维护，并认真做好记录。乡村给水系统的净水与调节构筑物以及相关调蓄贮水设施应按照卫生规范要求定期清洗、消毒。

分散式给水村庄的供水主管部门应建立巡视检查制度，了解水源保护和农户饮水情况，发现问题应及时采取措施，保证供水安全及饮用水水质安全。

2.4　排水系统基本要求

2.4.1　建设规划

乡村排水系统建设应以县域村庄总体规划为主要依据，且根据规划年限、工程规模、水环境要求、综合经济效益和环境效益，正确统筹谋划近期与远期、集中与分散、排放与利用的关系。

乡村排水体制是乡村排水系统建设规划的关键点，科学合理地选择乡村排水体制对乡村生产、生活、聚集发展至关重要，对区域生态环境保护、乡村振兴有着深远的影响。

雨污分流是乡村排水系统建设的发展方向，近期不具备建设雨污分流系统的区域乡村，应着眼远期规划，为未来雨污分流设施的建设留有余地，最终实现雨污分流的排水体制。

现有合流制或排水设施缺乏、排水管线覆盖率低的乡村，应充分利用现有条件和设施，因地制宜采用改造、新建等方式，逐步推进乡村排水系统建设。

2.4.2　排水量和水质

乡村人口密度低、居住分散，生活、生产方式，水质、水量均存在较大差异。乡村排水系统的水量和水质核定，宜对当地用水量现状、排水系统完善程度、生活习惯、排放规律、排污水量、经济发展等因素进行实地调查后分析确定，设计水量和设计水质应与排水系统相适应相匹配。

乡村排水包括农户庭院排水和村落排水，排水量包括污水量和雨水量。污水量包括生活污水量、生产废水量及养殖污水量。生活污水主要包括厕所、盥洗和厨房排出的污水，污水量可按生活用水量的40%～80%进行计算。生产废水量及变化系数可按产品种类、生产工艺特点和用水量确定，也可按生产用水量的75%～90%进行计算。养殖污水量应按畜禽种类、冲洗方式及用水量确定，宜通过实测分析后确定。

乡村生活粪便污水不得直排，必须经过化粪池、净化沼气池等设施实现预处理。专业养殖场污水、工业废水必须单独收集处理，符合排放标准后方可排放或综合利用。

2.4.3　雨水收集、利用与排放

乡村雨水应以防洪排涝为主，防洪排涝设施的建设应与村镇总体规划和建设相协调，统一布置、分期建设。

乡村排水系统应充分考虑雨水径流的消减，宜保留天然可渗透性地面和沟塘，也可设置植草沟、渗透沟等设施接纳地面径流。雨水收集、排放系统应以重力流为主，雨水管道可采用明渠或暗管（沟）形式，充分利用现状沟渠或与道路边沟结合。雨污合流管道应采用暗管形式。雨水明渠砌筑宜就近取材，可选用混凝土或砖石、条石等材料。

水资源缺乏、水质性缺水、地下水位下降严重、内涝风险较大的村镇宜进行雨水综合利用，雨水收集后经过自然或人工处理，可作为农田灌溉、林木绿化、景观水体、非饮用用途的生活杂用水或生产用水等。雨水资源化综合再利用，其水质应符合国家相关水质标准的要求。

2.4.4 排水设施

排水管网、沟渠、排水检查井是乡村排水系统的重要组成部分。常用的排水管可分为混凝土排水管、金属排水管、塑料排水管等。排水沟渠常见的形式有砖石砌筑沟渠、预制混凝土沟渠、混凝土模块沟渠等。排水检查井是排水管网中的主要构筑物，也是排水系统的重要组成部分，直接影响到排水系统工程的整体效果。排水检查井主要可分为砖砌检查井、现浇混凝土检查井、塑料预制检查井、预制装配式钢筋混凝土检查井和混凝土模块式检查井等。生活污、废水排水系统不应采用砖砌检查井等排水设施。

乡村排水系统管材的使用，应结合排水管网的特点，根据排水水质、水温、断面尺寸、管内外所受压力、土壤性质、地下水侵蚀性、止水密封性以及现场条件、施工方法等因素进行选择确定，并宜就地取材。其中针对排放具有腐蚀性的污水，可采用塑料排水管、混凝土管。压力排水管可采用金属管。排水系统所用的管材、管道附件、构（配）件和主要原材料等产品的品种、规格、性能必须符合国家有关标准的规定和设计要求，严禁使用国家明令淘汰、禁用的产品。

2.4.5 施工与质量验收

乡村建设排水系统管渠施工与验收应符合现行国家标准《给水排水构筑物工程施工及验收规范》GB 50141 的有关规定。管道敷设施工与验收应符合现行国家标准《给水排水管道工程施工及验收规范》GB 50268 的有关规定。砌体构筑物的施工与验收应符合现行国家标准《砌体结构工程施工质量验收规范》GB 50203 的有关规定。排水系统竣工验收后，建设单位应将设计、施工、验收相关的图纸资料文件归档管理。

2.5 污水处理及回用系统基本要求

2.5.1 建设规划

乡村生活污水处理，应以县级行政区为单位，实行统一规划、统一建设、统一运营、统一监管。建设规划范围应为县域内乡村地区的全部村庄。应充分利用县域内现有条件和设施，因地制宜采用改建、扩建、新建等方式，加快梯次推进乡村生活污水治理及污水处理设施全覆盖。对于具备将污水纳入城镇污水管网的乡村，优先规划接管纳入城镇污水处理厂统一处理。区域集中、规模较大、经济条件好的乡村宜采用联片收集集中处理，推动乡村基础设施提档升级。村庄布局分散、地形地貌条件复杂、污水不易集中收集的，宜采用设备化的小型污水处理装置分散式就地收集处理。

乡村生活污水处理，要以改善乡村人居环境为核心，优先考虑环境保护与资源化综合再利用的关系，应按照实用性、适用性、经济性的原则，在保障环境质量的前提下慎重选择适合当地自然条件、经济条件的技术工艺和管理方式，积极推广技术成熟可靠、低成本、低能耗、操作简单、管理方便、运行稳定、易于推广的污水处理技术和设施设备，倡导把污水处理与村庄微环境生态修复、生态堤岸净化、农田灌溉和景观用水等需求进行有机的结合。

乡村生活污水处理系统的建设、运行管理，排放标准应符合国家和地方相关标准的规定，同时为保障乡村生活污水处理系统长效运行，要建立有效的监测、监管和考核制度。

2.5.2　污水量和水质

乡村生活污水普遍存在排放水量变化大、排放不均匀、基本无法形成连续流的现状。乡村生活污水排水量一般为总用水量的 $40\%\sim80\%$，有洗衣污水室外泼洒、厨房泔水喂猪等习惯的地方可取下限值，排水设施完善的地方可取上限值。

现行国家标准《农村生活污水处理工程技术标准》GB/T 51347 中关于乡村生活污水量确定原则的规定，受水源类型、生活条件、经济条件等因素影响，不同区域的乡村生活污水排放差异很大，同一区域的不同村庄也存在差别，因此乡村生活污水量的核定应以实测为基础，在对当地用水现状、卫生设施水平、排水系统完善程度等进行实地调查后确定。

乡村生活污水的污染物主要是有机物、氮和磷，主要来源为冲厕污水、厨房污水和洗涤、洗浴污水，化学需氧量（COD）、生化需氧量（BOD_5）、氮和磷的含量变化范围比较广。需要注意的是乡村生活污水的水质与生活习惯、生活条件和当地风俗息息相关，污水水质应依据实地检测结果来确定设计水质。

根据我国行政区域划分，在对华北、东北、华东、中南、西南、西北各地不同地域乡村生活污水水质开展文献调查和现场调查后，乡村生活污水水质结果见表 2-2。

各地区乡村生活污水水质范围参考　　　　　　　　　　　　表 2-2

地区	主要指标	pH	SS (mg/L)	COD (mg/L)	BOD_5 (mg/L)	NH_4^+-N (mg/L)	NH_3-N (mg/L)	TN (mg/L)	TP (mg/L)
华北		6.5～8.0	100～200	200～450	200～300	20～90	—	—	2.0～6.5
东北		6.5～8.0	150～200	200～450	200～300	—	20～90	—	2.0～6.5
华东	建议 取值范围	6.5～8.5	100～200	150～450	70～300	—	20～50	—	1.5～6.0
中南		6.5～8.5	100～200	100～300	60～150	20～80	—	40～100	2.0～7.0
西南		6.5～8.0	150～200	150～400	100～150	—	20～50	—	2.0～6.0
西北		6.5～8.5	100～300	100～400	50～300	3～50	—	—	1.0～6.0

2.5.3　污水收集和集中处理

乡村生活污水收集应根据服务范围、村落格局、地形地貌、排水流向，尽可能利用重力自流排出等因素合理布设，当污水不能重力自流排出时，应设提升设施。生活污水处理收集管网不得接入农产品加工企业、集约化畜禽养殖场等非生活污水。污水处理设备不应建在饮用水源上游，生活污水处理构筑物应满足防水、防渗相关标准要求，严禁污染地下水。污水处理出水排放、尾水宜利用村庄周边沟渠、水塘、土地等生态途径进一步净化后排入受纳水体。

乡村集中型污水处理站的外观应采用生态造型，位置的选择、污水处理设施排放口的选址，应符合县域乡村建设总体规划、流域规划和水环境功能区划的要求。

在美丽乡村建设、乡村环境整治、生活污水治理建设布局所涉及的原位收集治理、单村联户收集治理、联片集中收集治理均应在结合实际、分类差别化治理、总结完善着眼发展的前提下合理、有序、有效、保质进行。

2.5.4 分散式污水处理

我国乡村分布广、区域条件差别大，生活污水主要表现为排放量小且分散，排放流量和有机负荷波动性较大等特点，因此分散式污水处理技术和设施仍是当前乡村生活污水处理的主要模式。

乡村生活污水处理设施、污水处理技术的选择应遵循三个基本原则，一是选择抗冲击负荷能力强，污水处理后能够达标排放的工艺；二是选择运行、维护、管理简单的工艺；三是选择能耗低的工艺。

目前在我国乡村应用较多且较为成功的分散式污水处理技术和工艺主要有化粪池、沼气池、厌氧生物膜池、生物接触氧化池、生物滤池、序批式生物反应器（SBR）、普通曝气池、生态滤池、氧化沟、人工湿地、土地处理、稳定塘、生物浮岛等。

2.5.5 排放和回用

乡村生活污水处理设施排放标准要满足现行国家和地方标准的有关规定。生活污水处理设施出水排放去向可分为直接排入水体、间接排入水体、出水回用三类。

出水直接排入环境功能明确的水体，控制指标和排放限值应根据水体的功能要求和保护目标确定。出水直接排入Ⅱ类和Ⅲ类水体的，污染物控制指标至少应包括化学需氧量（COD_{cr}）、pH、悬浮物（SS）、氨氮（NH_3-N）等；出水直接排入Ⅳ类和Ⅴ类水体的，污染物控制指标至少应包括化学需氧量（COD_{cr}）、pH、悬浮物（SS）等。出水排入封闭水体或超标因子为氮磷的不达标水体，控制指标除上述指标外应增加总氮（TN）和总磷（TP）。出水直接排入村庄附近池塘等环境功能未明确的小水体，控制指标和排放限值的确定，应保证该受纳水体不发生黑臭。出水流经沟渠、自然湿地等间接排入水体，可适当放宽排放限值。

乡村生活污水处理后以回收利用为目的的，一定要按照回用去向确定排放标准。回用水用于农田灌溉时应符合现行国家标准《农田灌溉水质标准》GB 5084 的有关规定；用于景观环境用水时应符合现行国家标准《城市污水再生利用　景观环境用水水质》GB/T 18921 的有关规定；用于冲厕、道路浇洒、绿化浇灌、车辆冲洗等用途时应符合现行国家标准《城市污水再生利用　城市杂用水水质》GB/T 18920 的有关规定。

我国乡村分布广，不同区域对出水水质要求应因地制宜，要结合污水处理设施排放口的水环境要求和水环境治理目标，合理确定污水处理的排放标准。

生活污水就近纳入城镇污水管网的乡村，在污水接入市政污水管道前应符合受纳污水处理厂的纳管要求，执行现行国家标准《污水排入城镇下水道水质标准》GB/T 31962 的有关规定。

2.5.6 污泥处理与处置

乡村污水处理设施中污泥的处理与处置应符合减量化、无害化、资源化的原则，且根据当地条件选择乡村适宜的污泥处理设施与处置方式。污泥的最终处置（土地利用、污泥填埋、建材制作等）应满足现行国家标准《城镇污水处理厂污染物排放标准》GB 18918、《农用污泥污染物控制标准》GB 4284、《城镇污水处理厂污泥处置　土地改良用泥质》

GB/T 24600、《城镇污水处理厂污泥处置　混合填埋用泥质》GB/T 23485、《城镇污水处理厂污泥处置　园林绿化用泥质》GB/T 23486 等有关要求。

2.5.7　施工与验收

乡村生活污水处理设施建设专业性强，且单个设施建设规模小，对于采用一体化处理设备的项目，应鼓励设备提供商作为总承包商进行设计、设备供应以及施工安装和调试。工程施工单位应具有承担同类污水处理设计、施工资质或实践经验。工程竣工验收后，建设单位应将有关设计、施工、调试验收、设备设施运行维护等图纸文件建立档案并保存完好。

2.5.8　运行维护监管

乡村生活污水处理应落实以县级政府为责任主体、乡镇政府（街道办事处）为管理主体、村级组织为落实主体、农户为受益主体以及第三方专业服务机构为服务主体的县域乡村生活污水治理设施运行维护管理体系。污水处理设施的运行管理方式包括建设单位自管、设备供应商代管、集中委托运维管理、农户自管等，可根据具体情况与条件选择适宜的方式。

政府主管部门应制定乡村生活污水处理设施运行维护管理工作考核办法、基础档案信息数据库和监管机制。要求运营单位积极组织各项培训，提高运维人员能力水平。严格按照要求巡视检查污水处理设施的运行情况并做好运行记录，及时掌握处理系统的出水水质状况，确保出水水质达标。

第3章 乡村建设给水处理系统产品标准实施应用

给水处理系统旨在通过特定的处理技术和相应的处理设施、设备,去除原水中的杂质,使之符合生活饮用水水质卫生标准,为人民群众提供安全、优质、健康的饮用水,这是关系到国家发展、民族兴旺、人民健康、家庭幸福的一件大事,也是新时代开展美丽乡村建设的关键性系统工程。由于给水水源、用水水质及用水量需求等各不相同,给水处理系统应根据不同地区乡村的经济发展水平、环境条件、建设需求和自然禀赋等,因地制宜确定给水处理技术及相关产品标准,并符合现行国家标准《城镇给水排水技术规范》GB 50788 的规定。有条件的地区,宜优先建设给水处理厂,集中供水、集中管理,便于实现远程监控与自动化运行。

3.1 相关标准

GB 3838—2002	地表水环境质量标准
GB 5749—2006	生活饮用水卫生标准
GB/T 5750—2006	生活饮用水标准检验方法
GB/T 14848—2017	地下水质量标准
GB 14930.2—2012	食品安全国家标准 消毒剂
GB 15603—1995	常用化学危险品贮存通则
GB/T 16881—2008	水的混凝、沉淀试杯试验方法
GB/T 17219—1998	生活饮用水输配水设备及防护材料的安全性评价标准
GB/T 17514—2017	水处理剂 阴离子和非离子型聚丙烯酰胺
GB 19106—2013	次氯酸钠
GB/T 19837—2019	城镇给排水紫外线消毒设备
GB/T 20621—2006	化学法复合二氧化氯发生器
GB/T 22627—2014	水处理剂 聚氯化铝
GB 28233—2020	次氯酸钠发生器卫生要求
GB 28931—2012	二氧化氯消毒剂发生器安全与卫生标准
GB/T 36758—2018	含氯消毒剂卫生要求
GB 50013—2018	室外给水设计标准
GB 50015—2019	建筑给水排水设计标准
GB 50027—2001	供水水文地质勘察规范
GB 50141—2008	给水排水构筑物工程施工及验收规范
GB 50203—2011	砌体结构工程施工质量验收规范
GB 50204—2015	混凝土结构工程施工质量验收规范

GB 50205—2020　　　　钢结构工程施工质量验收标准
GB 50265—2010　　　　泵站设计规范
GB 50268—2008　　　　给水排水管道工程施工及验收规范
GB 50400—2016　　　　建筑与小区雨水控制及利用工程技术规范
GB/T 50596—2010　　　雨水集蓄利用工程技术规范
GB/T 50625—2010　　　机井技术规范
GB 50788—2012　　　　城镇给水排水技术规范
CJ/T 141—2018　　　　城镇供水水质标准检验方法
CJ/T 169—2018　　　　微滤水处理设备
CJ/T 170—2018　　　　超滤水处理设备
CJJ 32—2011　　　　　含藻水给水处理设计规范
CJJ 40—2011　　　　　高浊度水给水设计规范
CJJ 58—2009　　　　　城镇供水厂运行、维护及安全技术规程
CJJ 207—2013　　　　 城镇供水管网运行、维护及安全技术规程
CJJ/T 229—2015　　　 城镇给水微污染水预处理技术规程
CJJ/T 251—2017　　　 城镇给水膜处理技术规程

3.2　给水处理系统水质要求

生活饮用水的水质应符合现行国家标准《生活饮用水卫生标准》GB 5749 的规定。

参照国家现行标准《农村饮水安全评价准则》T/CHES 18 和《村镇供水工程技术规范》SL 310 的规定，按照供水规模大小、供水人口多少的不同，可将乡村给水处理系统分为集中式给水处理系统和分散式给水处理系统两类，详见表 3-1。

乡村给水处理系统分类　　　　　　　　　　　　　　　　　　　　　　　表 3-1

工程类型	集中式给水处理系统					分散式给水处理系统
	Ⅰ型	Ⅱ型	Ⅲ型	Ⅳ型	Ⅴ型	
供水规模 W（m³/d）	$W \geqslant 10000$	$10000 > W \geqslant 5000$	$5000 > W \geqslant 1000$	$1000 > W \geqslant 100$	$W < 100$	$W \leqslant 10$ 或供水人口 20 人以下

Ⅰ型～Ⅲ型等乡村集中式给水处理系统出厂水中消毒剂限制、出厂水和管网末梢水中消毒剂余量，均应符合现行国家标准《生活饮用水卫生标准》GB 5749 的有关要求。

对Ⅳ型或Ⅴ型等小型乡村集中式给水处理系统和未经任何设施或仅有简易设施的分散式给水处理系统的出水水质，部分指标可适当放宽标准，即在保证饮用水安全的基础上，仅对 10 项感官性状和一般化学指标、1 项微生物指标及 3 项毒理指标执行《生活饮用水卫生标准》GB 5749—2006 表 4 的要求。

乡村给水处理系统建设实践表明，在构建"以集中供水为主，联户供水为辅，分散供水为补充"的乡村安全给水体系的建设进程中，规模化集中供水代表了乡村给水安全的发展方向，但实践和现实同样昭示我们，联户工程（又称小集中）和分户供水（以下统称为"分散供水"）工程也发挥了不可替代的重要补充作用。

在平原地区和人口密集地区，提倡乡村给水规模化，实现乡村供水与城市供水同标

准、同保障、同服务。在人口相对集中地区，按照"建大、并中、减小"的原则，积极推进千吨万人以上的规模化给水工程建设。同时，仍有一些乡村给水工程是多年前修建的，建设标准低，管网漏损率高，供水能力不足，需要采取改造、配套、升级、联网等综合措施，加快更新改造，提高给水保障水平。

按照乡村振兴战略部署要求，结合城乡融合发展和村庄总体规划，推动城乡一体化和规模化给水工程建设，改造早期老旧工程，梯次推进乡村给水发展，深化工程建设和运行管护体制机制改革，不断提升乡村给水保障水平。

3.3 水源取水

3.3.1 水源选择

合理选择水质水量满足要求的水源，是保证给水安全稳定性、减少工程投资、增加经济效益的重要因素。

1. 水源选择基本要求

（1）水质良好、便于卫生防护。采用地表水为水源时，水质应符合现行国家标准《地表水环境质量标准》GB 3838 的相关要求；采用地下水为水源时，水质应符合现行国家标准《地下水质量标准》GB/T 14848 的相关要求。当水源水质不符合上述要求时，不宜作为生活饮用水水源；若限于条件需加以利用时，应采用相应的净化技术进行处理。取水点应避开污染源，宜选在污染源和居住区的上游。

（2）水量充沛。地下水水源的设计取水量应小于允许开采量，开采后不应引起地下水水位持续下降、水质恶化及地面沉降；地表水水源的设计枯水期流量的年保证率，严重缺水地区不低于90%，其他地区不低于95%。单一水源水量不能满足要求时，可采取多水源或调蓄等措施。

（3）符合当地水资源统一规划管理的要求，并按优质水源优先保证生活用水的原则，合理处理与农田、水利等其他用水之间的矛盾。

2. 水源选择所需基础资料

水源选择前，应根据下列要求详细调查和收集区域水资源的水质、水量以及开发利用条件等资料，以及当地水利、卫健、生态环境、自然资源、住建等部门相关规划和管理规定。

（1）地表水水源的资料应包括：水源的原有功能及开发利用现状，位置及至给水区的距离、高程，周边环境及水源保护现状（包括水上养殖、面源污染、污废水排放等），近年来的枯水期和丰水期的水质化验资料，不同水文年的逐月流量、水位和含沙量，以及洪水和冰冻等情况。

（2）地下水水源的资料应包括：当地水文地质调查和地下水动态监测资料，当地已建成的各类取水井、出水量、水质变化以及干旱年地下水水位的下降情况。

（3）泉水和溶洞水源的资料应包括：不同地点、已经作为给水水源的泉水和溶洞水进行调查，了解其水质、干旱年的出水量情况。对尚未开发利用的，应听取当地居民对其在不同干旱年份、不同季节的水量变化描述，并对其水质和水量进行实测。

3. 水源评价与勘察要求

对拟选水源进行水资源评价和勘察，应符合下列要求：

（1）应进行水质检测和干旱年枯水期可供水量分析，结合给水方案作出评价。

（2）地下水源应收集水文地质勘探资料，进行水质实测，调查卫生和污染状况，对地下水源的水量、水质作出评价。资料缺乏时，应按现行国家标准《供水水文地质勘察规范》GB 50027 进行水文地质补充勘察。

（3）地表水源应分析不同水文年逐月水质、水位、流量、含沙量、洪水和冰情等历史记录资料，并进行水量供需平衡分析。资料缺乏时，应进行实测和现场调查，选择相邻水文站作参照进行水文预测分析，并适当提高设计取水量的保证率。

4. 水源选择顺序

（1）有多个水源可供选择时，应根据其水质、水量、位置、高程、施工和管理难度、卫生防护，结合给水处理技术及成本、给水系统节能布置、管网布置等进行综合比较择优确定。

（2）可直接饮用或经消毒等简单处理即可饮用的水源。如泉水、深层地下水（承压水）、浅层地下水（潜水）、山溪水、未污染的洁净水库水和未污染的洁净湖泊水。

（3）经常规净化处理后即可饮用的地表水源。如江河水、受轻微污染的水库水及湖泊水等。

（4）便于开采，但需经特殊处理后方可饮用的地下水源。如铁、锰、氟等化学成分超过生活饮用水卫生标准的地下水。

（5）需进行深度处理的地表水。

（6）淡水资源匮乏的地区，可修建收集雨水的装置或构筑物（如水窖）等，作为分散式给水水源。

今后，随着给水处理技术进步和用水需求变化，还应因地制宜开发特色水资源和非传统水资源作为给水水源或第二水源，如岩溶水、雨水、中水等，并大力推进分质供水工程。

3.3.2　水源保护

Ⅰ、Ⅱ、Ⅲ型乡村集中式给水处理系统的水源，应建立水源保护区。保护区内严禁建设任何可能危害水源水质的设施和一切有碍水源水质的行为，并参照现行行业标准《饮用水水源保护区划分技术规范》HJ 338 和《饮用水水源保护区标志技术要求》HJ/T 433 的相关要求设立范围标志和严禁事项告示牌，并及时清理污染源和保护区内的污染物，保护饮用水水源不受污染或人为破坏。

1. 地表水水源保护要求

（1）取水点周围半径 100m 的水域内和以水库、湖泊和池塘为给水水源或作预沉池（调蓄池）的天然池塘、输水明渠，严禁可能污染水源的任何活动，并应设置明显的范围标志和严禁事项的告示牌。

（2）取水点上游 1000m 至下游 100m 的水域，不应排入工业废水和生活污水；其沿岸防护范围内，不应堆放废渣、垃圾及设立有毒、有害物质的仓库或堆栈；不得从事有可能污染该段水域水质的活动。

2. 地下水水源保护要求

（1）地下水水源保护区和井的影响半径范围应根据水源地所处的地理位置、水文地质条件、开采方式、开采水量和污染源分布等情况确定，单井保护半径应大于井的影响半径且不小于 50m。

（2）在井的影响半径范围内，不应再开凿其他生产用水井，不应使用工业废水或生活污水灌溉和施用持久性或剧毒的农药，不应修建渗水厕所和污废水渗水坑、堆放废渣和垃圾或铺设污水渠道，不应从事破坏深层土层的活动。

（3）雨季时应及时疏导地表积水，防止积水入渗和浸溢到井内。

（4）渗渠、大口井等受地表水影响的地下水源，应按水源保护要求对影响范围内的地表水进行保护。

（5）地下水资源匮乏地区，开采深层地下水的饮用水水源井不应用于农业灌溉。

3. 水源保护区污染防治要求

（1）取水构筑物周围 10m～30m 的陆地应设围墙或防护栏。

（2）保护区内的村庄，应全面进行卫生厕所改造，并建截污沟将村庄内的雨水导入保护区下游。

（3）水源保护区内的土地和荒坡，宜种植具有水源涵养作用的林草或按有机农业的要求进行农作物种植。

（4）宜在库塘水源周边建设生态防护隔离带和人工湿地。

3.3.3 取水构筑物

根据取水水源不同，取水构筑物可分为地下水取水构筑物、地表水取水构筑物及雨水集蓄构筑物。

1. 地下水取水构筑物

地下水取水构筑物有管井、大口井、辐射井、复合井及渗渠等，其中，大口井和管井等较为常用。

大口井主要用于集取浅层地下水，埋深通常小于 12m；管井用于开采深层地下水，深度一般在 200m 以内，但最大可达到 1000m 以上。

在工程实际运用中，管井可利用专用设备施工，成本低，速度快，在方案比选时，若含水层厚度、渗透性等参数差异不大，采用管井相比大口井更为适宜；如果含水层颗粒较大，且有足够的地下水补充，则适宜采用大口井。

深井泵站是常用的地下水取水构筑物，深井泵站一般由泵房、变电所两部分组成，如图 3-1 所示。

深井泵站的泵房有地面、半地下和地下等三种布置形式，较常用的是前两种形式。深井泵站通常每口井设置 1 台深井泵，水泵置于水下，并在井上设置电动机。

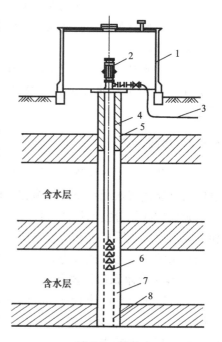

图 3-1 管井

1—井室；2—深井泵；3—压水管；
4—井管；5—黏土封闭层；6—过滤器；
7—规格填砾；8—沉淀管

当地下水源储水量充足，岩石性质较好，埋深较大时，可以设大口径的单只钢筋混凝土深井井筒，在井内同时设置多台深井泵或潜水泵取水。

地下水取水构筑物的形式和位置，应根据地下水类型、水文地质条件、设计取水量等通过技术经济比较确定。其中，地下水取水构筑物的形式可根据下列要求确定：

（1）含水层总厚度大于 5m、底板埋深大于 15m 时，可选择管井；

（2）含水层总厚度 5m～10m、底板埋深小于 20m，管井出水量不能满足要求时，可选择大口井；

（3）含水层有可靠补给条件、底板埋深小于 30m，管井和大口井出水量不能满足要求时，可选择辐射井；

（4）集取地表渗透水或地下潜流，含水层厚度小于 5m 且埋深较浅时，可选择渗渠，但渠底埋深应小于 6m；

（5）有水质良好、水量充足的泉水时，可选择泉室集取泉水。

地下水取水构筑物的位置应根据下列要求确定：

（1）位于水质良好、不易受污染、易开采的富水地段，并便于划定保护区；

（2）位于工程地质条件良好的地段；

（3）按地下水流向，设在村镇的上游，并靠近主要给水区；

（4）集取地表渗透水时，地表水水质应符合现行国家标准《地表水环境质量标准》GB 3838 的要求；

（5）靠近电源，施工和运行管理方便。

管井、大口井、辐射井的设计应符合现行国家标准《机井技术规范》GB/T 50625、《管井技术规范》GB 50296 的有关规定。Ⅰ型、Ⅱ型、Ⅲ型乡村给水处理系统应设备用井，备用井数量可按设计取水量的 10%～20%确定，且不少于 1 处。

2. 地表水取水构筑物

地表水取水构筑物按其构造分为固定式取水构筑物和移动式取水构筑物两类，固定式通常比移动式有更高的可靠性。

固定式取水构筑物种类繁多，常用的有岸边式、河床式、低坝式等三种形式。

岸边式取水构筑物，主要包含进水室、吸水室、泵房等单元，适用于在河流、湖泊等地表水体取水且河湖边坡陡峻的取水工程。

河床式取水构筑物如图 3-2 所示，是在河湖中设置取水头部，利用进水管取水的构筑物，进水管一般采用自流管（或虹吸管），进水间也可由集水井取代。在河流干流远离取水一侧岸边，且河岸坡度平缓时，常采用河床式。

低坝式取水构筑物是在河流中垂直于水流流向建造低坝提高水位，并在坝上游岸边设置进水闸或进水泵房取水的构筑物。低坝式取水构筑物适用于枯水期流量小、水浅、无放筏和通航的山区溪流。

移动式取水构筑物的常见方式有浮船式和缆车式。当水位涨落的幅度大于 10m 以上、取水河段的河岸陡峻、工程地质条件差或河岸及河床均为岩层时，采用固定式构筑物存在水下工程量大、施工难、造价较高等问题，而采用移动式构筑物，施工难度小，且造价可大大降低。

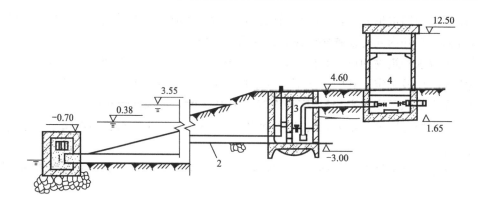

图 3-2　河床式取水构筑物
1—取水头部；2—进水管；3—集水井；4—泵房

缆车式取水泵站一般靠河、湖岸坡设置，采用卷扬机驱动钢丝，牵引泵车（水泵机组安装在泵车上）在轨道上沿斜坡移动取水，单个泵车的取水量每天可达数千吨至十万吨。缆车式取水构筑物较固定式构筑物的水下工程量小，施工方便，投资比固定式少，取水构筑物少。虽然比浮船式成本高，但风浪稳定性比浮船式好，缺点是移车较难，移车时有一定危险性，泵车内空间狭小，操作维护困难，取水水质较差。

浮船式取水泵站（又称泵船），一般采用特制的船只，固定在水源位置，将水泵机组设置在船上，随着水位变化，上下浮动取水。浮船式取水泵站结构简单、材料耗用少、造价低、施工简便、上马快，适用于水文条件变化较快的河道，但在水位变化较快时，接头若未采用摇臂结构，则需要更换接管及泵船的位置，管理复杂，且会造成供水暂停；船体需定期检修保养，防止漂浮物撞击，风浪稳定性能差，运行可靠性较低。

地表水取水构筑物的位置应根据下列基本要求，通过技术经济比较确定：

（1）位于村镇上游等水源水质较好的地带；

（2）靠近主流，枯水期有足够的水深；

（3）有良好的工程地质条件，稳定的岸边和河（库、湖等）床；

（4）易防洪，受冲刷、泥砂、漂浮物、冰凌的影响小；

（5）靠近主要给水区；

（6）符合水源开发利用和整治规划的要求，不影响原有工程的安全和主要功能；

（7）施工和运行管理方便。

地表水取水构筑物的形式应根据设计取水量、水质要求、水源特点、地形、地质、施工、运行管理等条件，通过技术经济比较确定：

（1）河（库、湖等）岸坡较陡、稳定、工程地质条件良好，岸边有足够水深、水位变幅较小、水质较好时，可采用岸边式取水构筑物；

（2）河（库、湖等）岸边平坦、枯水期水深不足或水质不好，而河（库、湖等）中心有足够水深、水质较好且床体稳定时，可采用河床式取水构筑物；

（3）水源水位变幅大，但水位涨落速度小于 2.0m/h、水流不急、枯水期水深大于 1m 时，可采用缆车或浮船（桶）式取水构筑物；

（4）在推移质不多的山丘区浅水河流中取水，可采用低坝式取水构筑物；在大颗粒推

移质较多的山丘区浅水河流中取水,可采用底栏栅式取水构筑物;

(5) 地形条件适合时,应采取自流引水。

地表水取水构筑物的设计施工应参照国家现行标准《室外给水设计标准》GB 50013、《泵站设计规范》GB 50265 和《村镇供水工程技术规范》SL 310 等执行,并应采取措施防止发生泥砂、漂浮物、冰凌、冰絮和水生物的堵塞,防止发生冲刷、淤积、风浪、冰冻层挤压和雷击的破坏,防止发生水上漂浮物和船只的撞击。

3. 雨水集蓄构筑物

雨水是缺水地区重要的给水水源,通常采用水窖作为雨水集蓄构筑物。水窖具有适用性强、施工简便快捷、建设成本低、管理方便、安全卫生等优点。

水窖式雨水集蓄构筑物按砌筑材料可分为砖砌窖、石砌窖、混凝土窖和土窖;按结构形式可分为自然土拱盖窖、混凝土拱窖和窑窖。其中,按施工方法不同,混凝土窖又可分为现浇式水窖和预制装配式水窖两种。水窖的结构决定着投资的大小和施工难易程度,一般而言,浆砌石水窖施工简便,价格低,可由各户根据统一的设计标准单独进行施工;钢筋混凝土水窖施工相对复杂,投资相对高,必须由专业施工队进行施工。

水窖式雨水集蓄构筑物选址应符合下列原则:

(1) 方便集雨。窖址应选择在地形、地势低洼、平坦之处,以便控制较大的集雨面积,或便于将附近季节性沟溪、泉水引入水窖内。

(2) 安全可靠。窖址应选择在地质稳定、无裂缝、陷坑和溶洞的位置上,尽量避开滑坡体地段,同时还应注意排涝、防淤。

(3) 尽可能重力给水。条件允许时,窖址应选择比用水点位置稍高的地方,利用地形高差形成重力自流给水;否则应设水泵加压提升。

雨水作为生活饮用水水源,其净化处理需根据雨水水质、处理水量等因素综合考虑,可采用生物慢滤处理技术、微絮凝直接过滤处理技术及常规处理技术、超滤技术等,并应设有消毒设施。分散式给水系统还可以选择家庭用水质净化设备,采用分质供水方式,只对饮用水进行处理,净化能力可按每人每天 5L~10L 确定。

雨水净化处理适宜的消毒剂通常有二氧化氯、次氯酸钠、漂白粉或其他成品消毒剂。有条件时,分散供水工程可选择家用紫外线消毒装置去除水中的病原微生物,采用紫外线消毒时,应做到 1 周左右定期清洗灯管套管、1 年左右更换灯管。

雨水集蓄用于生活饮用水时,还应符合下列规定:

(1) 雨水集蓄工程宜设置初期径流排除设施。

(2) 雨水蓄水池进水口前应设置拦污栅;利用天然土坡、上路、土场院集流时,应在进水口前设置沉砂池。沉砂池尺寸应根据集流面大小和来砂情况确定。

(3) 雨水集蓄构筑物建成后,应进行清洗,并检查有无裂缝;有条件时可充水浸泡,并投加 2mg/L 的漂白粉或漂粉精进行消毒。

(4) 雨水进入饮用水的清水池前应设置过滤设施。

(5) 雨水蓄水池应每年清洗 1 次,蓄水构筑物外围 5m 范围内不应种植根系发达的树木。

雨水净化处理设施的设计、施工及运行管理等还应符合现行国家标准《建筑与小区雨水控制及利用工程技术规范》GB 50400 和《雨水集蓄利用工程技术规范》GB/T 50596 的有关规定。

3.4 给水处理技术及其选择

给水处理技术及其配套设施是乡村建设给水处理系统的关键，直接关系到水净化效果、工程投资、运行成本和后续运行管理难易程度，应根据原水水质、处理水量和处理后水质要求，经调查研究或参考相似条件已建水厂的运行管理经验并结合当地人员操作管理水平，通过技术经济比较确定。

3.4.1 给水处理常用技术

给水处理常用技术主要包括混凝、沉淀、过滤、消毒、臭氧氧化、膜分离及深度处理技术等。

（1）混凝处理技术。在混凝剂的作用下，原水与药剂充分混合反应，水中的胶体杂质及微小悬浮物聚集形成大颗粒絮体（矾花）而下沉，使原水得以澄清。

（2）沉淀处理技术。经混凝后的原水中含大颗粒絮凝体，在重力作用下，密度较大的颗粒物在沉淀池完成沉淀，并由池底排出，实现水质净化。

（3）过滤处理技术。原水通过一种或多种粒状滤料（如石英砂、无烟煤、磁铁矿等）构成的滤料层，使悬浮杂质被进一步截留，水的浊度降低，以便后期的消毒处理更易进行。过滤是保证饮用水卫生安全的重要环节，是给水处理中不可或缺的工序。

（4）消毒处理技术。为了满足饮用水的微生物学指标，杀灭水中致病微生物，过滤处理后的水需进行消毒。目前，应用最为普遍的消毒方法是加氯消毒，具有投资少、工艺成熟、操作方便、杀菌率持久、持续抑菌等优点。

（5）臭氧氧化处理技术。使用含低浓度臭氧的空气或者氧气，利用其自身强氧化特性，有效去除水中酚、氰等污染物质，除去水中铁、锰等金属离子，去除异味和臭味。臭氧氧化法的主要优点是反应迅速，流程简单，没有二次污染。

（6）膜分离技术。通过特定的滤膜截留水体中的微生物、颗粒物、有机物、胶体等，实现水体净化。膜分离技术按驱动力可分成压力驱动和电力驱动两大类，其中，压力驱动膜分离技术包括微滤（MF）、超滤（UF）、纳滤（NF）以及反渗透（RO）等，电力驱动则有电渗析和电去离子等，其中微滤和超滤在乡村给水处理中应用最广，通常用来脱除水中的微粒、大分子物质，如有机物、胶体和细菌等，不能用来脱盐；纳滤和反渗透则应用于特殊水质的处理，如水中难以用化学和生物方法去除的有机物、无机盐或各种离子等杂质。电力驱动通常用于特殊用水的净化，如超纯水制取等，也可用于去除水中的无机盐或各种离子等，如苦咸水处理、地下水除氟除砷等。

（7）深度处理技术。在常规的混凝、沉淀、过滤和消毒给水处理技术基础上，为了提高饮用水的质量，对饮用水中大分子有机物进一步进行处理。常用的给水深度处理技术有臭氧-活性炭技术、生物活性炭技术等。

3.4.2 给水处理技术选择

由于各地的自然条件差异很大，水源水质千差万别，每种给水处理技术也都有其特点和适用性，必须依据当地水源的水质状况及处理规模、用水需求等，选择一种或几种给水处理技术组合，形成最适合当地实际的乡村给水处理技术，以适宜的基建投资和运行费用，达到满足使用要求的出水水质。

参照国家现行标准《村镇供水工程技术规范》SL 310、《室外给水设计标准》GB 50013 等，乡村给水处理技术选择应遵循下列原则：

（1）应依据原水水质检测报告的各项指标综合确定适宜的给水处理技术。

（2）原水为地下水或泉水，水质符合现行国家标准《地下水质量标准》GB/T 14848 Ⅲ类及以上要求时，其水质除微生物指标外均满足现行国家标准《生活饮用水卫生标准》GB 5749 的要求，仅需作消毒处理。

（3）原水为地表水，浊度长期低于 20NTU，瞬时不超过 60NTU，符合现行国家标准《地表水环境质量标准》GB 3838 Ⅲ类及以上要求时，可采用微絮凝过滤或生物慢滤加消毒的净水技术。

（4）原水为地表水，浊度长期低于 500NTU，瞬时不超过 1000NTU，其他水质指标符合现行国家标准《地表水环境质量标准》GB 3838 Ⅲ类及以上的水体要求时，可采用混凝、沉淀（澄清）、过滤、消毒等常规净水技术。

（5）原水含沙量变化较大或浊度经常超过 500NTU，瞬时超过 5000NTU 时，其他水质指标符合现行国家标准《地表水环境质量标准》GB 3838 Ⅲ类及以上的水体要求时，可在常规净水技术前增加预沉处理。高浊度原水的处理应符合现行行业标准《高浊度水给水设计规范》CJJ 40 的规定。

（6）当原水中有机物污染程度较高，或原水在短时间内含较高浓度溶解性有机物、有异臭异味或存在污染风险时，可在常规净水工艺前增加粉末活性炭吸附工艺进行常态或应急处理。

（7）原水中氨氮、臭和味、可生物降解有机物等含量高，气候适宜时，可在常规净水工艺前增加沸石或活性炭、生物脱氮等预处理工艺。

（8）原水藻类含量高，影响工艺运行或出厂水质时，可在常规净水工艺前增加高锰酸钾化学预氧化工艺或气浮工艺、强化混凝沉淀及生物处理技术，并设遮阳措施。含藻水净化处理应符合现行行业标准《含藻水给水处理设计规范》CJJ 32 的要求。

（9）原水经常规净水技术处理后，部分有机物、有毒物质含量或色、臭味等感官指标仍不能满足生活饮用水水质要求时，可在常规净水技术滤后增加活性炭吸附深度处理技术。

（10）微污染原水可采用强化常规净水技术，或在常规净水技术前增加生物预处理或化学氧化处理，也可采用滤后深度处理。微污染水预处理技术应符合现行行业标准《城镇给水微污染水预处理技术规程》CJJ/T 229 规定。

（11）铁、锰、氟、砷、硝酸盐等超标的劣质地下水及高硬度地下水、苦咸水等，应首先寻找优质水源替代；在无优质水源时，应经过经济技术比较，有条件可通过现场试验，选择接触氧化、吸附、膜处理、离子交换及生物处理等水质净化技术。铁、锰超标的地下水可采用氧化、过滤、消毒的净水技术；氟超标的地下水可采用活性氧化铝吸附、混凝沉淀或电渗析等净水技术；苦咸水淡化可采用电渗析或反渗透等膜处理技术。

（12）设计水量大于 1000m³/d 的给水处理系统宜采用净水构筑物，其中设计水量 1000m³/d～5000m³/d 的给水处理系统可采用组合式净水构筑物；设计水量小于 1000m³/d 的给水处理系统可采用慢滤或一体化给水处理设备。

（13）乡村给水处理技术选择还应考虑表 3-2 中的优缺点和适用条件。

乡村生活给水处理技术优缺点和适用条件 表 3-2

技术名称		技术优缺点	适用条件
地表水常规净水技术		混凝剂　　　　　消毒剂 地表水→水泵→[絮凝沉淀池 澄清池]→快滤池→清水池 通常由混凝（絮凝）—沉淀（澄清）—过滤—消毒等给水处理单元组成 优点：技术成熟、运行稳定可靠、出水水质较好等 缺点：建设规模大、周期长、投资高、占地广等，运行维护管理要求相对较高	适用于处理地表水原水浊度长期低于 500NTU，瞬时不超过 1000NTU，其他水质指标符合现行国家标准《地表水环境质量标准》GB 3838 Ⅲ类及以上的水体要求。在人口居住相对集中的平原地区和乡村集中连片中心水厂、规模较大给水处理系统采用
生物慢滤技术		消毒剂 地表水→水泵→慢滤池→清水池 借助于在慢滤池滤料表面自然形成的生物黏膜中的微生物群体的新陈代谢活动和滤膜、滤料的过滤拦截作用，吸收水中各类胶体、矿物质，净化水质 优点：运行管理简单，无须投加任何化学药剂，成本低、易于小型化，能有效处理微污染地表水，对乡村水环境中常见的污染物，如浊度、色度、臭味、有机物、氨氮、重金属和细菌等微生物学指标有很好的去除效果，对隐孢子虫和贾第鞭毛虫也有较好的去除效果 缺点：产水量少、滤速慢（<10m³/d）、占地大	适用于长期浊度小于 20NTU 的各类江河水、池塘水、山泉水及集蓄雨水的小型化分散式净化处理。综合考虑初投资及占地面积等因素，生物慢滤处理技术以处理能力不大于 500m³/d、服务人口不多于 5000 人为宜。现已在我国福建、四川、湖北等地广大乡村得到了广泛应用
超滤膜处理技术		消毒剂 地表水→前处理→保安过滤→超滤→清水池 通常由预处理系统、超滤膜组件、冲洗系统、化学清洗系统、控制系统等组成 优点：能有效去除原水中的沉淀物、悬浮物、胶体、微生物（细菌、病毒）等，出水浊度小于 0.2NTU，出水品质高 缺点：原水水质较差时，预处理要求较严格；初期投资较高，超滤膜的清洗维护相对复杂	适用于原水浊度长期不超过 20NTU，瞬时不超过 60NTU 时采用；原水水质较差时应采取可靠预处理措施。即可作为户用型净水器满足农户家庭独立使用，也可用于千吨万人规模给水处理系统中
微污染地表水处理技术	粉末活性炭吸附技术	粉末活性炭通常投加于絮凝沉淀池或澄清池前，依靠水泵、管道或接触装置充分地混合，经接触吸附水中微污染物后，依靠沉淀、澄清及过滤去除 优点：对各类污染物去除效果好，出水水质稳定 缺点：长期投加运行成本高	通常与常规净水技术配合，用于水源突发性污染的应急处理

续表

技术名称		技术优缺点	适用条件
微污染地表水处理技术	化学氧化预处理技术	预氧化剂 混凝剂　　消毒剂 地表水→水泵→常规净水技术→活性炭吸附池→清水池 在常规净水技术前投加高锰酸钾等化学氧化剂，有效去除原水中的微污染物 优点：有效去除原水中的微污染物，改善混凝效果，减少混凝剂的使用量，提升处理后出水水质 缺点：长期运行成本较高	适用于原水存在微污染或爆发性藻类污染的应急处理或长期处理
	生物预处理技术	消毒剂 地表水→水泵→生物预处理→常规净水技术→清水池 在常规净水技术之前增加生物预处理单元，对微污染水中的有机物、氨氮等污染物质进行一定程度的去除 优点：有效去除微污染原水中的有机物、氨氮等污染物质，减轻常规处理的负荷，改善出水水质 缺点：增加处理单元，运行管理相对复杂	适用于对微污染水中的有机物、氨氮等污染物质进行一定程度的去除，也可用于地下水硝酸盐超标的净化处理
	颗粒活性炭吸附过滤技术	混凝剂　　消毒剂 地表水→水泵→生物预处理→常规净水技术→活性炭吸附池→清水池 主要是用于对常规给水处理技术的出水进行深度处理 优点：有效去除水中的污染物质、有机物及色度、嗅味，提升水处理效果，减少消毒剂耗用量 缺点：运行成本较高，对原水中的氨氮去除效果不佳	适用于乡村给水处理系统深度净化，提升出水水质；也可用于去除水中色度、嗅味、有机污染物等
地下水特殊处理技术	地下水除铁除锰技术	消毒剂 地下水→曝气→接触氧化过滤→清水池 采用曝气氧化、接触过滤或二级过滤除铁、除锰，设备简单，出水水质稳定可靠 缺点：滤料成熟前出水水质不稳定	适用于地下水铁、锰含量超标时的处理
	地下水除氟技术	酸　　　　碱　消毒剂 地下水→吸附滤池→清水池 　　　　　↑ 　　　　　再生 采用活性氧化铝吸附过滤除氟，运行简单，除氟效果好，出水水质稳定，性价比高	适用于地下水原水仅氟化物超标时（含氟量＜10mg/L、浊度＜5NTU）。当地下水氟化物超标且溶解性总固体超标时，宜采用反渗透膜处理除氟法

续表

技术名称		技术优缺点	适用条件
地下水特殊处理技术	地下水除砷技术	消毒剂 地下水 → 吸附滤池 → 清水池 采用铁（氢）氧化物滤料的吸附过滤法除砷，运行管理简单，出水水质稳定 缺点：滤池再生液的处理成本较高	适用于地下水砷含量超标时的处理
	苦咸水淡化技术	通常可采用电渗析、反渗透或纳滤膜处理技术等；当硝酸盐超标时，宜采用反渗透膜处理或生物预处理技术 采用反渗透膜处理方法进行苦咸水淡化，脱盐效果好，出水水质稳定 缺点：预处理要求较高，运行管理较复杂	适用于苦咸水淡化处理
	地下水软化技术	常用的软化方法主要有药剂软化法、离子交换法、电渗析法和纳滤、反渗透等膜处理技术 采用石灰药剂软化法需配合常规净水工艺，具有处理成本低、操作简便的优点 离子交换地下水软化的出水效果好，但运行成本较高	适用于地下水硬度超标的处理。其中，石灰软化法适用于原水的碳酸盐硬度较高、非碳酸盐硬度较低且不要求深度软化的场合
一体化给水处理设备		一种将絮凝、沉淀或澄清、过滤等净水技术有机地组合成一体完成常规净水处理的设备 优点：处理效率高、出水水质好、施工速度快、一次投资省、体积小、占地少、运行管理简便、自动运行程度高，且只要防腐措施得当，一体化给水处理设备的使用寿命不低于钢筋混凝土构筑物，正逐渐成为广大乡村给水处理系统建设的首选 缺点：受处理设备安装及运输条件限制，单台设备处理规模有限，当给水处理系统规模较大时，设备外形尺寸、造价及安装等已不具有比较优势	配合特定的给水预处理措施，单台设备适用于处理规模小于100m³/h 的各类地区、各种给水处理需求，出水满足生活饮用水卫生标准。设备常见规格有 0.5m³/h、1m³/h、2m³/h、5m³/h、10m³/h、20m³/h、30m³/h、50m³/h、100m³/h 等

3.4.3 给水处理常用技术流程

1. 地下水水源工艺流程

地下水原水水质符合现行国家标准《地下水质量标准》GB/T 14848 规定的Ⅲ类以上水质指标时，可采用：

（1）自流式

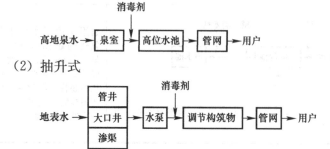

（2）抽升式

(3) 对于高铁锰水、高氟水、高砷水、苦咸水、硝酸盐超标水、高硬度水等特殊地下水，应首先寻找优质水源替代，在无优质水源时，应经过经济技术比较，选择接触氧化、吸附过滤、混凝沉淀、反渗透膜处理、离子交换、电渗析及生物处理等适宜技术。

2. 地表水水源技术流程

(1) 原水浊度长期不超过 20NTU，瞬时不超过 60NTU 时，可采用下列技术流程：

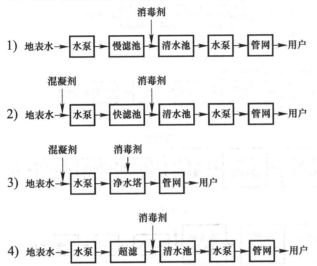

(2) 原水浊度长期不超过 500NTU，瞬时不超过 1000NTU 时，可采用下列技术流程：

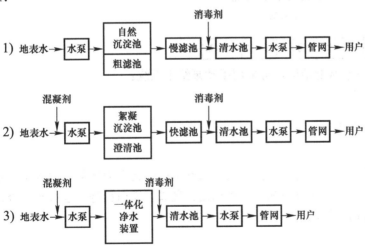

(3) 原水浊度长期超过 500NTU，瞬时超过 5000NTU 时，可采用下列技术流程：

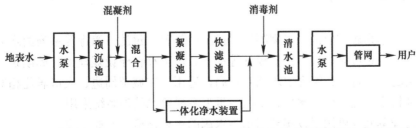

(4) 微污染的地表水应根据原水水质，通过试验参照下列技术流程选用：

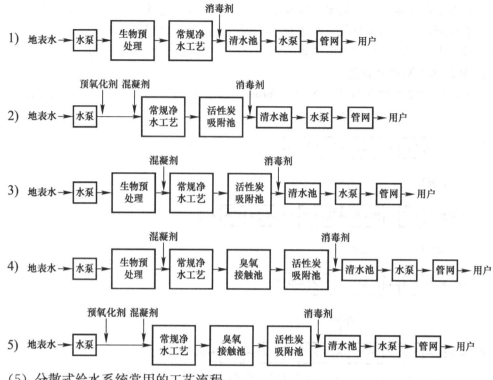

（5）分散式给水系统常用的工艺流程：

1）在缺水地区，可采用雨水收集给水系统：

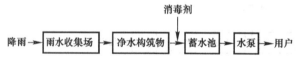

2）有良好水质的地下水水源地区，可采用手动泵给水系统：

（6）消毒：

消毒旨在灭活水中的致病微生物，是保证饮用水安全的一道有力屏障。消毒工序通常在过滤后进行，常用的消毒剂有次氯酸钠、二氧化氯、臭氧、漂白粉等，也可与紫外线消毒器联合使用，减少消毒剂的耗用量。

3.5 地表水常规处理单元

地表水常规处理单元通常由混凝（絮凝）—沉淀（澄清）—过滤—消毒等系列给水处理单元组成，具有运行稳定可靠、出水水质较好等优点，但也存在建设规模大、周期长、投资高、占地广等问题，运行维护管理要求相对较高，适用于在城镇周边、人口居住相对集中的平原地区的乡村集中连片中心水厂、Ⅰ型～Ⅲ型乡村给水处理系统采用。

地表水常规处理单元也可用于以集蓄雨水为水源的规模化给水处理系统。

3.5.1 混凝

混凝是指水中胶体粒子及微小悬浮物的聚集过程。

混凝阶段的处理对象主要是水中的悬浮物和胶体物质,混凝过程的完善程度对后续沉淀、过滤处理效果影响很大。当单用混凝剂不能取得良好效果时,投加辅助药剂以提高混凝效果,这些辅助药剂也称为助凝剂。

1. 混凝剂类型

混凝剂通常包括无机混凝剂和有机高分子混凝剂两类。其中,无机混凝剂可选用聚合氯化铝 (PAC)、硫酸铝、三氯化铁、明矾等。有机高分子混凝剂主要品种是聚丙烯酰胺 (PAM) 和聚氧化乙烯等。

助凝剂通常指高分子助凝剂,包括聚丙烯酰胺、硅酸、骨胶(海藻酸钠)等。

混凝剂或助凝剂应符合现行国家标准《水处理剂阴离子和非离子型聚丙烯酰胺》GB/T 17514、《水处理剂 聚氯化铝》GB/T 22627 等的要求。

2. 设计

(1) 混凝剂和助凝剂品种的选择及其用量,应根据原水悬浮物含量及性质、pH、碱度、水温、色度等水质参数确定,有条件时应通过原水混凝沉淀试验比较后确定,无试验条件时可借鉴相似条件水厂的运行经验,结合当地药剂供应情况和水厂管理条件,通过技术经济确定。

一般来说,高浊度水、低温低浊水可选用聚丙烯酰胺或活化硅酸作助凝剂;当原水碱度较低时,可采用氢氧化钠或石灰乳液作助凝剂。

原水混凝沉淀试验按现行国家标准《水的混凝、沉淀试杯试验方法》GB/T 16881 相关要求执行。

(2) 混凝剂、助凝剂投加应采用湿投。Ⅰ型~Ⅲ型乡村给水处理系统混凝剂溶液浓度可采用 5%~10%(按固体重量计算);Ⅳ型及以下混凝剂溶液浓度可采用 1%~5%(按固体重量计算);配制药剂的时间间隔应符合产品说明书要求,最长不宜超过 1d。

(3) 混凝剂用量较大时,溶解池宜设在地下;混凝剂用量较小时,溶解池可兼作投药池。可采用机械、水力或人工等搅拌方式溶解药剂。Ⅰ型~Ⅲ型乡村给水处理系统投药池宜设 2 个,轮换使用;投药池容积应根据药剂投加量和投配浓度确定。

(4) 与药剂接触的池内壁和地坪应进行防腐处理;与药剂接触的设备、管道应采用耐腐蚀产品。

(5) 投药点和投加方式应满足混合要求,可选择重力投加到泵前的吸水管中或喇叭口处,也可采用重力投加或计量泵压力投加到絮凝前的混合池或管道混合器中。

(6) 加药系统应根据最不利原水水质条件下的最大投加量确定,并设指示瞬时投加量的计量装置和采取稳定加注量的措施。

(7) 药剂的配制和投加,可采用一体化的搅拌加药机。

(8) 加药间宜靠近投加点并应尽量设置在通风良好的地段,应有保障工作人员卫生安全的劳动保护措施;应设冲洗、排污、通风等设施;室内地坪应有排水坡度。

(9) 药剂仓库应有计量设备和搬运工具。药剂仓库的固定储备量,应根据当地药剂供应、运输等条件确定,可按最大投药量的 15d~30d 用量计算。

（10）乡村给水处理系统常用的混合方式是管道混合器混合和水泵混合。混凝药剂和原水应急剧、充分的混合，混合时间宜为 10s～30s，最大不应超过 2min。混凝剂投加点至絮凝池的距离不应超过 120m。

3. 运行管理

混凝剂投加设施运行维护，应符合下列规定：

（1）按规定的浓度用清水配置药剂溶液；根据原水水质和流量确定加药量，原水水质和流量变化较大时，及时调整加药量；宜采用计量泵投加方式，保证药剂与水快速均匀混合；

（2）每日检查投药设施运行是否正常，储存、配制和传输设备是否有堵塞、泄漏现象；

（3）每半年检修投药设施或设备 1 次，及时处理存在的问题；

（4）每 5 年对药剂仓库进行大修和防腐处理；

（5）混合设施应每半年检查 1 次、每年检修 1 次，及时处理存在的问题。

3.5.2 絮凝

絮凝反应通常在絮凝池内进行。

1. 类型与结构

絮凝池常用的种类有折板絮凝池、机械絮凝池、网格絮凝池等。折板絮凝池、网格絮凝池多采用竖向流设计，提高了对水质和水流变化的适应性，提高了絮凝效率，缩小了池体容积，适用于处理规模较小、水量变化不大的乡村给水处理系统。

（1）折板絮凝池

折板絮凝池优点是絮凝时间短，絮凝效果好，容积小且能耗低、药耗小。折板絮凝池缺点是需要设排泥设施，安装维修较困难。

折板絮凝池一般分为 3 段，折板布置可分别采用异波折板、同波折板和平行折板，可采用钢丝网、水泥或其他无毒材料制作。

（2）机械絮凝池

机械絮凝池利用电动机经减速装置驱动搅拌器对水进行搅拌，搅拌器有桨板式和叶轮式两种形式，乡村给水处理适宜采用桨板式搅拌器。为适应水质、水量的变化，搅拌速度应能调节。

机械絮凝池效果较好，并能适应水质变化，但需机械设备，增加了机械维修工作。

2. 设计

絮凝池的形式选择和絮凝时间的设定，应根据原水水质情况和相似条件下水厂运行经验确定。进水压力较高或变化较大时，宜在絮凝池前设稳压井。

（1）设计折板絮凝池时，应符合下列规定：

1）絮凝时间宜为 12min～20min。

2）絮凝过程中的速度应逐段降低，分段数不宜少于 3 段。各段的流速宜分别为：

——第一段 0.25m/s～0.35m/s；

——第二段 0.15m/s～0.25m/s；

——第三段 0.10m/s～0.15m/s。

3）折板夹角可为 90°～120°，波高一般采用 0.25m～0.4m。

（2）设计机械絮凝池时，应符合下列规定：

1）絮凝时间宜为 12min～20min；池内宜设 2 挡～3 挡搅拌机；

2）搅拌机的转速应根据桨板边缘处的线速度通过计算确定，线速度宜自第一挡的 0.5m/s 逐渐变小至末挡的 0.2m/s；

3）池内宜设防止水体短流的设施。

（3）设计网格絮凝池时，应符合下列规定：

1）宜设计成多格竖流式。

2）絮凝时间一般宜为 12min～20min，用于处理低温或低浊水时，絮凝时间可适当延长。

3）絮凝池竖井流速、过网和过孔流速应逐段递减，宜分 3 段，流速可分别为：

① 竖井平均流速：前段和中段 0.12m/s～0.14m/s，末段 0.10m/s～0.14m/s；

② 过网流速：前段 0.25m/s～0.30m/s，中段 0.22m/s～0.25m/s；

③ 竖井之间孔洞流速：前段 0.20m/s～0.30m/s，中段 0.15m/s～0.20m/s，末段 0.10m/s～0.14m/s。

4）栅条可采用不锈钢或 ABS 材料制作；前段竖井内宜设置 4 层～6 层栅条，中段竖井内宜设置 3 层～4 层栅条，末段竖井不放栅条。

5）絮凝池应设有排泥设施。

3. 运行管理

（1）絮凝反应的效果与原水进水量、原水浊度、气温等因素密切相关，实际运行中，应及时根据出水水质变化情况及时调整混凝剂的投加量。

（2）絮凝池应根据当地气候特点设遮阳设施。

（3）经常观测絮凝体絮凝效果，及时调整加药量，保证絮体颗粒大而密实、大小均匀、与水分离度大。

（4）定期监测积泥情况，及时排除絮凝池的积泥。

（5）每年检查隔板、网格 1 次。

3.5.3　沉淀

沉淀是使原水或已经过混凝作用的水中固体颗粒在重力作用下从水中分离出来的过程，完成沉淀过程的构筑物称为沉淀池。

1. 类型与结构

目前，常用的沉淀池有自然沉淀池、平流式沉淀池和斜板/斜管沉淀池。

（1）自然沉淀池

适用于浊度低于 500NTU 且变化较小的原水净化，通常可采用天然池塘或人工水池进行自然沉淀，具有运行成本低、管理简便等优点。为保证净水效果、降低药耗，当原水含沙量变化较大或浊度经常超过 500NTU 时，应进行预沉。

（2）平流式沉淀池

平流式沉淀池是应用较早、相对简单、目前仍广泛采用的一种沉淀形式。

平流式沉淀池具有适应原水浊度范围广、构造简单、造价低、操作方便、处理效果稳定、适应性强的优点，同时也有占地面积大、排泥较困难的缺点。

（3）斜板/斜管沉淀池

斜板/斜管沉淀池是在平流式沉淀池基础上发展起来的一种新型沉淀池。其特点是在沉淀池中装置许多间隔较小的平行倾斜板或倾斜管,具有沉淀效率高,在同样出水条件下比平流沉淀池的容积小,占地面积少的优点。

斜板/斜管沉淀池增加了沉淀面积,改善了水力条件,提高了沉淀效率,具有适用范围广、处理效率高、占地面积小等优点,一般适用于原水浊度长期低于1000NTU的乡村给水处理系统。

2. 设计

(1) 自然沉淀池

自然沉淀池应根据沙峰期原水悬浮物含量及其组成、沙峰持续时间、水源保证率、排泥条件、设计规模、预沉后的浊度要求、地形条件及原水沉淀试验结果,并参照相似条件下的运行经验进行设计,并符合下列规定:

1) 预沉时间可为8h~12h,有效水深宜为1.5m~3.0m,池顶超高不宜小于0.3m,池底设计存泥高度不宜小于0.3m;

2) 应有清淤措施,自然沉淀池宜分成2格并设跨越管;

3) 当水源保证率较低时,自然沉淀池可兼作调蓄池,有效容积应根据水源枯水期可供水量和需水量等确定。

(2) 平流式沉淀池

平流式沉淀池的设计,应符合下列规定:

1) 沉淀时间应根据原水水质、水温等,参照相似条件水厂的运行经验确定,宜为1.5h~3.0h。

2) 水平流速可采用10mm/s~20mm/s,水流应避免过多转折。

3) 平流式沉淀池宜布置成狭长的形式,以改善池内水流条件。有效水深可采用3.0m~3.5m,沉淀池每格宽度(或导流墙间距)宜为3m~8m,长宽比不应小于4,长深比不应小于10。

4) 宜采用穿孔墙配水和溢流堰集水。平流式沉淀池进水与出水的均匀与否直接影响沉淀效果,为使进水能达到在整个水流断面上配水均匀,宜采用穿孔墙,但应避免絮体在通过穿孔墙处破碎。穿孔墙距进水端池壁的距离应不小于1m,同时在沉泥面以上0.3m~0.5m处至池底的墙不设孔眼;平流式沉淀池出水一般采用溢流堰,溢流堰的溢流率不宜大于250m^3/(m·d)。

(3) 斜板/斜管沉淀池

斜板/斜管沉淀池的设计,应符合下列规定:

1) 斜板/斜管沉淀池表面负荷,与原水水质、出水浑浊度、水温、药剂品种、投药量、斜管直径、长度有关,应按相似条件下的运行经验确定。一般而言,为保证沉淀池出水水质,斜板/斜管沉淀池表面负荷宜采用5.0m^3/(m^2·h)~6.0m^3/(m^2·h),北方寒冷地区宜取低值。

2) 斜管沉淀池设计可采用下列数据:斜管管径为25mm~35mm,斜长为1.0m,倾角为60°。

3) 清水区保护高度不宜小于1.0m,底部配水区高度不宜小于1.5m。

3. 运行管理

(1) 运行人员应定时巡视沉淀池运行情况,重点观察刮渣机运行是否有异常声音、刮浮渣板是否把浮渣准确刮进浮渣斗里、链条刮渣机的齿轮链条是否有缠绕物、刮泥板在水下行进是否平衡等。

（2）观察沉淀池的出水堰板的堰口是否被浮渣堵死，出水堰板是否出现倾斜、松动等现象，应及时清理浮渣，并通过调整堰板孔螺栓位置校正堰板水平度。为防止腐蚀，出水堰板固定螺栓通常采用不锈钢或铜材质。

（3）对不经常启闭的进、出水闸门，要每隔 1 周～2 周人工或电动启闭 1 次，并定期对阀门、阀杆等进行检修保养。

（4）控制运行水位，防止沉淀池出水淹没出水堰。

（5）根据原水浊度实时调整排泥周期。

（6）出口浊度宜控制在 5NTU 以下。

（7）启用或停运时，操作宜缓慢进行。

（8）平流式沉淀池，每年人工清洗 1 次～2 次；斜板/斜管沉淀池，宜每 3 个月～6 个月人工清洗 1 次；平流式沉淀池每年排空检修 1 次，斜板/斜管沉淀池每半年排空检修 1 次。

3.5.4　澄清

澄清是利用反应器内积聚的泥渣与原水中的杂质颗粒相互接触、吸附，使杂质从水中分离出来，从而达到使水变清的过程。进行澄清反应的设施或构筑物也叫澄清池。

澄清池是在一个构筑物中完成混合、絮凝、沉淀三个过程。由于利用活性污泥加强了混凝过程，加速了固、液分离，提高了澄清效率。但澄清池对水量、水质、水温的变化适应性较差，对运行管理要求较高。

澄清池内的泥渣层通常是运行初期通过加入较多的絮凝剂并适当降低负荷，经过一定时间运转后逐步形成的。

1. 类型和结构

综合考虑运行管理条件，乡村生活给水处理系统目前常用的澄清池类型为旋流气浮澄清池和机械搅拌澄清池。

（1）旋流气浮澄清池

旋流气浮澄清池是一种集絮凝、沉淀、澄清功能为一体的新型澄清池，其主要特点有：

1）可去除部分藻类和有机污染物；

2）在旋流气浮澄清池中心设置了网格以强化絮凝反应；

3）沉淀区增加了斜管以提高泥水分离效果。

目前，我国已有 30 多座小型水厂应用该池型，结果表明，该池型具有可靠性强、占地面积小、营运维护费用低、出水水质效果好等优点，对微污染原水中 COD_{Mn} 和氨氮等具有较高的去除效果，但该池型高度较高，建设难度较大。

（2）机械搅拌澄清池

机械搅拌澄清池，主要由进水管、配水槽、絮凝室、分离区、集水区、污泥浓缩室、搅拌设备等组成。

机械搅拌澄清池对水量、水质和水温变化的适应性强，效果稳定，投药量少，适用于Ⅰ型、Ⅱ型和Ⅲ型乡村给水处理系统。缺点是维修维护工作量较大，启动时有时需人工加土或加药。

2. 设计

（1）旋流气浮澄清池

旋流气浮澄清池设计应符合下列规定：

1）适用于浊度长期低于1000NTU的原水处理，对高温高浊、低温低浊原水以及汛期暴雨过后的原水均有良好的适应性，抗冲击负荷能力较强，出水浊度正常低于1.0NTU，一般不高于2.0NTU。

2）总水力停留时间一般为1.0h～1.5h，当处理低温低浊水时宜取高值。

3）进水（跌水）分配水箱有效高度不低于6.0m，并应通过渐扩管进入澄清池，出口管中水流速度宜小于0.4m/s。

4）旋流气浮澄清池的第一反应室和第二反应室宜增设网格以强化絮凝效果，反应室中网孔尺寸应逐渐从30mm×30mm增加至50mm×50mm，每种网格网孔层数分为3层～6层，随段数的提升，网格层数相应减少。第一反应室和第二反应室内水力总停留时间通常为5.0min～12min。

5）反应室内竖井水流上升流速$V_升$为0.02m/s～0.12m/s，网孔内水流流速$V_孔$为0.05m/s～0.35m/s，$V_孔/V_升=2～7$，$A_孔/A_升=0.2～0.4$。

6）清水区的上升流速一般采用0.7mm/s～2.0mm/s。当处理低温低浊水、水库水时酌取低值。

7）在泥水分离区设置斜管以提高泥水分离效果，斜管底部配水区高度不小于1.5m，斜管上部清水区高度不小于1.0m。

8）池的斜壁与水平的夹角一般不小于45°，池底应设置自动排泥系统以保证污泥能适时适量排出。

（2）机械搅拌澄清池

机械搅拌澄清池设计应符合下列规定：

1）当澄清池直径小于15m、原水含沙量不太高、池底坡度大于45°时，可采用斗式排泥；当原水含沙量较高时，为确保排泥通畅，应设置机械刮泥装置。原水含沙量不高、但池体直径较大时，为降低池深宜将池底坡度减小，并增设机械刮泥装置，以防止池底积泥，确保出水水质的稳定性。

2）清水区的上升流速，应按相似条件下的运行经验确定，通常可采用0.7mm/s～1.0mm/s，处理低温低浊原水时可采用0.5mm/s～0.8mm/s。

3）水在池中的总停留时间宜为1.2h～1.5h，第一絮凝室与第二絮凝室停留时间宜为20min～30min。

4）搅拌叶轮提升流量通常为进水流量的3倍～5倍，叶轮直径可为第二絮凝室内径的70%～80%，并应设调整叶轮转速和开启度的装置。

3. 运行管理

澄清池的运行操作实质就是控制好进水、加药和出水、排泥的动态平衡过程，主要通过控制排泥量和泥渣循环量来实现运行调节。此外，间歇运行、负荷变动、空气混入和水温波动等也会影响正常运行。

（1）排泥量

为了保持澄清池中泥渣的平衡，必须定期排除一部分泥渣，每2次排泥时间的间隔与形成的泥渣量有关，可由运行经验决定。排泥量也要掌握适当，如排出量不够，会出现分离室中泥渣层逐渐升高或出水变浑，反应区中泥渣含量不断升高和泥渣浓缩室中含水率较低等现象；如排泥量过多，会使反应区泥渣浓度过低，影响沉淀效果。

（2）泥渣循环量

为了保持泥渣循环式澄清池的各个部分有合适的泥渣浓度，可调节泥渣循环量。

（3）间歇运行

如澄清池停运时间不大于 3h，再次启动时无须采取任何措施，或每隔一定时间搅动一下以免泥渣被压实。

如澄清池停运时间大于 3h 但不超过 24h，在恢复运行时应先将池底污泥排出一些，并增大混凝剂投加量、减少进水量，待出水水质稳定后再逐渐调至正常状态。

如澄清池停运时间大于 24h，在停运后应将池内泥渣排空。

（4）水温变动

进水水温如有改变，特别是水温升高时，因高温水和低温水间密度的差别产生对流现象，会影响出水水质。

（5）空气混入

由于水流自下向上流动，澄清池进水中夹带空气时就会形成气泡上浮搅动泥渣层，使泥渣带出而影响水质。

（6）澄清池在投运前应先进行混凝模拟试验，确定最佳混凝剂和最佳剂量并检查各部件是否正常。

澄清池的运行维护，还应符合下列规定：

1）宜连续运行；

2）原水浊度偏低时，在投药的同时可投加石灰或黏土；

3）初始运行水量为正常水量的 50%～70%，投药量为正常运行投药量的 1 倍～3 倍；增加水量应间歇进行，间隔时间不少于 30min，每次增加水量应为正常水量的 10%～15%；搅拌强度和回流提升量应逐步增加到正常值；

4）短时间停运后重新运行时，应先开启底阀排除积泥，并适当增加投药量、控制进水量在正常水量的 70%，待出水水质正常后逐步增加到正常水量，同时减少投药量至正常投加量；

5）机械搅拌澄清池在正常运行期间，至少每 2h 测定 1 次第二絮凝室泥浆沉降比值，使沉降比值控制在 10%～15%，当第二絮凝室内泥浆沉降比达到 20% 时，应及时排泥；水力循环澄清池正常运行时，水量应稳定在设计范围内，保持喉管下部喇叭口处的真空度，保证适量泥渣回流；

6）出水浊度宜控制在 5NTU 以下；

7）每年放空清泥、疏通管道 1 次；变速箱每年解体清洗、更换润滑油 1 次，每年检修传动部件 1 次；搅拌设备、刮泥机械等易损部件，每 3 年～5 年检修 1 次；加装斜管（板）时，每 3 个月～6 个月清洗 1 次，每 3 年～5 年检修 1 次。

3.5.5　过滤

过滤是让水通过具有孔隙的粒状滤料层，如石英砂滤料，利用滤料与杂质之间吸附、筛滤、沉淀、拦截等作用，截留水中的细微杂质，使水得到澄清的工艺过程。过滤不仅可以进一步降低水的浊度，而且水中有机物、细菌乃至病毒等将随水的浊度降低而被部分去除，为滤后消毒创造良好的条件。过滤是给水处理不可缺少的关键技术环节，是保证饮用水卫生安全的重要措施。

一般而言，考虑乡村给水处理系统运行实际，供水规模 1000m³/d 以上的水厂滤池出水浊度应小于 1NTU，供水规模 1000m³/d 以下的水厂滤池出水浊度应小于 3NTU。

进水浊度低于 10NTU 时，滤后水浊度必须达到饮用水卫生标准。当原水浊度较低（一般在 100NTU 以下），且水质较好时，可采用原水直接过滤。

1. 类型与结构

过滤通常在滤池或过滤器内进行。按滤速的大小可分为快滤池和慢滤池两种，快滤池又分为普通快滤池、无阀滤池、虹吸滤池等。目前，乡村给水处理系统中最常用的是普通快滤池、重力式无阀滤池及生物慢滤池（详见本书第 3.6 节）。此外，随着压力式过滤器的加工制造技术日趋成熟，其在乡村给水处理系统中的应用也日益增多。

滤池或过滤器的主要结构可分为滤料层、承托层、配水系统、反冲洗系统等。

（1）滤料层

滤料层有单层、双层和多层等类型，滤料层厚度及滤料的质量对滤池正常运行影响很大。

滤料要有足够的机械强度，能抵抗过滤过程中的磨损与破碎；有较高的化学稳定性，滤料溶于水后不能产生有毒有害成分；滤料要有适当的级配。

石英砂是使用最广泛的滤料，此外常用的还有无烟煤、石榴石、磁铁矿、金刚砂、陶粒及聚乙烯轻质滤料等。滤料性能应符合净水滤料标准。

滤料的粒径表示颗粒的大小，颗粒的级配是指滤料颗粒的大小及在此范围内不同颗粒粒径所占的比例。滤料级配控制参数是最小粒径、最大粒径和不均匀系数 K_{80}，K_{80} 越大，表示粗、细颗粒的尺寸相差越大，滤料越不均匀，K_{80} 越小，则滤料越均匀。滤料级配、滤层厚度及滤速对应关系如表 3-3 所示。

滤料级配、滤层厚度及滤速　　　　　　　　　　　　表 3-3

类别	滤料组成			正常滤速 (m/h)	强制滤速 (m/h)
	粒径（mm）	不均匀系数 K_{80}	厚度（mm）		
单层石英砂滤料	$d_{min}=0.5$, $d_{max}=1.2$, $d_{10}=0.55$	<2.0	700	6~7	8~12
双层滤料	无烟煤：$d_{min}=0.8$, $d_{max}=1.8$, $d_{10}=0.85$	<2.0	300~400	7~10	10~14
	石英砂：$d_{min}=0.5$, $d_{max}=1.2$, $d_{10}=0.55$	<2.0	400		
三层滤料	无烟煤：$d_{min}=0.8$, $d_{max}=1.6$	<1.7	450	8~20	20~25
	石英砂：$d_{min}=0.5$, $d_{max}=0.8$	<1.5	230		
	重质矿石：$d_{min}=0.25$, $d_{max}=0.5$	<1.7	70		

单层石英砂及双层滤料滤池的滤料层厚度与有效粒径 d_{10} 之比应大于 1000。

（2）承托层

设置在滤料层和配水系统之间的砾石层称为承托层，其作用是能均匀集水，并防止滤料进入配水系统，同时在反冲洗时均匀布水。承托层材料一般采用天然卵石或碎石，颗粒最小尺寸 2mm，最大尺寸 32mm，自上而下分层敷设。其粒径与厚度见表 3-4。

承托层粒径和厚度　　　　　　　　　　　　　　表 3-4

层次（自上而下）	粒径（mm）	承托层厚度（mm）
1	2～4	100
2	4～8	100
3	8～16	100
4	16～32	本层顶面高度应高出配水系统孔眼 100

（3）配水系统

配水系统的作用是使冲洗水均匀分布在整个滤池平面上，通常分为大阻力配水系统和小阻力配水系统两种形式。

带有干管（渠）和穿孔支管的"丰"字形配水系统，称为大阻力配水系统；小阻力配水系统不采用穿孔管，而是底部有较大的配水空间，其上部设有阻力较小的格栅、滤板、滤头等。

大阻力配水系统配水均匀，结构复杂，需要较大的冲洗水头，一般适用于单池面积较小的滤池。小阻力配水系统构造简单，所需的冲洗水头较低，但配水均匀性较差，一般用于无阀滤池和虹吸滤池。

普通快滤池宜采用大阻力或中阻力配水系统，大阻力配水系统孔眼总面积与滤池面积之比为 0.20%～0.28%，中阻力配水系统孔眼总面积与滤池面积之比为 0.6%～0.8%。虹吸滤池、无阀滤池宜采用小阻力配水系统，其孔眼总面积与滤池面积之比为 1.0%～1.5%。

（4）反冲洗系统

为清除滤层中截留的污物，恢复滤池的过滤能力，一般当水头损失增至一定程度以致滤池产水量减少或由于滤后水质不符合要求时，滤池须停止过滤进行反冲洗。快滤池冲洗方法主要有高速水流反冲洗、气水反冲洗、表面助冲加高速水流反冲洗等。

高速水流反冲洗方法操作简便，滤池结构和设备简单，是广泛采用的一种反冲洗方法，但冲洗耗水量大，冲洗结束后滤料上细下粗分层明显。

气水反冲洗方法，利用上升空气气泡的振动可有效将附着于滤料表面的污物擦洗下来，使之悬浮于水中，然后再用水反冲把污物排出滤池。因气泡能有效使滤料表面污物破碎、脱落，故水冲强度可降低，既能提高冲洗效果，又节省冲洗水量，同时，冲洗时滤层不需要膨胀或仅有轻微膨胀，冲洗结束后，滤层不产生或不明显产生上细下粗分层现象，提高滤层含污能力。但气水反冲洗需增加气冲设备（鼓风机、空压机和储气罐等），滤池结构及冲洗操作较复杂。

反冲洗强度、冲洗时间、冲洗程序的选用需根据滤料种类、密度、粒径级配及水质水温等因素确定，也与滤池构造形式有关。水洗滤池的反冲洗强度和冲洗时间可参见表 3-5。

水洗滤池反冲洗强度及冲洗时间（水温为 20℃时）　　表 3-5

滤池类别	反冲洗强度 [L/(s·m²)]	冲洗时间（min）
石英砂滤料过滤	15	7～5
双层滤料过滤	16	8～6

2. 设计

滤池格数或个数及其面积，应根据生产规模、运行维护等条件通过技术经济比较确定，但格数或个数不应少于 2 个。滤池应按正常情况下的滤速设计，并以检修情况下的强制滤速校核；滤池工作周期宜采用 12h～24h；每个滤池应设取样装置；除滤池构造和运行时无法设置初滤水排放设施的滤池外，滤池宜设有初滤水排放设施。

（1）普通快滤池

普通快滤池的设计应符合下列规定：

1）冲洗前的水头损失可采用 2.0m～2.5m，每个滤池应设水头损失量测计；

2）滤层表面以上的水深宜为 1.5m～2.0m，池顶超高宜采用 0.3m。承托层的材料及组成与配水方式有关，采用大阻力配水系统时可按表 3-4 选用；

3）大阻力配水系统应按冲洗流量设计，干管始端流速宜为 1.0m/s～1.5m/s，支管始端流速宜为 1.5m/s～2.0m/s，孔眼流速宜为 5m/s～6m/s；干管末端应装有排气管并安装控制阀；

4）洗砂槽的总平面面积不应大于滤池面积的 25%，洗砂槽底到滤料表面的距离应等于冲洗时滤层的膨胀高度；

5）滤池冲洗水的供给可采用水泵或高位水箱，当采用水泵冲洗时，水泵的流量应按单格滤池冲洗水量选用，并设置备用机组；当采用高位水箱冲洗时，高位水箱的有效容积应按单格滤池冲洗水量的 1.5 倍计算；

6）普通快滤池应设进水管、出水管、冲洗水管和排水管，每种管道上应设控制阀，进水管流速宜为 0.8m/s～1.2m/s，出水管流速宜为 1.0m/s～1.5m/s，冲洗水管流速宜为 2.0m/s～2.5m/s，排水管流速宜为 1.0m/s～1.5m/s；

7）滤池底部应设排空管。滤池内与滤料接触的壁面应拉毛处理，以避免短流。

（2）重力无阀滤池

重力无阀滤池的设计，应符合下列规定：

1）每座滤池的分格数宜采用 2 格或 3 格；

2）每格滤池应设单独的进水系统，并有防止空气进入滤池的措施；

3）冲洗前的水头损失可采用 1.5m；

4）滤料表面以上的直壁高度，应等于冲洗时滤料的最大膨胀高度加上保护高度；

5）承托层的材料及组成与配水方式有关，各种组成形式可按表 3-6 选用；

6）无阀滤池应设有辅助虹吸措施，并设有调节冲洗强度和强制反冲洗的装置。

重力式无阀滤池承托层的材料及组成　　表 3-6

配水方式	承托层材料	粒径（mm）	厚度（mm）
滤板	粗砂	1～2	100

续表

配水方式	承托层材料	粒径（mm）	厚度（mm）
格栅	砂卵石	1～2 2～4 4～8 8～16	80 70 70 80
尼龙网	砂卵石	1～2 2～4 4～8	每层 50～100
滤头	粗砂	1～2	100

（3）重力式无阀过滤器

重力式无阀过滤器是基于无阀滤池原理设计的制式成品过滤器，过滤水量为 5m³/h～100m³/h。可用于替代混凝土构筑物，具有建设周期短、占地面积省、造价低及操作管理方便等优点。

重力式无阀过滤器设计应符合下列规定：

1）重力式无阀过滤器承托层的材料及组成应满足表 3-6 的要求；

2）平均滤速：8m/h～10m/h；

3）平均反冲洗强度：15L/(m² · s)；

4）反冲洗历时：5min；

5）滤料：单层、双层、三层，滤料可采用石英砂、烧岩颗粒、纤维球、无烟煤、橡胶粒；

6）进水浊度：不大于 15NTU，最大值不超过 30NTU；

7）出水浊度：不大于 3NTU；

8）重力式无阀过滤器设观察窗，可实时观察罐体内部含污情况，虹吸部分采用分段液位指示，可以准确预测出下一个反洗时间，配置手动强迫反洗装置，用户根据实际情况适时操作。重力式无阀过滤器以其优良的节能优势在乡村生活给水处理系统中具有广阔的应用前景。

（4）压力式过滤器

压力式过滤器，也称机械过滤器，采用钢制衬胶或不锈钢经焊接制成的密闭圆柱形罐体，内部设有滤料，利用滤料来降低水中浊度，截留除去水中悬浮物、有机物、胶质颗粒、微生物、氯嗅味及部分重金属离子，是一种重要的给水净化处理制式成品设备。

工作机理：原水通过泵前加药，经水泵叶轮搅拌混合后，在罐内滤层上部浑水区形成悬浮颗粒与药剂生成絮体，被滤料层截留后出水经消毒达到生活饮用水卫生标准。

根据过滤介质的不同可分为天然石英砂过滤器、多介质过滤器、活性炭过滤器、锰砂过滤器、纤维球过滤器等。其中，多介质过滤器的介质是石英砂、无烟煤等，功能是滤除悬浮物机械杂质、有机物等，降低水的浑浊度；活性炭过滤器介质为活性炭，目的是吸附、去除水中的色素、有机物、余氯、胶体等；锰砂过滤器的介质为锰砂，主要去除水中的二价铁离子。

机械过滤器通常用于滤除原水中的悬浮物、胶体、泥沙等，可用于地表水净化处理，也可以用于地下水软化处理，或作为电渗析、离子交换及反渗透等处理工艺的预处理设备。具有造价低廉、运行成本费用低、过滤效果好、占地面积小、管理简便等优点。滤料经过反洗可多次使用，滤料寿命长。

机械过滤器设计应符合下列规定：

1）进水浊度要求小于 20NTU，出水浊度可达 3NTU 以下；

2）过滤流速一般为 4m/h～50m/h，运行周期一般为 8h；

3）工作压力：0.05MPa～0.6MPa；

4）工作温度：5℃～40℃（特殊温度可定做）；

5）单机流量：0.5m³/h～100m³/h；

6）操作方式：手动或自动控制；

7）产品规格：机械过滤器的大小根据水量而定，通常 Φ223mm～Φ4000mm；

8）简体材质：Q235 碳钢（衬胶或刷环氧树脂）、不锈钢或玻璃钢材质等。

3. 运行管理

（1）一般规定

1）生产管理人员日常巡视时，需注意观察滤池运行状况，如观察滤池内藻类的生长情况，滤料表层是否板结，并经常观察滤池的反冲洗过程，了解滤池出水是否均匀，是否有死水区，是否有漏砂和跑砂的现象，气洗时水花是否均匀，以上种种现象都会影响滤池的性能。

2）冲洗滤池前，必须开启洗水管道上的放气阀，待残留气体放完后方能进行滤池冲洗。

3）冲洗滤池时，排水槽、排水管道应畅通，不应有壅水现象。

4）气水冲洗的气压应视其冲洗效果而定，严禁超压造成跑砂；压力调准后，必须恒压运行；风机应有备用。

5）滤池进水浊度宜控制在 5NTU 以下，滤后水浊度不宜大于 2NTU，并应设置在线仪表进行实时监测。滤池水头损失达 1.5m～2.5m 或滤后水浊度大于 2NTU 时，即应进行反冲洗。

6）滤池新装滤料后，应在含氯量 0.3mg/L 以上的溶液中浸泡 24h，检验滤后水合格后，冲洗 2 次以上方能投入使用。

7）每年做一次 20％总面积的滤池滤层抽样检查，确保含泥量小于 3％，全年滤料跑失率不应过大。

8）滤池长期停用时，应使池中水位保持在排水槽之上，防止滤料干化。

（2）普通快滤池的运行维护，应符合下列规定：

1）冲洗前，当水位降至距砂层 20cm 左右时，应及时关闭出水阀，缓慢开启冲洗阀；

2）冲洗时，排水槽、排水管道应畅通，不应有壅水现象；

3）初用或冲洗后上水时，池中的水位不应低于排水槽，严禁暴露砂层；运行中，滤床的淹没水深不得小于 1.5m；

4）滤后水浊度应小于 1NTU；

5）新装滤料应在含氯量 30mg/L 以上的水中浸泡 24h 消毒，用清水进行冲洗，并经检验滤后水质合格后使用；

6）滤池停运 7d 以上，应将滤池放空，恢复运行时应进行反冲洗后方可重新使用。

（3）重力式无阀滤池的运行维护，应符合下列规定：

1）初次运行或检修后，应排除滤池中的空气；

2）初次反冲洗前，应将冲洗强度调整器调整到虹吸下降管直径 1/4 左右的开启度进行反冲洗，随后逐次放大开启度，直至规定的冲洗强度为止；

3）定期检查滤料层是否平整或受到污染，及时处理相关问题；

4）滤后水浊度大于 1NTU 时，应进行强制反冲洗。

（4）机械过滤器的运行维护，应符合下列规定：

1）系统长期停运后，重新开启时，要对滤料进行约 5min 的正洗，冲洗至出水清澈为止；

2）系统初次运行或长期停运后再运行时，应对设备进行排气：开启排气阀、进水阀，然后进水，直到排气阀排出水没有空气为止（部分小型过滤器不单独设置排气阀，可用出水口进行排气）；

3）对于大型过滤器，可用空气擦洗，以增强反冲洗效果，一般通入压缩空气［强度 $10L/(s\cdot m^2)\sim18L/(s\cdot m^2)$］，然后进行气水反冲洗；

4）设备反洗时应控制好反冲洗强度，应避免活性炭冲洗泄漏出系统；

5）根据进水水质的情况，应定期更换活性炭滤料，一般 3 个月～6 个月更换 1 次。

3.5.6　消毒

生活饮用水必须经过消毒处理。

水的消毒是为了灭活水中的病菌及有害微生物所采取的措施。生活饮用水的消毒可采用液氯、漂白粉、次氯酸钠、二氧化氯等，此外，紫外线消毒、臭氧消毒等也可用于饮用水处理，当采用紫外线消毒时，应采取防止二次污染的措施。

1. 类型及选用

乡村给水处理消毒工艺的选择，应根据原水水质、出水水质要求、消毒剂或原料来源方便程度、消毒剂运输与储存安全要求、消毒副产物、净水处理工艺以及供水规模、管网条件、管理条件等，参照相似条件下的运行经验或通过试验，经过技术经济比较确定。

对于有调蓄构筑物或管网较长的给水工程，消毒方式优先顺序宜为二氧化氯、次氯酸钠、臭氧和紫外线。

对于没有调蓄构筑物和供水管网较短的给水工程，消毒方式优先顺序宜为紫外线、臭氧、二氧化氯和次氯酸钠。

pH<8.0 时，宜选择氯消毒；pH≥8.0 或水源受到污染时，宜采用二氧化氯消毒。乡村给水处理系统通常可采用商品次氯酸钠溶液、电解食盐现场制备次氯酸钠溶液、漂粉精或次氯酸钙片剂等，也可选择臭氧或紫外线消毒，不应采用三氯异氰脲酸钠和二氯异氰脲酸等有机类的氯消毒剂。

给水处理所使用的消毒剂质量及卫生标准应符合现行国家标准《食品安全国家标准 消毒剂》GB 14930.2、《含氯消毒剂卫生要求》GB/T 36758 和《次氯酸钠》GB 19106 等的要求。

采用紫外线消毒时，应有防止二次污染的措施。

采用加氯消毒工艺时，应符合下列规定：

（1）商品次氯酸钠溶液易购置时，可采用商品次氯酸钠溶液消毒。

（2）商品次氯酸钠购置较困难时，可采用电解食盐现场制备次氯酸钠溶液消毒。

（3）采用漂粉精或次氯酸钙片剂消毒时，应配制成次氯酸钙溶液消毒。

（4）采用二氧化氯消毒时，可采用商品二氧化氯粉末消毒剂配制成二氧化氯消毒溶液消毒。二氧化氯粉末消毒剂有一元型、二元型两种类型。其中，一元型成品二氧化氯粉末消毒剂的有效二氧化氯含量为 8%，加水溶解后可制备成浓度为 1000mg/L 的二氧化氯消毒原液；二元型成品二氧化氯粉末消毒剂由 A 剂、B 剂组成，有效二氧化氯含量为 16%，加水溶解配制成消毒原液。

（5）采用氯消毒时，氯消毒剂与水接触时间应不低于 30min，出厂水的游离余氯应不低于 0.3mg/L，管网末梢水的游离余氯应不低于 0.05mg/L，消毒副产物三氯甲烷应不超过 0.06mg/L 等。

2. 设计

（1）消毒剂投加量

给水处理的消毒剂设计投加量，应根据原水水质、管网长度和相似条件下的运行经验或通过试验确定，出厂水和管网末梢水的微生物、消毒剂余量、消毒副产物应符合现行国家标准《生活饮用水卫生标准》GB 5749 的要求。

加氯消毒时，加氯量一般按折点加氯法确定。缺乏试验资料时，经混凝、沉淀和过滤处理的地表水或较清洁的地下水，加氯量可采用 1.0mg/L~1.5mg/L；经混凝、沉淀而未经过滤处理的地表水，加氯量可采用 1.5mg/L~2.5mg/L。

氯与水的接触时间应符合下列规定：

1）采用游离氯消毒时，不得小于 30min；

2）采用氯胺消毒时，不得小于 2h。

（2）消毒剂投加点设计，应符合下列规定：

1）出厂水的消毒，应在滤后投加消毒剂，投加点应设在调节构筑物的进水管上；无调节构筑物时，可在泵前或泵后管道中投加；

2）当原水中铁锰、有机物、藻类较高或有异色异味，需要采用消毒剂氧化处理时，可在混合装置前和滤后分别投加消毒剂，但应防止副产物超标；

3）采用紫外线消毒时，其位置宜设置在过滤后；

4）供水管网较长、水厂消毒难以满足管网末梢水的消毒剂余量要求时，可在管网中的加压泵站、调节构筑物等部位补加消毒剂，消毒剂以及消毒系统的设计与水厂消毒设计要求相同。

（3）原料、消毒剂制备及投加系统，应符合下列规定：

消毒剂应与水充分混合接触，接触时间应根据消毒剂种类和消毒目标以满足 CT 值的要求确定。采用紫外线消毒时，应保证待消毒水体被充分照射，辐射剂量应符合相关标准要求。

1）原料应符合相关标准要求；

2）消毒设备和管道等应有卫生许可证，并符合相关标准规定；

3）消毒剂制备及投加系统应有良好的密封性和耐腐蚀性；

4）消毒剂制备应配备称量、浓度测定等仪器；

5）消毒剂制备及投加系统应有控制液位、压力和投加量的措施；

6）宜采用自动控制消毒设备，在线监测液位和投加量，故障自动报警；

7）供水规模 1000m³/d 及以上给水工程应有备用消毒设备。

（4）漂白粉消毒投加方法

漂白粉是用氯气和石灰制成的，主要成分是 Ca(OCl)$_2$。漂白粉是一种白色粉末状物质，有氯的气味，易受光、热和潮气作用而分解使有效氯降低，必须放在阴凉、干燥且通风良好的地方。漂白粉消毒原理主要是加入水后产生次氯酸灭活细菌。

漂白粉消毒应设溶液池和溶药池。溶液池宜设 2 个，池底应设大于 2％的坡度，并坡向排渣管，排渣管管径不宜小于 50mm，池底应设 15％的容积用于贮渣；顶部超高大于 0.15m，内壁防腐处理。

漂白粉溶液池的有效容积宜按 1 天所需投加的上清液体积计算，上清液浓度应以 1％～2％为宜（每升水加 10g～20g 漂白粉）。

（5）采用商品次氯酸钠溶液消毒时，应符合下列规定：

1）商品次氯酸钠溶液，应符合现行国家标准《次氯酸钠》GB 19106 的要求，其固定储备量和周转储备量均可按 7d～15d 用量计算；

2）投加系统宜设 2 个药液罐（一用一备），放置在高出消毒间室内地坪 200mm 的平台上。药液罐应密封，并有液位管、补气阀和排气阀、加药口、出药口和排空口等，宜采用耐腐蚀的 PVC 塑料桶，每个罐的有效容积可按 2～7d 的用量确定。

（6）采用电解食盐现场制备次氯酸钠溶液消毒时，应符合下列规定：

1）原料应采用无碘食用盐，氯化钠纯度应高于 98％；

2）电解食盐水浓度宜为 3％～4％；

3）应有去除进入电解槽食盐水硬度的措施；

4）电解生成的次氯酸钠重金属含量应符合现行国家标准《次氯酸钠》GB 19106 的要求，次氯酸钠发生器应符合现行国家标准《次氯酸钠发生器卫生要求》GB 28233 的相关要求；

5）消毒间应有安全的尾气（氢气）排放措施，应采用高位通风。

（7）采用漂粉精或次氯酸钙片剂消毒时，宜采用具有缓释功能的装置溶解。

（8）采用二氧化氯消毒时，应符合下列规定：

1）应采用二氧化氯发生器现场制备消毒液。二氧化氯发生器分复合型和高纯型两大类，应根据供水规模及管网长度、水质、管理条件和运行成本等确定。水质较好的水厂，宜采用高纯型二氧化氯发生器。二氧化氯发生器应符合现行国家标准《二氧化氯消毒剂发生器安全与卫生标准》GB 28931 的相关要求。

2）采用二氧化氯消毒时，二氧化氯与水接触时间不宜低于 30min，出厂水的二氧化氯余量不应低于 0.1mg/L 且不超过 0.8mg/L，管网末梢水的二氧化氯余量不应低于 0.02mg/L，消毒副产物氯酸盐和亚氯酸盐含量不应超过 0.7mg/L。采用复合型二氧化氯发生器消毒时，也可检测游离余氯，出厂水和管网末梢水的游离氯含量不小于 0.05mg/L。

3）消毒间内应设喷淋装置和通风设施，并应配备二氧化氯泄漏的检测仪和报警设施，检测仪应设低、高检测极限。

4）采用二氧化氯消毒时，原材料严禁相互接触，必须分类贮存；盐酸、硫酸或柠檬酸库房，应设置酸泄漏的收集槽；氯酸钠或亚氯酸钠库房，应备有快速冲洗设施。

（9）消毒间设置要求

氯、二氧化氯消毒应单独设消毒间，并符合下列规定：

1）应设置观察窗、直接通向室外的外开门；

2）应具备良好的通风条件，通风孔应设置在外墙下方（低处），配备通风设备（排气扇）；

3）应有不间断的洁净水，满足设备运行要求；应有排水沟，并保证排水畅通；

4）照明和通风设备的开关应设置在室外；

5）操作台、操作梯等应经过耐腐蚀的表层处理；

6）寒冷地区应有供暖措施，保证室内不结冰；供暖设备应远离消毒剂制备、投加设备和管道，并严禁使用火炉；

7）应配备橡胶手套、防护面罩等个人防护用品以及抢救材料和工具箱；

8）应设置防爆灯具。

（10）原料间设置要求

1）应靠近消毒间。

2）占地面积应根据原料储存量设计，并应留有足够的安全通道。原料储存量应根据原料特性、日消耗量、供应情况和运输条件等确定，通常可按照 15d～30d 的用量计算。

3）应安装通风设备或设置通风口，并保持环境整洁和空气干燥；房间内明显位置应有防火、防爆、防腐等安全警示标志。

4）地面应经过耐腐蚀的表层处理，房间内不得有电路明线，并应采用防爆灯具。

5）原料属化学危险品时，应符合现行国家标准《常用化学危险品贮存通则》GB 15603 及国家有关规定。

（11）紫外线消毒

小型单村集中给水工程选择紫外线消毒时，应符合下列规定：

1）配水管网应较短且卫生防护条件较好。

2）进水水质，除微生物外的其他指标均应符合现行国家标准《生活饮用水卫生标准》GB 5749 的要求。

3）紫外线消毒设备选型，应根据水泵（或管道）的设计流量等确定，紫外线灯可选择低压灯，紫外线有效剂量不应低于 $40mJ/cm^2$，宜优先选择具有石英套管清洗功能、累计开机时间功能的设备。可选择带流量和光强自动检测、具有按过水流量自动调整紫外线光强的节能型设备。紫外线消毒设备应符合现行国家标准《城镇给排水紫外线消毒设备》GB/T 19837 的有关要求。

4）紫外线消毒设备应安装在水厂的给水总管上。

5）紫外线消毒设备的控制应与给水水泵机组联动。

6）宜每隔 15d～30d 对管网采取消毒措施，防止二次污染。

3. 运行管理

（1）饮用水消毒设施的运行维护，应符合下列规定：

1）应按时记录各种药剂的用量、配制浓度、投加量及处理水量；

2）消毒剂仓库的固定储备量宜按 15d～30d 的最大用量确定；

3）每日检查消毒设备与管道的接口、阀门等渗漏情况，及时更换易损部件，每半年维护保养 1 次；

4）消毒剂投加量应根据原水水质、出厂水和管网末梢水的消毒剂余量综合确定；

5）应定期对计量器具进行标定；

6）冬季应有取暖保温措施，水温以及环境温度应在 5℃以上。

（2）采用次氯酸钠、液氯、漂白粉等氯消毒方法时，应符合下列规定：

1）采用电解食盐水制备次氯酸钠时，次氯酸钠发生器质量应符合现行国家标准《次氯酸钠发生器卫生要求》GB 28233 的有关规定，定期测定有效氯浓度，作为调节加注量的依据；

2）采用液氯等消毒时，应符合现行国家标准《室外给水设计标准》GB 50013 的规定；

3）采用漂白粉消毒时，应配置成 1％～2％的溶液后投加。

（3）采用二氧化氯消毒时，应符合下列规定：

1）二氧化氯发生器质量应符合现行国家标准《二氧化氯消毒剂发生器安全与卫生标准》GB 28931、《化学法复合二氧化氯发生器》GB/T 20621 的有关规定；

2）制备二氧化氯的原料氯酸钠、亚氯酸钠和盐酸、硫酸等严禁相互接触，应分类贮存。

（4）采用紫外线消毒时，应符合下列规定：

1）每日查看灯管指示灯，发现不亮时，应及时检查灯管或整流器；

2）选用有自动除垢的装置时，应每周手动检查 1 次其工作状态；无自动除垢装置时，灯管运行 500h 左右，全面清洗 1 次；

3）选用有光强检测仪的装置时，当光强衰竭到 50％以下时，应及时更换灯管；无光强检测仪时，灯管每运行 1000h～2000h，检测 1 次光强。

3.6　生物慢滤处理单元

生物慢滤技术也称表层过滤，主要利用滤池或过滤器滤料表层的滤膜截留悬浮固体，同时发挥微生物对水质的净化作用。生物慢滤技术尽管存在产水量少、滤速慢（<10m/d）、占地大等制约因素，但考虑到该技术不仅能去除微量重金属和持久性有机物，还可以有效去除细菌、氨氮等污染物，对隐孢子虫和贾第鞭毛虫也有较好的去除效果，近年来逐步得到国内外的广泛关注。

生物慢滤技术具有运行管理简单、无须投加任何化学药剂、成本低、易于小型化等优点，能有效处理微污染地表水。目前，生物慢滤处理技术已在我国福建、四川、湖北等地广大乡村得到了广泛应用。

生物慢滤处理技术适用于长期浊度不超过 20NTU 的各类江河水、池塘水、山泉水及集蓄雨水的小型化分散式净化处理，出水经消毒灭菌后可满足现行国家标准《生活饮用水卫生标准》GB 5749 的要求。当水源水质长期浊度大于 20NTU、小于 60NTU 时，应增设粗滤池；当水源水质进水浊度大于 60NTU、原水含砂量常年较高或变化较大时，粗滤池前应增设渗渠过滤和预沉池。

综合考虑初投资及占地面积等因素，生物慢滤处理技术以处理能力不大于 $500m^3/d$、服务人口不多于 5000 人为宜；且在山地丘陵地区可利用地形优势实现取水、水处理及给水的全程重力流，减少运行能耗，在平原地区需要辅助提升泵。

生物慢滤池通常每平方米滤池面积每小时的出水量为 $0.2m^3 \sim 0.3m^3$，按 24h 连续出水考虑，每平方米生物慢滤池出水可保障 50 人～80 人的用水需求。

3.6.1 结构与流程

生物慢滤处理技术通常由粗滤池、生物慢滤池及清水池等三部分组成，慢滤池下部有排水系统，排水系统的上部顺次铺承托层和砂滤层。经过粗滤池的水或低浊度的原水从滤池上部进入滤池，通过砂滤层、承托层，由排水系统流出进入清水池。

生物慢滤处理技术配套消毒措施参照本书第 3.5.6 节相关内容执行。

1. 粗滤池

粗滤池通常作为慢滤池的预处理。在乡村给水处理中常采用竖流式上向流粗滤池。

2. 生物慢滤池

生物慢滤池通常由承托层、滤料层和底部集水槽等组成，其中，在滤料层表面存在生物黏膜层。

生物慢滤池需要经常测定滤前水及滤后水的水质，经常观察砂滤层中微生物的繁殖情况。慢滤池运行数周至数月后，数厘米厚的砂滤层表面常被截流物堵塞。当水头损失达到预定值时，须将其铲去才能重新滤水。经过几次铲砂后需补充新砂。

生物慢滤池的构造及管理都比较简单，缺点是滤速慢、占地多、人工清洗滤料劳动强度大。

对于以户为单位的小型分散式给水处理系统，可参照生物慢滤池的原理，采用不锈钢或玻璃钢成品水罐改造成生物慢滤罐进行给水净化，将从农户附近引进的原水，历经水罐内设置的进水层、细沙层、粗沙层、碎石层、清水层等 5 层过滤，产生的清水自流至农户各用水点。

3.6.2 设计

（1）竖流式粗滤池设计应符合下列规定：

1）粗滤池宜与生物慢滤池合建，应采用竖流式上向流。

2）设计滤速宜为 0.3m/h～1.0m/h，出水浊度宜小于 20NTU。

3）宜采用穿孔花管进水，并贯通底层。

4）顺水流方向自下而上的滤料粒径由粗而细。滤料宜为石英岩质，不得使用含有石灰质的滤料。粒径及层厚度要求见表 3-7。

竖流式粗滤池滤料组成要求　　　　　　　　　　　　　　　表 3-7

构造层	粒径（mm）	厚度（mm）
承托层	砾石、鹅卵石	700
第一层	16～32	600
第二层	8～16	500
第三层	4～8	400
第四层	2～4	300
合计		2500

5）粗滤池表层水深宜为 0.6m～1.0m，顶部超高为 0.3m。

6）应设置进水阀、排污阀及溢流管。排污管管径不小于 160mm，排污管口应为自由出流。

（2）生物慢滤池的设计，应符合下列规定：

1）宜按 24h 连续工作设计。

2）池面应满足光照条件。北方地区应采取防冻和防风沙措施，南方地区应采取防晒措施。

3）水流方向应垂直向下，设计滤速宜为 0.1m/h～0.3m/h，进水浊度高时取低值。

4）滤池滤料厚度为 80cm～120cm，宜采用石英砂，粒径 0.3mm～1.0mm，当原水细菌含量较高时，粒径宜为 0.2mm～0.9mm。

5）承托层宜为卵石或砾石，自上而下分 5 层铺设，并符合表 3-8 的规定。

生物慢滤池承托层组成 表 3-8

粒径（mm）	厚度（mm）
1～2	50
2～4	100
4～8	100
8～16	100
16～32	100

6）承托层与过滤层间宜铺设 10mm 厚的棕毛片或不小于 100 目不锈钢钢丝网。

7）承托层底部应铺设 150mm 厚的平砖，下设 200mm 深的集水槽。

8）滤料表层水深取 1.0m，顶部超高取 0.3m。

9）应设溢流管、进水阀、出水阀、排污阀及标尺。

10）进水采用丰字形花管布水，花管应高出最高水面 0.1m。

11）单格水池处理能力不宜超过 150m³/d，池顶宜设置工作通道。

3.6.3　运行管理

（1）粗滤池的运行管理，应符合下列规定：

1）进水浊度应小于 500NTU，出水浊度宜小于 20NTU，如出水浊度不能满足要求时，应及时查明原因；

2）宜 24h 连续运行；

3）应根据滤料堵塞情况、粗滤池出水水量、水质情况，定期对滤料层和承托层进行清洗或更换，周期宜为 1 年～2 年清洗 1 次。

（2）生物慢滤池的运行管理，应符合下列规定：

1）进水浊度不宜大于 20NTU；

2）宜 24h 连续运行；

3）初期滤料应半负荷、低滤速运行，15d 后可逐渐增大到设计值；

4）定时观测水质、水位和出水流量，适时调整阀门开度；

5）当滤料堵塞达不到设计出水量时，可对表层滤料进行人工清洗。每隔 5 年，应对滤料和承托层全部翻洗或更换 1 次。

3.7 超滤膜处理单元

超滤膜水处理单元通过与不同预处理工艺组合，可适应多种原水水质和处理规模的乡村集中连片中心水厂的给水处理需要，其主要设计参数应根据原水水质、出水水质要求、处理水量、当地条件等因素，通过试验或根据相似工程的运行经验，经技术经济比较确定。超滤膜给水处理工艺设计、施工、验收及运行管理应符合《城镇给水膜处理技术规程》CJJ/T 251 的有关规定。

3.7.1 类型与结构

超滤膜处理技术（Ultra Filter，UF）可以截留水中直径 $0.01\mu m \sim 0.1\mu m$ 的悬浮物、胶体、微生物（细菌、病毒）等，是目前去除"两虫"和提高饮用水生物安全性最为有效的技术，浑浊度去除率接近 100%，同时能去除部分大分子量的有机物，可适用于饮用水深度处理或作为反渗透技术的预处理技术。超滤过程无相转化，对水的化学性质影响很小，不需加热，常温操作，节约能源，分离系数大，且超滤过程简单，配套装置少，运行维护简单，可实现自动控制和运行，适用于各种处理规模的给水处理系统。

超滤膜处理技术通常由预处理系统、超滤膜组件、冲洗系统、化学清洗系统、控制系统等组成。超滤膜组件主要有管式、中空纤维式、平板式、卷式等几种类型，其中，中空纤维式较适用于乡村建设给水处理系统。

超滤膜能有效去除原水中的沉淀物、悬浮物和微生物等，出水浊度能控制在 0.2NTU以下，比传统的"混凝—沉淀—过滤"净水技术出水品质高，是常规水处理未来的方向。超滤系统运行过程中，需重视预处理措施，原水水质较差时，预处理要求相对严格，特别是当原水中有机物、铁、锰超标时，应进行氧化处理。

（1）常见的超滤处理技术流程

1）原水为地表水时：

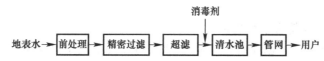

2）原水为地下水时：

（2）采用超滤膜处理技术，应符合下列规定：

1）有机物、铁、锰超标的原水应进行氧化处理后才能进入超滤膜过滤；

2）选用的超滤膜应亲水性好、通量大、抗污染能力强，出水浊度应小于 0.2NTU；

3）中空纤维膜应选用化学性能好、无毒、耐腐蚀、抗氧化、耐污染、酸碱度适用范围宽的聚氯乙烯、聚偏氟乙烯、聚醚砜和聚砜等成膜材料，并应符合现行国家标准《生活饮用水输配水设备及防护材料的安全性评价标准》GB/T 17219 的有关规定；

4）膜处理系统所用的清洗药剂应满足饮用水涉水产品的卫生要求。膜处理技术的正常设计水温不宜低于 15℃，最低设计水温不宜低于 2℃。

3.7.2　设计

（1）供水规模 1000m³/d 以下的水厂选择内压中空纤维超滤膜装置或浸没式错流平板超滤膜装置时，符合下列规定：

1）应采用 100 目～300 目的滤网或滤速 6m/h 的滤罐拦截进水中的泥砂和藻类等杂物，可不加混凝剂对原水进行处理。

2）宜设计成具有远程控制功能的自动化系统。

3）内压中空纤维超滤膜装置：

① 应分为 2 组可以互相反冲的膜组件；

② 应设手动流量控制阀、在线流量计、进出水压力表，具有运行跨膜压差和膜通量调节功能，可利用地形高差或水泵调节，运行跨膜压差宜为 2m～5m，膜通量宜 20L/(m²·h)～40L/(m²·h)；反洗时的最大跨膜压差宜为 15m～20m，膜通量宜 60L/(m²·h)～80L/(m²·h)；

③ 应具有定时自动顺冲和反冲功能，过滤周期宜为 60min～90min；

④ 系统的设计原水回收率不低于 90%。

4）浸没式错流平板超滤膜装置：

① 应设变频调速电机，使膜组件能定时变速转动，转速控制在 0 转/min～60 转/min；

② 应设抽吸泵，工作压力宜为 -40kPa～0kPa，膜通量宜 30L/(m²·h)～40L/(m²·h)；

③ 膜池应设水位自控装置和自动排泥装置；

④ 系统的设计原水回收率不低于 95%。

（2）供水规模 1000m³/d 以下水厂选择浸没式中空纤维超滤膜装置时，符合下列规定：

1）原水浊度长期不超过 50NTU、短期不超过 200NTU 时，可采用"加药—混合—絮凝"预处理措施；原水浊度长期超过 50NTU 时，宜采用"加药—混合—絮凝—沉淀"预处理措施；

2）过滤周期宜为 1h～3h，过滤膜通量宜为 20L/(m²·h)～40L/(m²·h)；

3）超滤膜的抽吸工作压力宜为 -60kPa～0kPa；

4）超滤膜组件宜分成 2 个月～4 个单元，分别安装在膜滤池内，并设置相应的反洗、曝气、排泥和化学清洗等系统；

5）反洗流量宜为过滤流量的 2 倍～3 倍，反洗时膜底部宜辅以曝气，反洗时间宜为 30s～120s，反洗后应排空膜池内的废水；

6）化学清洗周期按 4 个月～6 个月设计，包括碱洗、酸洗和消毒。系统的设计原水回收率不低于 92%。

3.7.3　运行管理

1. 调试

（1）应在全部土建和安装工程完工后进行调试，其中土建工程的储水构筑物应验收合格。

（2）应编制调试大纲，调试大纲内容应包括过滤和清洗。

（3）通水调试前应进行所有机电设备的空载单机调试。

（4）通水调试前应对系统管路、进水渠、膜池、出水渠及反冲洗水池进行检查，应清除污堵和损伤膜丝的残留物，并应对出水渠及反冲洗水池进行消毒。

（5）通水调试启动前应进行膜系统完整性检测，检测合格后再启动通水调试。

（6）在膜池完整性检测完毕后、通水前，应采用气洗方式将膜丝表面保护层清洗干净。

（7）通水调试应从单个膜组或膜池扩大至整个系统，控制方式应从手动控制过渡到局部自动控制直至整个系统自动控制。通水调试应先进行初始水量调试，初始水量宜为设计水量的1/3。在初始水量调试出水水质达到要求后，可逐渐加大调试水量至设计水量，并应维持设计水量连续调试运行不少于72h。调试过程的膜产水宜充分再利用，避免浪费。

（8）化学清洗系统调试可采用达标后的膜产水模拟进行，所有调试过程应做记录。

（9）膜处理系统工程的验收应按照先土建后安装和先局部后整体的原则分项进行，并应根据安装和调试的要求安排部分工程的验收先于安装和调试进行。

2. 正常启动

（1）膜处理系统正常启动应符合下列规定：

1）启动前应检查阀门、管路及设备能否正常运转，确认后启动膜处理系统；

2）膜处理系统启动后，应逐渐加大给水泵或出水泵的产水量和出水阀的开度。

（2）膜处理系统正常停运应符合下列规定：

1）应先停止出水再停止进水；

2）应逐渐降低给水泵或出水泵的产水量或出水阀的开度，直至水泵完全停止和阀门完全关闭。

3. 运行维护

（1）定期对预处理设备进行排泥和清洗，通常不长于3d。

（2）每日监测出水浊度、流量和跨膜压差，异常时应进行化学清洗。

（3）每日检查电磁阀的工作情况，确保自动反冲洗和正冲洗正常。

4. 物理清洗

（1）自动运行状态下的物理清洗应按自控系统设定的程序自动进行；

（2）人工强制清洗时，应依次逐个膜组（膜池）进行，并应按规定的步骤操作。

5. 化学清洗

（1）应根据水质和系统运行状态综合分析后确定清洗周期：低浓度化学清洗的周期可设定程序自动控制，高浓度化学清洗的周期应人工设定；

（2）化学清洗前应先进行物理清洗；

（3）应依次逐个膜组（膜池）进行清洗，清洗的过程应按自控系统设定的程序自动进行；

（4）清洗过程中应定期监测药剂投加浓度是否满足要求；

（5）清洗完成后，应对膜组（膜池）进行彻底的物理清洗；

（6）化学清洗及其后物理清洗过程中的所有废液应排入化学处理池处理或集中外运处理，达标后排入其他排水系统，不得回用。

6. 监测分析与系统优化

综合分析的监测项目应包括下列内容：

（1）总进水温度、浊度和流量；

（2）总出水浊度、颗粒数和流量；

（3）每个膜组（膜池）的跨膜压差和出水浊度；

（4）物理清洗的水量、气量和历时；

（5）物理清洗不采用膜池同时排空方式时，每个膜池的排水周期、流量和历时；

（6）化学清洗的投加量、投加浓度和历时；

（7）常态完整性检测的压力变化。

根据综合分析需调整的系统自动运行参数应包括下列内容：

（1）总进水流量；

（2）物理清洗周期和历时；

（3）物理清洗不采用膜池同时排空方式时，每个膜池的排水周期和历时；

（4）低浓度化学清洗周期、投加量、投加浓度和历时；

（5）常态完整性检测的周期。

7. 膜组件更换及修复

符合下列条件时应及时更换膜组件：

（1）经高浓度化学清洗后膜通量仍不能达到要求；

（2）经检测确定膜组件的膜丝破损比例大于膜组件供应商规定的比例。

膜组件的更换应在相关膜组（膜池）停止运行和膜组件中的存水排放后进行；经检测确定膜组件的膜丝破损比例不大于膜组件供应商规定的比例时，可对膜组件破损膜丝进行封堵修复。

8. 膜处理系统停运保护

膜处理系统停运时应对膜组件进行停运保护。膜处理系统 5d～30d 的短期停运和 30d 以上的长期停运，应分别采取保护措施。

短期停运应采取就地保存的方式进行停运保护，并应符合下列规定：

（1）停运前应进行物理清洗；

（2）物理清洗后应采用膜处理系统产水将膜组（膜池）及系统管路充满并排除其中的气体，同时关闭相关阀门；

（3）应每隔 5d 左右对膜组（膜池）及系统管路进行 1 次清洗、注水和排气；

（4）应每天对膜池内的膜组件进行 1 次气冲洗；

（5）膜组件或膜池内应保持低浓度的消毒液。

长期停运保护应符合下列规定：

（1）停运前应对膜组件进行化学清洗；

（2）压力式膜处理系统的膜组件应采取就地保存的方式进行停运保护；

（3）浸没式膜处理系统的膜组件应采取就地保存或下架保存的方式进行停运保护；

（4）就地保存时应定期更换消毒液，温度低时可延长更换周期，温度高时应缩短更换周期；

（5）低温时，应采取防冻措施。

3.8 微污染地表水处理单元

鉴于部分地表原水水质指标超过现行国家标准《地表水环境质量标准》GB 3838 中Ⅲ类水体的有关规定，常规水处理技术已不能有效保证对原水中微污染物质的去除效果，造成出水水质不满足现行国家标准《生活饮用水卫生标准》GB 5749 的要求，而需要采用强化预处理技术或深度处理技术进行针对性处理，技术包括粉末活性炭吸附、化学氧化预处理、生物预处理及颗粒活性炭吸附过滤等。

3.8.1 粉末活性炭吸附

粉末活性炭吸附技术通常与常规给水处理技术配合，用于水源突发性污染的应急处理。

粉末活性炭通常投加于絮凝沉淀池或澄清池前，依靠水泵、管道或接触装置充分地混合，进行接触吸附，经接触吸附水中微污染物后，依靠沉淀、澄清及过滤去除。

采用粉末活性炭吸附预处理技术，应符合下列规定：

(1) 粉末活性炭投加位置宜根据水处理技术流程综合考虑确定，并宜加于原水中，经过与水充分混合、接触后，再投加混凝剂；

(2) 粉末活性炭的用量根据试验确定，宜为 5mg/L～20mg/L；

(3) 湿投的粉末活性炭炭浆浓度可采用 1%～5%（按重量计）；

(4) 粉末活性炭的贮藏、输送和投加车间，应有防尘、集尘和防火设施。

3.8.2 化学氧化预处理

化学氧化预处理技术就是使用化学氧化剂，以达到转化、破坏及降解水中污染物的目标，进而提升水源的可生化降解性，改善混凝效果，减少混凝剂的使用量，兼有除藻、除嗅和味、除铁锰和氧化助凝等方面的作用。典型的化学氧化剂是高锰酸钾，也可采用臭氧、氯、二氧化氯等消毒剂。

化学氧化预处理技术通常与常规给水处理技术配合，有效去除原水中的微污染物，提升处理后出水水质，降低混凝剂耗用量。

采用化学氧化预处理技术，应符合下列规定：

(1) 高锰酸钾等化学氧化剂的投加点可设在取水口，经过与原水充分混合反应后，再与其他药剂混合。高锰酸钾预氧化后再加氯，可降低水的致突变性。如果需要在水厂内投加，高锰酸钾快速混合后，与其他水处理药剂投加点之间宜有 3min～5min 的间隔时间。

(2) 高锰酸钾等化学氧化剂的用量应通过试验确定并应精确控制。用于去除有机微污染物、藻类和控制嗅味的高锰酸钾投加量可为 0.5mg/L～2.0mg/L。

(3) 高锰酸钾可采用湿投，溶液浓度可为 1%～4%。

(4) 采用消毒剂预氧化时，应注意控制消毒副产物的产生。

3.8.3 生物预处理

生物预处理技术主要指借助微生物的新陈代谢作用，在常规给水处理技术之前增加生物预处理单元，对微污染水中的有机物、氨氮等污染物质进行一定程度的去除，以减轻常规处理和深度处理的负荷，改善出水水质。目前，用于微污染原水净化处理的生物预处理技术常见形式是生物接触氧化技术和曝气生物滤池技术等。

生物预处理设施的设计参数宜通过试验（试验时间宜经历冬夏两季）或参照相似条件下的经验确定。

1. 生物接触氧化预处理技术

生物接触氧化技术的类型结构可参见本书第 6.3.3 节的相关内容，并应符合下列规定：

（1）生物预处理设施应设置生物接触填料和曝气装置，进水水温宜高于 5℃，生物预处理设施前不宜投加除臭氧之外的其他氧化剂。

（2）水力停留时间宜为 1h～2h，曝气气水比宜为 0.8：1～2：1，曝气系统可采用穿孔曝气系统和微孔曝气系统。

（3）进出水可采用池底进水、上部出水或一侧进水、另一侧出水等方式，进水配水方式宜采用穿孔花墙，出水方式宜采用堰式。

（4）可布置成单段式或多段式，有效水深宜为 3m～5m，多段式宜采用分段曝气。

（5）可采用硬性填料、弹性填料和悬浮填料等填料。硬性填料宜采用分层布置；弹性填料宜利用池体空间紧凑布置，可采用梅花形布置方式，单层填料高度宜为 2m～4m；悬浮填料可按池体积的 30%～50% 投配，并应采取防止填料堆积及流失的措施。

（6）应设置冲洗、排泥和放空设施。

2. 颗粒填料曝气生物滤池预处理技术

颗粒填料曝气生物滤池预处理技术的类型结构可参见本书第 6.3.5 节的相关内容，并应符合下列规定：

（1）曝气生物滤池可为下向流或上向流，下向流滤池可参照普通快滤池布置方式布置，上向流滤池可参照上向流活性炭吸附池的布置方式布置。当采用上向流时，应采取防止进水配水系统堵塞和出水系统填料流失的措施。

（2）填料粒径宜为 3mm～5mm，填料厚度宜为 2.0m～2.5m；空床停留时间宜为 15min～45min，曝气的气水比宜为 0.5：1～1.5：1；滤层终期过滤水头下向流宜为 1.0m～1.5m，上向流宜为 0.5m～1.0m。

（3）下向流滤池冲洗方式可参照砂滤池冲洗方式，采用气水反冲洗，并应依次进行气冲、气水联合冲、水漂洗；气冲强度宜为 10L/(m²·s)～15L/(m²·s)，气水联合冲时水冲强度宜为 4L/(m²·s)～8L/(m²·s)，单水冲洗方式时水冲强度宜为 12L/(m²·s)～17L/(m²·s)。

（4）填料宜选用轻质多孔球形陶粒或轻质塑料球形颗粒填料。

（5）宜采用穿空管曝气，穿空管应位于配水配气系统的上部。

3.8.4　颗粒活性炭吸附过滤

颗粒活性炭吸附深度处理技术主要是用于对常规给水处理技术的出水进行深度处理，通过颗粒活性炭的吸附作用以及生长在颗粒活性炭上的微生物的代谢降解作用，进一步去除水中的污染物质、有机物及色度、嗅味等。该技术可有效提升水处理效果，延长活性炭使用寿命，减少消毒剂耗用量，提升经济效益，降低运行成本。

颗粒活性炭吸附工艺较简单，适用于乡村给水处理系统，但对水中的污染物是有选择性的，不能单独用活性炭吸附去除水中的氨氮。氨氮超标的地表水水源，可采用生物预处理工艺，详见本书第3.8.3节的相关内容。

颗粒活性炭吸附深度处理技术的主要结构形式为滤池或过滤器，相关内容可参照本书第3.5.5节的相关内容，并应符合下列规定：

（1）净水用颗粒活性炭应符合国家现行净水用活性炭标准。

（2）颗粒活性炭净化水的目的不是为了截流悬浮固体，为避免悬浮固体堵塞炭层，缩短吸附周期，活性炭吸附滤池的进水浊度应小于1NTU。

（3）活性炭吸附池的过流方式应根据进水水质、构筑物的衔接方式、工程地质和地形条件、重力排水要求等，通过技术经济比较后确定，一般采用降流式；当进水有机物含量多时，有可能产生黏液堵塞炭层，采用升流式较为有利。

（4）水与颗粒活性炭层的接触时间应根据现场试验或水质相似水厂的运行经验确定，并不应少于7.5min。

（5）滤速可为6m/h～8m/h，炭层厚度可为1.0m～1.2m；当有条件加大炭层厚度时，滤速和炭层厚度可根据接触时间要求适当提高。

（6）冲洗周期应根据进出水水质和水头损失确定。进水水质较差时，经常性冲洗周期为1d 1次，水质较好时可为3d～6d 1次。炭层最终水头损失可为0.5m～1.0m；冲洗强度可为13L/(m²·s)～15L/(m²·s)，冲洗时间可为8min～12min，膨胀率可为20%～25%；冲洗水可采用炭吸附池出水或滤池出水。

（7）宜采用小阻力配水系统，配水孔眼面积与活性炭吸附池面积之比可采用1.0%～1.5%；承托层可采用大—小—大的分层级配形式，粒径级配排列依次为：8mm～16mm、4mm～8mm、2mm～4mm、4mm～8mm、8mm～16mm，每层厚度均为50mm。

（8）与活性炭接触的池壁和管道，应采取防电化学腐蚀的措施。

（9）当颗粒活性炭吸附池出水水质超过设计指标时，或颗粒活性炭的碘值指标小于600mg/g、亚甲蓝值小于85mg/g时，池中的颗粒活性炭应更新或再生。

（10）颗粒活性炭吸附滤池的运行维护，应符合下列规定：

1）具有生物作用的活性炭滤池，宜采用滤后水作为冲洗水源。冲洗时的滤料膨胀率及运行时滤床上部的淹没水深应满足设计要求。

2）空床接触时间宜控制在10min以上。

3）当水头损失达到1.0m～1.5m或滤后水浊度大于标准规定限值或冲洗周期大于5d～7d时，应进行冲洗。冲洗前，当水位降至距滤料表层20cm左右时，关闭出水阀。

4）初用或冲洗后进水时，池中的水位不得低于排水槽，严禁滤料暴露在空气中。

3.9 地下水特殊处理单元

地下水特殊处理单元主要指一系列适用于高铁锰、高氟、高砷、苦咸水、硝酸盐超标和高硬度等劣质地下水处理单元。

地下水铁、锰超标时，通常可采用曝气氧化法、接触氧化过滤法或生物滤池法等。

地下水氟超标时，通常可采用活性氧化铝吸附过滤技术；当地下水氟超标且溶解性总固体超标时，宜采用反渗透膜处理技术。

地下水砷超标时，通常可采用吸附过滤法处理。

地下水硝酸盐超标时，宜采用反渗透膜处理或生物预处理技术，并应进行原水试验以确定适宜技术参数。

苦咸水淡化处理通常可采用电渗析、反渗透或纳滤脱盐处理技术等。

地下水软化宜采用药剂软化法、离子交换法以及纳滤、反渗透等膜处理技术。

对于多项水质指标超标的地下水，应结合原水水质和当地技术经济条件，并通过原水试验，选择纳滤膜或反渗透膜处理等适宜水处理技术。

3.9.1　除铁除锰

微量的铁和锰是人体必需的元素，铁锰含量高的地下水与空气接触后，水色会发黄，有异味、异臭，在洗涤物及器具上留下斑痕，在管道内壁和设备上积累的铁锰沉淀物会降低输水能力并缩短使用寿命。

《生活饮用水卫生标准》GB 5749—2006 规定，饮用水中铁含量应低于 $0.3mg/L$、锰含量应低于 $0.1mg/L$；对于供水规模小于 $1000m^3/d$ 的乡村小型集中式供水和分散式供水，铁含量应低于 $0.5mg/L$、锰含量应低于 $0.3mg/L$。铁、锰超标的地下水或湖泊水库的深层水，必须经过除铁、除锰处理。

地下水除铁、除锰是氧化还原反应过程，将溶解状态的铁（Fe^{2+}）、锰（Mn^{2+}）氧化成为不溶解的 Fe^{3+} 或 Mn^{4+} 化合物，再经过滤即达到去除目的。

1. 地下水除铁、除锰处理技术的选择

地下水除铁、除锰处理技术的选择，应根据原水水质、处理技术的适用条件及相似条件水厂的运行经验等，通过技术经济比较后确定。

（1）地下水除铁，当水中的二价铁易被空气氧化时，可采用曝气氧化法：

（2）当原水铁含量低于 $5.0mg/L$，锰含量低于 $1.5mg/L$ 时，可采用单级曝气过滤除铁锰技术：

（3）当原水铁含量高于 $5.0mg/L$，锰含量高于 $1.5mg/L$ 时，可采用多级曝气多级过滤除铁锰工艺，宜使用生物滤池替代传统接触氧化滤池除锰：

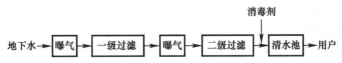

（4）当受硅酸盐影响或水中的二价铁空气氧化较慢时，宜采用多级曝气多级过滤接触氧化法：

2. 曝气装置选型

曝气是地下水除铁、除锰的重要环节，曝气装置应根据原水水质、曝气程度的要求，通过技术经济比较选定。

（1）跌水曝气，适用于水中铁锰含量较低，对曝气要求不高的工程；设计时，不应作最不利的数据组合，以免影响曝气效果，若跌水级数或跌水高度选用较小值，单宽流量也应较小。

（2）射流曝气，适用于水中铁锰含量较低，对散除 CO_2 和提高 pH 要求不高的小型工程。

（3）压缩空气曝气，一般由空气压缩机供气、气水混合器混合，适用于铁锰含量较高的大型工程。

（4）叶轮式表面曝气，溶氧效率高，能充分散除 CO_2 和大幅度提高 pH，适应性强；设计时，不应作不利的数据组合，若要求曝气程度较高，曝气池容积和叶轮外缘线速度宜取较高值、叶轮直径与池长边或直径之比取较低值。曝气叶轮分平板型和泵型两种，平板型叶轮构造简单、运行可靠，宜优先采用。

（5）接触式曝气塔，为便于清理填料层，层间净距不宜小于 600mm。

3. 曝气装置设计要求

曝气装置应根据原水水质、曝气程度要求，通过技术经济比较选定，可采用跌水、淋水、射流曝气、压缩空气、叶轮式表面曝气、板条式曝气塔或接触式曝气塔等装置，并应符合下列规定：

（1）采用跌水装置时，可采用 1 级～3 级跌水，每级跌水高度为 0.5m～1.0m，单宽流量为 20m³/(h·m)～50m³/(h·m)。

（2）采用淋水装置（穿孔管或莲蓬头）时，孔眼直径可为 4mm～8mm，孔眼流速为 1.5m/s～2.5m/s，距水面安装高度为 1.5m～2.5m。采用莲蓬头时，每个莲蓬头的服务面积为 1.0m²～1.5m²。

（3）采用射流曝气装置时，其构造应根据工作水的压力、需气量和出口压力等通过计算确定，工作水可采用全部、部分原水或其他压力水。

（4）采用压缩空气曝气时，每吨水的需气量（以 L 计）宜为原水中二价铁含量（以 mg/L 计）的 2 倍～5 倍。

（5）采用叶轮式表面曝气装置时，曝气池容积可按 20min～40min 处理水量计算；叶轮直径与池长边或直径之比可为 1∶6～1∶8，叶轮外缘线速度可为 4m/s～6m/s。

（6）采用板条式曝气塔时，板条层数可为 4 层～6 层，层间净距为 400mm～600mm。

（7）采用接触式曝气塔时，填料可采用粒径为 30mm～50mm 的焦炭块或矿渣，填料层层数可为 1 层～3 层，每层填料厚度为 300mm～400mm，层间净距不小于 600mm。

（8）淋水装置、板条式曝气塔和接触式曝气塔的淋水密度，可采用 5m³/(h·m²)～10m³/(h·m²)。淋水装置接触水池容积，可按 30min～40min 处理水量计算；接触式曝气塔底部集水池容积，可按 15min～20min 处理水量计算。

（9）当曝气装置设在室内时，应配套通风设施。

4. 除铁、除锰滤池

除铁、除锰可采用各种形式的滤池。压力滤池中，可将滤层设为 2 层，上层用于除铁，下层用于除锰；当地下水中铁、锰含量不高时，可上层除铁、下层除锰，共用滤池去除铁、锰；如果地下水含铁、锰量大，可设二级过滤，第一级滤池除铁、第二级滤池除锰。

（1）滤料宜采用天然锰砂或石英砂等；锰砂粒径宜为 0.6mm～2.0mm，石英砂粒径宜为 0.5mm～1.2mm；滤料层厚度宜为 800mm～1200mm，滤速宜为 5m/h～7m/h。

（2）滤池采用大阻力配水系统，当采用锰砂滤料时，承托层顶面 2 层需改为锰矿石。

（3）滤池的冲洗强度、膨胀率和冲洗时间可按表 3-9 确定。

除铁、除锰滤池的冲洗强度、膨胀率和冲洗时间　　　　　　　　表 3-9

滤料种类	滤料粒径（mm）	冲洗方式	冲洗强度 [L/(s·m²)]	膨胀率（%）	冲洗时间（min）
石英砂	0.5～1.2	无辅助冲洗	13～15	30～40	>7
锰砂	0.6～1.2		18	30	10～15
锰砂	0.6～1.5		20	25	10～15
锰砂	0.6～2.0		22	22	10～15
锰砂	0.6～2.0	有辅助冲洗	19～20	15～20	10～15

5. 一体化除铁、除锰设备

（1）户用型除铁、除锰设备。适用于 1 户或几户家庭使用，外形类似圆柱体，使用时将其放置在蓄水容器中间即可。普通型除铁除锰设备采用一次絮凝技术，可处理 2.5mg/L以下的低含铁水；自控型除铁除锰设备采用循环絮凝技术，可去除任何含量的铁和锰，并可以自动启动 2 次，分级除铁、除锰，自动启动和停止。

户用型除铁、除锰设备体积小巧，可充分利用农户现有供水设施，使用简单、运行费用低；缺点是处理后的水与污泥共存在同一个容器内，需要定时加药和排泥。

（2）一体化除铁、除锰过滤设备。采用接触过滤除铁、除锰技术，外形类似压力式过滤罐形状，内部滤料为锰砂，配套增压及反冲洗水泵。该型设备可去除水中铁、锰、悬浮物和其他杂质，锰砂滤料成熟后出水水质好，满足生活饮用水卫生标准要求。

一体化除铁、除锰过滤设备结构简单，滤料成熟后出水水质稳定、安全可靠。缺点是设备自重大，滤料成熟前出水不稳定，需要反冲洗。

6. 日常维护

除铁、除锰设施的日常运行维护，应符合下列规定：

（1）运行 1 个设计周期或出水水质不满足设计要求时，应对滤料进行反冲洗；

（2）每年对滤料进行翻砂整理 1 次；有氧化水箱时，至少每半年清洗 1 次；每 5 年应对除铁、除锰设施进行大修 1 次。

3.9.2　除氟

饮用水中氟离子对人体健康的影响，主要取决于氟离子的含量，当含氟量过低时易患龋齿，过高时易患氟斑牙、氟骨症和其他疾病。由于饮用水中的氟 90% 以上可以被人体吸收，饮水型氟中毒是氟病的主要来源。《生活饮用水卫生标准》GB 5749—2006 规定，饮用水中氟化物浓度应低于 1.0mg/L，对于供水规模小于 1000m³/d 的乡村小型集中式供水和分散式供水，要求氟化物浓度应低于 1.2mg/L。

高氟地下水应综合考虑原水中氟化物、pH、溶解性总固体、总硬度等水质指标含量，选择适宜的处理技术。目前，饮用水除氟方法很多，包括吸附法、反渗透法、混凝沉淀法、电渗析法、离子交换法等。其中，应用最广泛的是吸附过滤法和反渗透膜处理法。

1. 吸附法除氟技术

作为滤料的吸附剂是活性氧化铝，其次是骨炭。活性氧化铝是白色颗粒状多孔吸附剂，比表面积大，在酸性溶液中活性氧化铝是阴离子交换剂，对氟有较强的选择吸附性。

当地下水仅氟化物超标时（含氟量<10mg/L、浊度<5NTU）可采用吸附法除氟技术；当地下水氟化物超标且溶解性总固体超标时，宜采用反渗透膜处理法除氟，可参见本书第3.9.4节的相关内容。

吸附法除氟的吸附剂采用活性氧化铝，粒径通常为0.5mm～1.5mm，最大粒径应小于2.5mm，并应有足够的机械强度。活性氧化铝吸附法除氟技术流程如下：

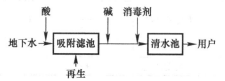

原水进入吸附滤池前，pH应调整至6.0～7.0，可投加硫酸、盐酸或二氧化碳气体。当原水浊度大于5NTU或含沙量较高时，应在吸附滤池前进行预处理。

当吸附滤池进水pH小于7.0时，应采用连续运行方式，其空床流速宜为6m/h～8m/h。流向宜采用自上而下的形式。

当原水含氟量小于4mg/L时，吸附滤池的活性氧化铝厚度大于1.5m；当原水含氟量大于4mg/L时，吸附滤池的活性氧化铝厚度大于1.8m，也可采用2个吸附滤池串联运行。

活性氧化铝再生液采用硫酸铝溶液或氢氧化钠溶液。再生液浓度和用量应通过试验确定，采用硫酸铝溶液再生时，其浓度宜为1％～3％；采用氢氧化钠溶液再生时，其浓度宜为1％。

2. 设计

活性氧化铝吸附过滤池的设计，应符合下列规定：

（1）吸附滤料应对氟化物具有较好的选择吸附性能，应耐磨损并有卫生检验合格证明；

（2）应进行原水试验，试验结果确定吸附滤料吸附容量、空床接触时间和再生周期；

（3）应配套吸附滤料再生设施，再生剂及再生工艺应根据吸附滤料特性确定；

（4）吸附装置的滤速和吸附滤料的填充高度应根据供水规模、滤料吸附容量、需要的空床接触时间和再生周期要求等确定；

（5）当原水pH大于8.0时，可在原水进入吸附滤池前加酸或通过氢型离子交换树脂调节pH提高吸附滤料的吸附能力，加酸量应控制吸附滤池出水的pH大于6.5；

（6）吸附滤池的进、出水浊度应小于1NTU，必要时在吸附滤池前后增加石英砂滤池；

（7）吸附滤池应有防止吸附滤料板结的松动措施。

3. 运行维护

吸附法除氟处理装置的运行维护，应符合下列规定：

（1）进水浊度应小于 1NTU；

（2）定期检测出水中的含氟量，当其大于设计限值时，应对吸附滤料或离子交换树脂进行再生处理；

（3）再生液的处理、排放应符合相关要求，且不得污染当地水体的水质。

3.9.3　除砷

砷对人体健康有害，长期摄入可引发各种癌症、心肌萎缩、动脉硬化、人体免疫系统削弱等疾病，甚至可以引起遗传中毒。《生活饮用水卫生标准》GB 5749—2006 规定饮用水中砷浓度应小于 0.01mg/L，对于日供水规模小于 1000m³ 的乡村小型集中式供水和分散式供水应小于 0.05mg/L。

含砷地下水宜采用吸附过滤法处理，并应符合下列规定：

（1）可采用铁（氢）氧化物或其他对砷有良好吸附性能的吸附滤料，应耐磨损并有卫生检验合格证明；

（2）宜进行原水试验，根据试验选择高效的吸附滤料，确定吸附滤料的有效吸附能力、需要的空床接触时间和再生周期等技术参数；

（3）应配套吸附滤料再生设施，再生剂及再生技术应根据吸附滤料特性确定；再生周期应根据吸附性能试验结果和管理要求确定；

（4）吸附滤池的滤速和吸附滤料的填充高度，应根据处理规模、滤料的有效吸附能力、空床接触时间和再生周期要求等确定；

（5）吸附滤池的进、出水浊度应低于 1NTU，必要时可在吸附滤池的前后增加过滤池；

（6）吸附滤池应有防止吸附滤料板结的松动措施；

（7）吸附法除砷装置的运行维护，应符合下列规定：

1）进水浊度应小于 1NTU；

2）定期检测出水中砷的含量，当其大于设计限值时，应对吸附滤料或离子交换树脂进行再生处理；

3）再生液的处理、排放应符合相关要求，且不得污染当地水体的水质。

3.9.4　苦咸水淡化处理

苦咸水在味觉上表现有苦、咸、涩等，是其名称的由来，长期饮用会导致胃肠功能紊乱和免疫力下降等。《生活饮用水卫生标准》GB 5749—2006 规定，饮用水中溶解性总固体含量应低于 1000mg/L，硫酸盐和氯化物浓度应低于 250mg/L；对于日供水规模小于 1000m³ 的乡村小型集中式供水和分散式供水，要求溶解性总固体含量应低于 1500mg/L，硫酸盐和氯化物浓度应低于 300mg/L。

水中过量硝酸盐的主要来源是由人类活动造成的。长期饮用硝酸盐污染的地下水对人体健康产生不利影响，硝酸盐在人体内可以通过硝酸盐还原菌的反硝化反应变成亚硝酸盐，亚硝酸盐会引起人体高铁血红蛋白症，或形成致癌物质亚硝基胺，对人体健康构成威胁。《生活饮用水卫生标准》GB 5749—2006 规定，饮用水中硝酸盐（以 N 计）浓度应低于 10mg/L（地下水源限制时为 20mg/L），对于日供水规模小于 1000m³ 的乡村小型集中式供水和分散式供水应低于 20mg/L。

苦咸水淡化处理通常可采用电渗析、反渗透膜或纳滤膜处理技术等；地下水硝酸盐超标时，宜采用反渗透膜处理或生物预处理技术，并应进行原水试验以确定适宜技术参数。用于处理地下水硝酸盐超标的生物预处理技术可参见本书第 3.8.3 节的相关内容。

1. 电渗析法

电渗析是利用离子交换膜的选择透过性，在外加直流电场作用下，通过离子的迁移，实现水的脱盐淡化。电渗析技术也可用于地下水软化、地下水除氟。

含盐量小于 5000mg/L 的苦咸水淡化以及含氟量小于 12mg/L 的地下水除氟可采用电渗析。

电渗析苦咸水淡化、除氟工艺流程如下：

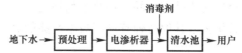

进入电渗析器的地下水应进行预处理，确保进入电渗析器的水质指标满足：

水温：5℃～40℃；耗氧量（COD$_{Mn}$）：＜3mg/L；游离余氯：＜0.2mg/L；铁＜0.3mg/L；锰：＜0.1mg/L；细菌总数：＜1000 个/mL；隔板厚度为 1.5mm～2.0mm 时，浊度＜3NTU，隔板厚度为 0.5mm～0.9mm 时，浊度＜0.3NTU；污染指数（SDI）＜7。

铁、锰不超标的地下水可采用砂滤器或精密过滤器进行预处理；地下水有异味时，宜在电渗析器后设活性炭吸附装置。

电渗析设计要求：

（1）进入电渗析器的水压不大于 0.3MPa。

（2）电渗析器的出水含盐量宜为 200mg/L～500mg/L，含氟量宜为 0.5mg/L。

（3）电渗析器的型号、流量、级、段和膜对数，应根据原水水质、出水水质要求和设计规模选择。

（4）选择电渗析器主机时，离子交换膜、隔板、隔网及电极的材质应无毒；离子交换膜的选择透过率应大于 90%；隔板应耐酸碱，不受温度变化影响，厚度可采用 0.5mm～2.0mm；电极应具有良好的导电性能、机械性能、化学及电化学稳定性。

（5）电渗析器应具有频繁倒极装置。倒极装置应能在切换电极极性的同时改变浓淡水的水流方向，可采用自动或手动倒极；倒极周期应根据原水水质及工作电流密度确定，频繁倒极周期宜为 10min～30min。

（6）电渗析器的淡水流量应按处理水量确定；浓水流量可略低于淡水流量，但不应低于 2/3 的淡水流量；极水流量可为淡水流量的 1/3～1/4。

（7）电渗析器应采用可调的直流电源，变压器容量应为正常工作电流的 2 倍。

（8）电渗析器的工作电压和电流应根据原水含盐量、含氟量及相应的去除率通过试验确定。

（9）当除盐率下降 5% 时，应停机进行酸洗；采用频繁倒极装置时，酸洗周期应根据原水硬度和含盐量确定，可为 3 周～4 周；酸洗液宜采用工业盐酸，浓度宜为 1.0%～1.5%。

（10）应配备氟离子测定仪或电导仪、浊度仪等检验仪器。

2. 反渗透膜或纳滤膜法

苦咸水淡化采用反渗透膜或纳滤膜处理技术时，应符合下列规定：

（1）反渗透或纳滤苦咸水处理系统一般由砂滤罐、精密过滤器、高压泵、反渗透膜（纳滤膜）组件、清洗系统、控制系统等组成。

（2）反渗透膜或纳滤膜组件的进水浊度应小于 0.5NTU，应根据原水水质配套砂滤罐、保安过滤器和阻垢设施等对原水进行预处理。

（3）反渗透或纳滤苦咸水处理系统应配备阻垢剂投加系统、膜清洗系统，膜前和膜后应配备压力、流量、电导率等在线检测仪表。

（4）反渗透或纳滤苦咸水处理系统的过滤水可与原水按比例进行合理勾兑，勾兑后水中溶解性总固体宜小于 500mg/L，浓缩废水应有良好的排水出路且不造成水源污染。

（5）反渗透或纳滤苦咸水处理系统各设备单元之间应留有足够的操作和维修空间。设备不能安放在多尘、高温、振动的地方，装置宜放置室内且避免阳光直射；当环境温度低于 4℃时，必须采取防冻措施。

3.9.5 软化处理

硬度是水质的一个重要指标。一般天然水中，主要是钙（Ca^{2+}）、镁（Mg^{2+}）等易形成难溶解盐类的金属阳离子，通常也把钙（Ca^{2+}）和镁（Mg^{2+}）的总含量称为水的总硬度。

生活用水与生产用水均对水的总硬度指标有一定要求，《生活饮用水卫生标准》GB 5749—2006 规定，饮用水中总硬度（以 $CaCO_3$ 计）应低于 450mg/L；对于日供水规模小于 1000m³ 的乡村小型集中式供水和分散式供水，要求总硬度（以 $CaCO_3$ 计）应低于 550mg/L。

硬度超过标准的水需要软化，目前常用的软化方法有药剂软化法、离子交换法、电渗析法和纳滤、反渗透等膜处理技术。

1. 药剂软化法

通过向原水投加石灰（CaO）、苏打（Na_2CO_3）等药剂，使之与水中钙、镁离子反应生成沉淀物 $CaCO_3$ 和 $Mg(OH)_2$。主要处理流程需经过混合、絮凝、沉淀、过滤等工序。

在地下水的药剂软化方法中，石灰是最常用的药剂，具有来源广、价格低的优点，适用于原水碳酸盐硬度较高、非碳酸盐硬度较低且不要求深度软化的场合。石灰投加量应在生产实践中不断调试积累经验。

2. 离子交换法

离子交换法是利用某些离子交换剂所具有的阳离子（钠离子 Na^+ 或氢离子 H^+）与水中钙、镁离子进行交换反应，达到软化的目的。

离子交换法去除硬度设计应符合下列规定：

（1）应根据原水水质，选择氢型或钠型阳离子交换树脂，选择的离子交换树脂应符合卫生要求；

（2）选择氢型离子交换树脂时，应实时监测出水 pH，如 pH 低于 6.5，可投加氢氧化钠溶液调节 pH 至 6.5～8.5；

（3）离子交换树脂接触时间宜为 1.5min～3.0min，层高宜为 1m；

（4）钠型离子交换树脂宜采用氯化钠（NaCl）再生，NaCl 浓度通常为 5％～10％；氢型离子交换树脂宜采用盐酸等酸性溶液再生；

（5）离子交换法除硬度处理装置的进水浊度应小于 1NTU；应定期检测出水中的总硬度含量，当总硬度大于设计限值时，应对吸附滤料或离子交换树脂进行再生处理；再生液的处理、排放应符合相关要求，且不得污染当地水体的水质。

3.10　一体化给水处理设备

随着水处理技术的发展，特别是信息时代各种新技术、新材料不断涌现，水处理设备集成化、装备化成为可能。一体化给水处理设备的作用就是在保证终端水质满足现行国家标准《生活饮用水卫生标准》GB 5749 的前提下，进行大量的研究、试验，对众多单元处理技术进行组合、优化，合理选择运行参数，形成技术先进、运行可靠、管理方便、经济合理的集成产品。相关的产品标准有现行行业标准《微滤水处理设备》CJ/T 169、现行行业标准《超滤水处理设备》CJ/T 170 等。

一体化给水处理设备，也称为一体化净水器，是一种将絮凝、沉淀或澄清、过滤等净水技术有机地组合成一体完成常规净水处理的设备或能完成接触过滤的设备。一体化给水处理设备，配套一定的混凝剂、消毒剂投加设备和进、出水水泵，即可形成一座小型净水厂。与常规钢筋混凝土构筑物相比，一体化给水处理设备具有处理效率高、出水水质好、施工速度快、一次投资省、体积小、占地少、运行管理简便、自动运行程度高等突出优点，且只要防腐措施得当，一体化给水处理设备的使用寿命不低于钢筋混凝土结构，正逐渐成为广大乡村给水处理系统建设的首选。

3.10.1　类型和结构

一体化净水设备应具有混合、絮凝、沉淀（或澄清）、过滤等完整的水处理技术，其设计参数应合理，处理后水质应满足现行国家标准《生活饮用水卫生标准》GB 5749 的要求。

按照操作运行的自动化程度，一体化给水处理设备可分为全自动式、半自动式和手动式等类型。按照一体化给水处理设备在运行中的受压状态，可分为重力式和压力式两种类型。按照一体化给水处理设备集成或组合的净水技术不同，可分为絮凝—沉淀—过滤组合技术、超滤膜处理集成技术、微絮凝直接过滤技术和多重混凝沉淀技术、无药剂免动力免维护超滤净水技术、无阀超滤净水技术等。

1. 絮凝—沉淀—过滤组合技术

该型一体化给水处理设备符合《饮用水一体化净水器》CJ 3026 的相关要求，设备集混凝、沉淀、过滤于一体，结构紧凑、布局合理、管理方便，目前在我国小城镇或乡村小型自来水处理中广泛采用，特别是在我国东南地区，典型代表如在福州市应用较多的三圆式一体化净水装置，其主要技术流程如下：

上海市政工程设计院与上海市自来水公司联合设计的 ZJS 系列组合式净水器，在广大乡村水厂得到了实际应用。该型净水设备采用机械搅拌混合代替上述技术中的静态混合器，提高了混合效率，出水水质稳定可靠。

在此基础上，采用螺旋斜板沉淀池代替斜管沉淀池、采用 D 型高速滤池（彗星式纤维填料）代替无阀滤池等新型一体化给水处理设备，也在乡村饮水工程实践中取得很好效果。

采用絮凝—沉淀—过滤组合技术的一体化给水处理设备通常适用于净化处理原水浊度长期不超过 500NTU、瞬时不超过 1000NTU 的地表水。

一体化给水处理设备由于其体积小，容纳污泥能力低，对原水浊度变化的适应能力差，当用于净化处理浊度长期超过 500NTU，瞬时超过 5000NTU 的地表水时，应对原水进行预沉或粗滤等预处理。

2. 超滤（微滤）膜处理集成技术

以超滤膜处理为核心，集成絮凝—沉淀或多级过滤预处理和消毒处理等单元，形成新型高效一体化给水处理设备，典型技术流程如下：

（1）絮凝沉淀预处理＋超滤

（2）多级过滤预处理＋超滤

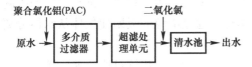

采用超滤膜处理集成技术的一体化给水处理设备由于超滤水处理技术能安全有效地去除原水中的颗粒物、致病微生物和大分子有机物等污染物，出水水质稳定，受原水水质波动影响小，自动化程度高，且具有占地面积小、运行成本低、运行管理方便简单等优点。

目前，国内已新研制出旋转式平板超滤膜净水系统，与常规中空纤维膜超滤技术相比，两者出水水质接近，都能在去除大部分有害物质的同时，保留人体需要的元素，但旋转式平板膜超滤技术具有后发技术优势，对水源要求低，采用错流过滤膜组件，抗污堵能力强，膜使用寿命更长，综合技术经济指标明显占优，适用于乡村千吨万人集中式给水处理系统。

以超滤技术为核心的一体化给水处理设备可用于高浊度原水（浊度＞1000NTU）的净化处理，处理后出水各项指标都能满足现行国家标准《生活饮用水卫生标准》GB 5749 的要求，出水浊度低于 1NTU；也可用于处理高藻低浊水库原水或湖泊原水，原水浊度平均去除率≥97%，藻类的去除率＞99%，对原水中细菌的截留率达 100%。

以超滤技术为核心的一体化给水处理设备对氨氮、硝酸盐的去除效果不明显，去除率仅为 10%；对有机物的去除效果优于常规净水技术，COD_{Mn} 平均去除率可达到 46%。地下水中主要污染物为硝酸盐时，可在一体化超滤净水装置基础上，叠加反渗透膜处理装置，确保饮用水中氨氮、硝酸盐等指标满足现行国家标准《生活饮用水卫生标准》GB 5749 的要求。

3. 微絮凝直接过滤技术

微絮凝直接过滤处理技术，也称接触过滤技术，是指在滤池的进水中加入絮凝剂，水中胶体和悬浮物发生凝聚产生细小矾花（絮体），不经过沉淀而直接过滤的一种给水处理技术。微絮凝产生的细小矾花可在絮凝反应池或滤池内进一步形成脱稳、吸附架桥凝聚成较大颗粒，在滤层中被截留。

微絮凝直接过滤处理技术通常有两种运行方式：一是原水经加药后直接进入滤池或过滤器过滤，滤前不设任何絮凝设备，这种方式也可称为微絮凝接触过滤处理技术；二是在滤池或过滤器前设微絮凝池，原水加药混合后先经微絮凝池，形成粒径相近的微絮凝矾花（粒径大致在 $40\mu m \sim 60\mu m$）后即刻进行过滤。

微絮凝直接过滤处理技术具有技术简单、占地面积省、投资与运行费用低等优点，基于该技术原理的一体化给水处理设备简化了工程流程，进一步缩小了设备外形尺寸，其外形与一般的压力过滤器类似，由罐体、阀门、连接管道及仪表等组成。罐体内采用了与普通压力滤罐不同的构造，由上下滤板、凝聚层、絮凝层及过滤层组成。其净水过程主要分三个阶段完成：

（1）凝聚阶段：原水中投加药剂，经管道混合后进入凝聚层，凝聚层主要由装填的特殊净水材料组成，该材料为 PE 颗粒，直径约 2mm，长度在 3mm 左右。在凝聚过程中利用原水通过 PE 颗粒所产生的大量微小涡流，通过涡流加快水中胶体杂质与药剂颗粒相互碰撞的概率，为胶体脱稳和凝聚创造条件。

（2）絮凝阶段：絮凝层装填有陶粒，其孔隙率大、表面粗糙，具有很强的吸附能力和含污能力。水流流经絮凝层时，已脱稳的絮体，通过陶粒的吸附使絮体从水体分离，从而去除水中的悬浮杂质。

（3）过滤阶段：过滤层装填有优质石英砂，该过程与传统过滤原理一样。

微絮凝直接过滤技术一体化给水处理设备通常适用于原水浊度长期低于 20NTU、瞬时不超过 60NTU、色度较低或不超过 100 色度单位、原水水质变化较小且符合现行国家标准《地表水环境质量标准》GB 3838 Ⅲ类及以上要求的地表水及浊度较低的地下水、山泉水及雨水的净化处理，出水水质可稳定达到现行国家标准《生活饮用水卫生标准》GB 5749 的要求。

4. 多重混凝沉淀技术

采用多重混凝技术，再经过较长时间的沉淀，出水不需过滤就可以直接达到现行国家标准《生活饮用水卫生标准》GB 5749 的要求。其优点是设备轻巧，很容易小型化、家庭化；同时源水普适性很强，因加入空气，既可以处理常规地表水，也可以处理地下含铁水。缺点是间歇式产水，产水量小，只适用于家用和规模在 20m³/d 以下的小型给水净化处理。该技术为一体化给水处理的广谱化、小型化、可控化、低成本化开辟了途径。

通过将混凝、沉淀、过滤、消毒等处理单元模块化处理，并通过模块化的组合，根据不同水体选用不同模块组合，形成集装箱式、拼装式一体化给水处理设备，便于运输和组装，以适应不同地区、不种水体的净化处理需求，是一体化给水处理设备的主要发展方向。而各模块化处理单元的全自动运行（全水力控制自动运行和电控阀门自动控制）和自动反冲洗、自动排泥、水泵自动启停等 3 个辅助过程的自动化，并采用有线或无线远传通信，可为建立无人值守的给水处理厂、供水站奠定基础，也是今后发展智慧型乡村给水处理系统的一个重要方向。

5. 无药剂免维护智能化超滤净水技术

超滤能够有效地去除水中的颗粒物、胶体、悬浮物和病原微生物，且占地面积小，便于集成化和模块化应用，在乡村给水处理领域有很好的应用前景。然而，常规的超滤工艺仍沿用城市膜水厂的工艺系统，过滤压力大、能耗高、附属设备多、需频繁的水力反冲洗和化学清洗，操作维护复杂，限制了其在以村为单位的集中给水系统及分散给水系统中推广使用。无药剂免维护智能化超滤净水技术可直接用于综合污染较轻的河水、水库水、山泉水、窖储水、井水的净化处理，主要去除对象为悬浮颗粒和致病微生物，该技术的优势在于：

（1）无需加药直接过滤原水，高效去除水中致病微生物及无机、有机颗粒，保障饮水卫生安全，避免了化学药剂的使用对饮水水质及环境产生的化学安全性风险，是净水工艺的一大突破；

（2）利用生物作用控制膜污染，使膜系统在零污染通量下运行，不再需要对膜组件进行水洗、气洗和化学清洗，显著地降低了能耗，节省了药剂费用，并实现无人值守，长时间免维护运行，是超滤工艺的一个重要突破；

（3）对乡村常见的因节日期间返乡人口增加而导致水量需求的激增，因暴雨、山洪、台风等引起的原水浊度的急剧升高，因湖库水氮、磷污染所导致的季节性藻爆发等突发性水质、水量变化有极强的适应性；

（4）标准化、模块化设计，可依据供水规模组装于不同规格集装箱内（图 3-3），厂内调试，整体集装箱运输，现场就位接管后即可投入生产，显著缩短建设周期，解决了偏远山区水厂建设施工不便的问题；

（5）配置在线监测仪表及 PLC 控制系统，实时监控进水压力、出水压力、跨膜压差、出水浊度及流量等参数，并具备历史数据储存、统计分析等功能，有助于实现乡村水厂智能化管理，为行业管理部门有效管理提供了技术手

图 3-3　无药剂免维护智能化超滤净水设备

段，解决了农村中小型水厂设备安装后难于保证正常运行的问题。

无药剂免维护智能化超滤净水技术的典型工艺流程如下：

（1）山涧水：

山涧水 → 预沉池 → 无药剂免维护智能化超滤净水设备 → 清水池

（2）湖泊、水库水：

湖泊、山库水→ 无药剂免维护智能化超滤净水设备 → 清水池

（3）井水：

井水→ 无药剂免维护智能化超滤净水设备 → 清水池

6. 无阀超滤净水技术

重力式无阀滤池是利用水力学原理自动控制虹吸的形成与破坏，从而实现自动反冲洗的滤池，其优点是无须大型阀门，造价较低，冲洗完全自动，无须过多的人工操作管理；缺点是若冲洗不彻底会造成滤料污染、结球、结块，严重的还会导致滤池出水、浊度不稳定，不能满足水质要求。无阀超滤净水设备（图 3-4）是基于此种需求而研发出的新产品，由膜柱组、进水总管、出水总管、排水总管、反洗水箱、钟罩式虹吸管、虹吸破坏管、虹吸辅助管和排水水封井等构成。可直接用于综合污染较轻、主要以悬浮颗粒和致病微生物为去除对象的河水、水库水、山泉水、窖储水、井水的处理，也可以用于常规混凝沉淀工艺出水的进一步处理。该设备的技术优势如下：

（1）用超滤膜代替传统无阀滤池中的颗粒滤料，高效截留水中致病微生物及无机、有机颗粒，解决了无阀滤池对浊度控制效果不稳定的问题，保障饮水卫生安全；

（2）采用柱式膜组件，占地面积小，更换简便，不存在无阀滤池结构复杂、池体封闭滤料装卸困难等问题；

（3）利用虹吸作用自动控制过滤和反洗的周期性过程，无须额外配制反冲洗系统（如反冲洗高压水泵和大型反冲洗调节阀），突破了传统超滤工艺反洗桎梏，省去传统超滤设备的各种电动阀门，无运动部件，构造简单，工作可靠，大幅地降低了基建投资成本；

（4）除进水压力外，无须电、压缩空气等任何外加动力，运行费用明显降低，是一项高效低耗，且能被乡村所接受并负担得起的超滤净水技术；

（5）膜组件部分可以模块化组装，集装箱式运输，现场调试后即可投入使用，显著缩短建设周期；

（6）可配置在线监测仪表及 PLC 控制系统，可在突发污染发生时启动强化反冲洗，避免了无阀滤池自动识别冲洗要求而导致的冲洗强度不足问题；

（7）可利用在线监测系统 APP，在手机等移动设备上实时查看设备出水的有关指标，及时发现水质异常情况，方便管理人员快速响应，及时解决。

无阀超滤净水技术的典型工艺流程如下：

（1）山涧水：

山涧水→ 预沉池 → 无阀超滤净水设备 → 清水池

（2）湖泊、水库水：

湖泊、水库水→ 无阀超滤净水设备 → 清水池

（3）井水：

井水→ 无阀超滤净水设备 → 清水池

（4）沉后水：

沉后水→ 无阀超滤净水设备 → 清水池

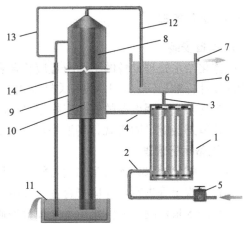

图 3-4　无阀超滤净水设备

1—膜柱组；2—进水总管；3—出水总管；4—排水总管；5—流量控制阀；6—反洗水箱；7—溢流管；
8—钟罩式虹吸管；9—外套管；10—内竖管；11—排水水封井；12—虹吸破坏管；13—抽气管；14—虹吸辅助管

3.10.2　设计选型

一体化给水处理设备开发研究成果较多，国内已有多个厂家可以提供各种不同型号的设备。一体化给水处理设备的常见处理规模有 $0.5m^3/h$、$1m^3/h$、$2m^3/h$、$5m^3/h$、$10m^3/h$、$20m^3/h$、$30m^3/h$、$50m^3/h$、$100m^3/h$ 等。当给水处理规模大于 $100m^3/h$ 时，采用一套一体化给水处理设备，其设备外形尺寸、造价及安装等已不具有比较优势，宜采用固定式土建设施建设，或采用多套规模较小的一体化给水处理设备并联。

一体化给水处理设备除早期的三圆式结构外，目前大量采用钢制矩形、集装箱式结构；处理技术采用模块化设计后，更可以根据现场地形，灵活组装。

一体化给水处理设备形式、种类多样，设计选型时应根据原水水质、预处理条件、处理规模、出水水质要求，通过产品性能调研比较后确定，并应选有鉴定证书的合格产品。主要考虑以下几点：

（1）适用范围广，出水水质好。在不同原水条件下，能保证水质各项指标达到现行国家标准《生活饮用水卫生标准》GB 5749 的要求。

（2）运行稳定可靠，不会出现水质、水量经常变换的现象。

（3）操作简单，管理方便，投药量小，体积小，价格低。

（4）应具有良好的防腐性能，且防腐材料不得影响水质，其合理设计使用年限不应低于 15 年。

（5）压力式一体化给水处理设备应设排气阀、安全阀、排水阀及压力表，并应有更换或补充滤料的条件，容器压力应大于工作压力的 1.5 倍。

（6）无药剂免维护智能化超滤净水设备应选用公称孔径 $\leq 0.02\mu m$ 的浸没式超滤膜组件，环境温度为 $-20℃\sim50℃$，水温 $5℃\sim40℃$，配置在线监测仪表及 PLC 控制系统，采用无线通信采集数据及视频，通过云服务器同步传送到移动端 APP 和 PC 端。

（7）无阀超滤净水设备应选用公称孔径 $\leq 0.02\mu m$ 的内压式超滤膜组件，环境温度为 $0℃\sim50℃$，可选配在线监测仪表、PLC 控制系统以及无线通信系统。

3.10.3 运行管理

1. 设备安装

一体化给水处理设备的平面布置应符合乡村给水处理系统建设总体规划，可参照《室外给水设计标准》GB 50013 的有关规定执行。

一体化给水处理设备的安装应根据设备厂家的要求，结合现场实际进行。设备基础应稳固，管道连接应平顺美观，场地平整，进出通道顺畅。

2. 设备运行管理

(1) 一体化给水处理设备的运行管理应按照专业设备厂家的技术要求、操作使用说明及运行管理规定等进行，并应符合《室外给水设计标准》GB 50013 的相关要求。

(2) 进水量控制。一体化给水处理设备通常不宜超负荷运行，一般通过在设备进水口安装流量计计量，也可根据水泵流量或设备液位变化测算进水量，控制设备进水量小于最大处理能力，以确保出水水质。

(3) 不同原水浊度情况，采取相应的混凝剂（PAC）投加量：原水浊度高于 600NTU，甚至在 1000NTU 以上，将混凝剂（PAC）投加量最高可调至 50mg/L，同时提高排泥频率，减少进水流量；原水浊度低于 600NTU 且无上升趋势，混凝剂（PAC）投加量可取 10mg/L～12mg/L。应在实践中积累经验，按原水浊度调整混凝剂（PAC）加药量。

(4) 以超滤膜技术为核心的一体化设备运行时应严格控制膜进水浊度，超过 1000NTU 不得运行膜系统，稳定运行时膜进水浊度应控制在 30NTU 以下；处理高藻低浊水库水原水，一体化给水处理设备的最佳运行参数：膜通量 55.6L/$(m^2 \cdot h)$，气水联合反冲洗时间 5min，反冲洗水量 9m^3/h，反冲洗曝气量 6m^3/h。

(5) 设有机械搅拌絮凝单元时，应针对不同原水浊度情况采取相应的搅拌器转速：原水浊度较高时（>1000NTU），机械絮凝搅拌器转速宜为 45r/min；原水浊度 200NTU～300NTU 时，机械絮凝搅拌器转速宜为 30r/min；原水浊度较低时（<200NTU），机械絮凝搅拌器转速宜为 20r/min。

(6) 一体化给水处理设备的沉淀单元模块应定期排泥；过滤单元模块应定期反冲洗，滤料应按设备厂家要求、实际损耗情况酌情定期更换。

(7) 二氧化氯消毒剂投加量 3mg/L 左右，并根据实际调整，以能够保证产水箱中水的游离性余氯在 0.15mg/L～0.30mg/L 为宜。

(8) 采用多介质过滤、超滤与反渗透三级处理的移动式饮水设备，可用于应对不同种类的污染原水，有效缓解膜污染，特别适合作为应急给水设备使用。

(9) 无药剂免维护智能化超滤净水设备长期运行的进水浊度应控制在 30NTU 以下，运行膜通量 4L/$(m^2 \cdot h)$～7L/$(m^2 \cdot h)$，自动排泥间隔 7d～21d，当原水浊度大于 100NTU 或季节性藻爆发时，可缩短排泥间隔。

(10) 无阀超滤净水设备应严格控制膜进水浊度在 30NTU 以下，运行膜通量 10L/$(m^2 \cdot h)$～40L/$(m^2 \cdot h)$，超过 1000NTU 不得运行膜系统。

3.11 施工与验收

3.11.1 一般要求

应根据乡村给水处理系统的实际特点，建立健全行之有效的工程质量管理制度和施工验收程序，落实责任，加强监督，确保工程质量。

（1）乡村给水处理系统建设应实行项目法人责任制。对日供水 1000m³ 或供水人口 1 万人以上的集中式给水处理系统（以下简称"千吨万人"系统），要按有关规定组建项目建设管理单位，负责工程建设和建后运行管理；其他规模较小系统，可在制定完善管理办法、确保工程质量的前提下，采用村民自建、自管的方式组织工程建设，或以县、乡镇为单位集中组建项目建设管理单位，负责全县或乡镇规模以下生活给水处理系统的建设管理。

生活给水处理系统宜通过招投标确定施工单位和监理单位；条件不具备时，可由有类似工程经验的单位承担施工。

（2）生活给水处理系统的设计、施工、建设管理，应严格按照现行国家和省级相关技术标准、规范和规定执行。应认真做好生活给水处理系统的勘察设计工作。工程设计方案应当包括水源工程选择与防护、水源水量水质论证、给水工程建设、水质净化、消毒以及水质检测设施建设等内容。其中，"千吨万人"系统应当建立水质检验室。

（3）施工过程中，确保工程使用的管材和设施设备应当符合国家现行有关产品质量标准及有关技术规范的要求，应作好材料设备、隐蔽工程和分部工程等中间环节的质量验收；隐蔽工程应经过中间验收合格后，方可进行下一道工序施工。

（4）施工过程中，应作好材料设备采购、工程进度、设计变更、质量事故处理、中间验收、技术洽商等记录。

（5）应按设计图纸和技术要求进行施工；施工过程中，需要变更设计时，应征得建设单位同意，由设计单位完成。

（6）施工完成后，应按国家现行相关标准要求组织调试运行与验收工作；正式投入使用后应按规范及技术要求，组织安全、有序运行管理，并定期开展水质检测。

3.11.2　土建工程

除采用成套装置、无须建设设备用房或机房的乡村建设给水处理系统外，通常均需建设一定规模的库房、设备用房及水处理构筑物等土建工程。

土建工程的施工及验收，需遵循下列要求：

（1）深基础开挖时，应保证边坡稳定，并留有足够的施工空间。

（2）构（建）筑物基础处理应满足承载力和变形要求，并按规定进行基槽验收。

（3）土方回填，应排除积水、清除杂物、分层回填夯实，分层厚度宜采用 200mm～250mm，回填料、回填高度以及压实系数应符合设计要求。管沟回填前，管道安装应验收合格，回填时应注意保护管道。

（4）凿井时，应对设计含水层进行复核，校正过滤器的设计位置和长度，封闭非取水含水层；成井过程中应控制每 100m 顶角倾斜不超过 1.5°；在松散、破碎或水敏性地层中凿井，应采用泥浆护壁；成井后应进行洗井和抽水试验，出水水质和水量应满足设计要求。

（5）防渗体和反滤层的施工，应作为关键工序进行单项验收；验收合格后，应注意保护。

（6）地表水取水构筑物施工，应作好防洪、导流、排水、清淤工作，不影响原有工程的安全。

（7）水池施工，应作好钢筋保护层、防渗层、变形缝，避免和减少施工冷缝，控制好温度裂缝，保证其水密性和耐腐蚀性。施工完成后，应进行满水试验；合格的水池，满水试验时，应无漏水现象，混凝土水池的渗水量应小于 $2L/(m^2 \cdot d)$，砌体水池的渗水量应小于 $3L/(m^2 \cdot d)$。

3.11.3 设备工程

（1）给水处理设备安装前，应逐一进行质量检查，并清除其内部杂物和表面污物；相关的土建工程应验收合格。

（2）给水处理设备的采购及安装应符合设计要求，主要设备宜在设计人员的指导下采购；主要给水处理设备的安装和调试宜要求生产厂家派技术人员进行现场指导。

（3）应由专业厂家负责提供给水处理设备的生产许可证以及产品的质检报告、合格证和说明书；采购合同中应详细说明技术指标和质量要求。宜优先选用同一厂家配套提供的达到国家现行相关产品标准的风机、水泵、控制柜及计量仪表等辅助设备及配件。

（4）各型给水处理设备及配件均不得采用旧货或积压品。设备到货后，应及时对照供货合同和产品说明书进行数量、规格、材质、外观、备件等检查。

（5）给水处理设备应按性质合理存放，不得与有毒物质和腐蚀性物质存放在一起，给水处理配套电气设备应有防雨、防潮措施，塑料壳体的给水处理设备应有遮阳等防老化措施。

（6）构（建）筑物中管道安装位置允许偏差为 $\pm 10mm$，机电设备与金属结构安装部位允许偏差为 $\pm 3mm$。

3.11.4 调试运行

（1）乡村建设给水处理系统按审批的任务书完成全部建设项目后，应至少经过 $15d \sim 20d$ 的调试运行周期。设计单位和供水管理单位应参与给水处理系统的调试运行。调试可分为三部分：调试前准备、设备调试与技术调试。其中，设备调试包括单机调试及联动调试，单机调试的目的是对单机设备是否满足功能、性能要求的测试；联动调试的目的是对土建、设备、电气、仪表工程的功能和工程质量的综合测试。调试前准备如表 3-10 所示。

（2）调试运行前，应根据给水技术要求按设计负荷对给水处理系统进行设备单机调试，定时检验各水处理构筑物和水处理设备的出水水质，作好药剂投加量和水质检验记录，在连续 3 次水质检验均合格后，方可进入整个水处理系统的联动调试运行。基本流程见表 3-11。

（3）调试运行前，应作好各水处理构筑物、水处理设备及连接管道的冲洗和消毒，并按下列要求执行：

1）宜用流速不小于 $1.0m/s$ 的水连续冲洗管道，直至进水和出水的浊度、色度相同为止；

2）管道及水处理构筑物、水处理设备消毒应采用含氯离子浓度不低于 $20mg/L$ 的清洁水浸泡 $24h$，再次冲洗，直至取样检验合格为止。

（4）整个给水处理系统投入试运行后，应定时记录机电设备的运行参数、药剂投加量、絮凝效果和消毒剂投加量，定时检验各水处理构筑物和设备的出水浊度、余氯以及特殊水处理的控制性指标，每天检验 1 次出水的细菌学指标、记录沉淀池（或澄清池）的排泥情况和滤池的冲洗情况。

（5）投入调试运行 $72h$ 后，如水量、水压、水质合格且各水处理设备运转正常，转入给水处理系统试运行观察期，观察期应按国家现行相关标准要求做好各项观测记录和水质检测。

乡村生活给水处理系统调试准备　　　　　　表 3-10

乡镇　　　　村　　　　年　　月　　日　　　工程号

项目名称				
调试负责人		调试小组成员		
项目类型				
调试时间	年　　月　　日	调试规模（t/d）		
	检查项	情况反馈		具体解决措施
前期资料 （电子版）	技术图纸	有□	无□	
	设备清单	有□	无□	
	技术合同文本	有□	无□	
	水质数据	有□	无□	
	自控要求	有□	无□	
	负责人员通信录	有□	无□	
调试准备 及应对措施	通水（进出水管道是否具备、进水水量 是否满足）条件是否具备	是□	否□	
	通电（能否满足所有设备同时运行）条 件是否具备	是□	否□	
	管道闭水/打压试验要求	满足□	不满足□	
	设施/设备满水试验要求	满足□	不满足□	
	水泵能否正常工作	是□	否□	
	水泵流量/扬程是否满足	是□	否□	
	混凝剂投加装置是否正常工作	是□	否□	
	沉淀池/澄清池排泥是否正常	是□	否□	
	滤池/过滤器反冲洗是否正常运行	是□	否□	
	消毒剂投加装置能否正常工作	是□	否□	
	紫外消毒装置是否正常运行	是□	否□	
	压力表、液位计、流量计读数是否正常	是□	否□	
	各阀门是否满足调节条件	满足□	不满足□	
	电气自控是否可以满足现场操控要求	是□	否□	
	自控数据断电重启是否保存	是□	否□	
	电气自控远程操控要求	满足□	不满足□	
	混凝、消毒等药剂存储是否满足要求	满足□	不满足□	
	现场操作检修空间是否满足要求	满足□	不满足□	
	调试方案	有□	无□	
	培训方案	有□	无□	
	调试记录表	有□	无□	

对上述不满足条件情况说明

　　　　　　　　　　　　签字：　　　　　　　日期：

审核：

　　　　　　　　　　　　签字：　　　　　　　日期：

乡村生活给水处理系统设备调试流程　　　　　　　　　　表 3-11

乡镇　　　　　村　　　　　年　　月　　日　　　　工程号

项目名称		
调试负责人	调试小组成员	
序号	调试流程	情况反馈
一	单机调试	
1	在建设单位、监理工程师、厂商代表商定的时间，建设单位、施工单位、监理单位及设备厂家代表参加	人员符合要求　□ 人员不全　　　□
2	池体或设备水位是否满足调试要求	是□ 否□
3	设备润滑、冷却等辅助系统是否开启，运行状态是否稳定	是□ 否□/是□ 否□
4	仪器仪表是否准确、稳定	是□ 否□
5	控制系统功能是否稳定、完善	是□ 否□
6	设备及连接管路是否有渗漏、泄漏情况	有□ 无□
7	单机设备是否运行稳定	是□ 否□
8	单机设备连续运行时间是否达到规定要求	是□ 否□
9	调试结束后是否按规定断开电源和其他动力源，是否做到放空	是□ 否□
10	检查设备有无异常变化，各处紧固件有无松动	有□ 无□/有□ 无□
11	因调试而预留未装的或调试时拆下的部件和附属装置是否安装好	是□ 否□
12	是否整理记录、填写单机调试报告，清理现场	是□ 否□
二	联动调试（必须在土建、机械设备、电气、仪表工程的施工和各单项功能试验合格后进行）	
1	在业主、施工单位、监理单位、设计单位同意后共同商定的时间、并派员参加，设备厂家人员现场配合	人员符合要求　□ 人员不全　　　□
2	技术流程的使用功能是否满足设计要求	是□ 否□
3	机电设备的工作情况是否连续稳定	是□ 否□
4	仪表及自控系统检测和控制情况是否准确、可靠	是□ 否□
5	各类附属结构的功能是否配套完善	是□ 否□
6	电气负荷能否满足使用要求	是□ 否□
三	技术调试	
1	混凝剂投加量是否需要调整	是□ 否□
2	消毒剂投加量是否需要调整	是□ 否□
3	反冲洗时间、供水强度、供气强度是否需要调整	是□ 否□
4	出水水质是否满足现行国家标准《生活饮用水卫生标准》GB 5749 要求	是□ 否□

3.11.5　竣工验收

生活给水处理系统应经过竣工验收后，方可投入使用。

生活给水处理系统竣工验收通常按国家现行相关标准执行，并可参考现行行业标准《村镇供水工程技术规范》SL 310、《建设项目（工程）竣工验收办法》和《建设项目竣工环境保护验收管理办法》等相关内容。水处理构筑物应符合现行国家标准《给水排水构筑物工程施工及验收规范》GB 50141 的规定，机井应符合现行国家标准《机井技术规范》GB/T 50625 的规定，混凝土结构工程应符合现行国家标准《混凝土结构工程施工质量验收规范》GB 50204 的规定，砌体结构工程应符合现行国家标准《砌体结构工程施工质量验收规范》GB 50203 的规定，钢结构工程应符合现行国家标准《钢结构工程施工质量验收标准》GB 50205 的规定；管道工程应符合现行国家标准《给水排水管道工程施工及验收规范》GB 50268 的规定；泵站工程应符合现行行业标准《泵站设备安装及验收规范》SL 317 的规定。

竣工验收往往以单个合同为依据，包括终端设施、管网工程，以及附加承包给施工单位的接户工程。

1. 一般原则

（1）验收前，应完成给水处理管理单位组建、管理制度制定、管理人员的技术培训。建设单位、设计单位、供水管理单位和卫生部门应参加验收。

（2）竣工验收时，应提供工程建设全过程的技术资料。

（3）验收时，应对给水处理系统的安全状况和运行状况进行现场查看分析，并实测各取水构筑物、水处理构筑物和水处理设备的出水浊度、余氯以及特殊水处理的控制性指标。

（4）给水处理量、出水水质应达到设计要求，工程质量无安全隐患，方可验收合格。

（5）验收合格后，有关单位应向管理单位办理好技术交接，提供完整的技术资料。

2. 竣工验收的组织实施

竣工验收由建设单位（乡镇政府）负责组织实施，设计、施工、监理单位参加，并邀请县技术指导组成员参加。乡镇分管领导、联络员、驻村干部、村两委负责人、村民代表（监督员）等相关人员全程参加初验和竣工验收。

3. 验收步骤

竣工验收分施工单位自检、监理单位初验和竣工验收三个阶段。工程项目竣工后，施工单位先进行自检，自检后提交验收申请报告；监理单位根据施工单位申请报告，组织业主、设计、施工等单位进行现场工程验收，形成初验意见（表 3-12）；初验合格后，由业主单位组织，进行竣工验收（表 3-13）。

乡村生活给水处理系统初验收　　　　　　　　　　　表 3-12

乡镇　　　　村　　　　年　月　日　　工程号

阶段	初验收流程				
给水处理系统验收	给水处理技术				
	处理设施/设备是否按设计图纸施工		□是　□否		
	池体满水试验是否合格	□是　□否	清水池材质	□钢筋混凝土　□不锈钢 □碳钢＋防腐　□玻璃钢	
	消毒措施	□二氧化氯　□漂白粉 □紫外线　□其他_____	清水池内壁卫生防腐		
	处理设施/设备材质		外观评价	□好　□中　□差	
	自动运行	□是　□否	出水水质	合格□　不合格□	
管网验收	给水方式		□重力给水　□变频恒压给水		
	管网铺设是否按照工程设计要求		□是　□否		
	管网试压及冲洗消毒是否合格		□是　□否		

续表

阶段	初验收流程		
管网验收	水泵、阀门、管材管件是否使用规定的合格品牌		□是　□部分　□否
	凌空管、裸露管、过路管是否采取保护措施		□是　□否
	水表井、阀门井是否合格/是否渗水		□是□否/□是□否
	水表井、阀门井质量是否合格（不漏水、无杂物）		□是　□否
受益农户	＿＿＿＿＿户	受益率%：＿＿＿＿＿	
档案材料	（1）入户调查表及汇总信息；（2）项目设计信息；（3）招投标信息；（4）工程施工信息；（5）工程监理信息；（6）其他相关信息	□齐全　□不齐全	
初验收意见（通过、不通过，需要改事项，可另用纸质）			
施工负责人签名		设计单位签名	
监理单位签名		村监督员签名	
村书记主任签名		驻村干部签名	

乡村生活给水处理系统竣工验收　　　　　　表 3-13

乡镇　　　村　　　　　　工程号

工程基本情况	处理设施设计单位				资质	
	管网工程设计单位				资质	
	土建工程施工单位				资质	
	安装工程施工单位				资质	
	工程监理单位				资质	
	处理规模（m³/d）		服务户数和人口	＿＿＿户/人	外来人口	＿＿户/人　其他用水需求
	管网施工验收	按设计规范施工情况				
		管材规格及长度				
		阀门井、检查井及水表井情况				
		试验、冲洗消毒试验抽检				
		施工负责人签名		验收组长签名		
	主体工程验收	按规范施工建设情况				
		池体结构或设备材质				
		涉水材料卫生防腐措施				
		自动控制及调试运行情况				
		施工负责人签名		验收组长签名		
	初验收是否通过或整改是否完成					

续表

验收材料翔实齐全情况	1. 设计文件（施工图纸和说明书，设备技术说明书，招标投标文件和工程合同，图纸会审记录，设计变改签证和技术核定单等）是否齐全　　　是□　否□ 2. 工程总结、监理报告、施工工作总结等　　　是□　否□ 3. 工程竣工图、施工记录、工程结算审计报告 （工程结算审计报告可在综合性验收前提供）　　　是□　否□ 4.《附件 1：乡村生活给水处理系统初验收表》一式四份　　　有□　无□ 5.《附件 4：乡村生活给水处理系统受益农户表》一式四份　　　有□　无□ 6. 未纳管供水服务农户数说明及下一步打算　　　有□　无□ 7. 施工影像资料及中期检查资料　　　有□　无□ 8. 其他需要的资料及说明的问题　　　有□　无□
	需要补充的资料

水质监测结果	原水	浊度_____NTU，色度_____度，氨氮_____mg/L，SS_____mg/L 特殊指标：_____mg/L		
	出水	浊度_____NTU，色度_____度，氨氮_____mg/L，SS_____mg/L 特殊指标：_____mg/L		
	执行标准	□《生活饮用水卫生标准》GB 5749—2006 □小型集中式供水和分散式供水部分水质指标及限值	是否达标	□达标 □不达标
	监测单位		资质情况	
	监测报告出具时间	年　　月　　日		
	其他需要说明的情况			
	备注	1. 出水水质在条件许可时应执行《生活饮用水卫生标准》GB 5749—2006 2. 千吨万人以下小规模给水处理可选择执行《生活饮用水卫生标准》GB 5749—2006 中"表 4 小型集中式供水和分散式供水部分水质指标及限值"		

验收结论	（验收意见，不够可另附页）
	验收组成员签名：
	验收组长签名： 　　　　年　　月　　日

竣工验收按下列步骤进行：

(1) 施工单位介绍工程施工情况、自检情况，出示竣工资料（竣工图和各项原始资料）；

(2) 监理单位通报工程监理的主要内容，发表竣工验收意见，提交监理工作报告；

(3) 组织现场验收；

(4) 验收组提出检查验收意见及限期整改意见；

(5) 完成竣工验收报告。

4. 验收内容

(1) 台账资料验收

竣工验收前，建设、施工、监理单位分别收集、整理工程竣工资料，并汇编成册。纸质档资料汇编成册，原件由建设单位保存，复印件交乡镇备案（表 3-14）。电子资料包括所有工程的原件资料，以村为单位，按照顺序依次扫描建档，由乡镇分别存档。有原始文件能用电子文档发送的，如竣工图电子文档，发送乡镇，备案资料长期保存，或按规定移交。

乡村生活给水处理系统档案管理目录   表 3-14

阶段	存档内容	备注
基础工作	县、乡、村等关于乡村安全饮水工程的计划、方案、重要文件、相关会议记录；入户调查表及汇总表；水源地保护实施方案；村庄现状及给水设施现状的图片（视频）；宣传、座谈等相关活动（图片、宣传资料）及其他相关信息	
工程设计	工程设计合同；工程设计文本（包括项目设计文件图表、设计修改部分文件图表、设计变更、工程概算等）；设计评审相关情况，包括评审会议通知、参加会议签到单、会议纪要等	
招投标	公告、广告；招标文件及附件、中标通知书；已签字的合同、履约、质保等	
项目施工	1. 乡镇和村建筑材料保管记录、乡村监督记录； 2. 施工方档案材料，包括材料、设备采购的相关订单、支付发票等凭据、质保证书、工程质量管理、工程施工进度、工程变更、检验验收单、施工日记等记录材料；隐蔽工程（包括地下管线）检查记录，质量评定记录及图片影像资料；施工过程中的缺陷、质量问题处理、分析与结论文件、工程变更、事故处理等文件；工程变更及工程量记录； 3. 监理方要保存全套与工程监理相关的档案资料，包括项目的监理合同、监理计划、开（停、复、返）工报告、监理日志月报、会议纪要；工程建设监理报告等资料	
竣工验收	竣工验收资料（竣工图纸、项目竣工验收会议记录、竣工验收报告等）；村级项目建设情况和农户受益情况；工程建设财务评审报告及验收报告；给水处理系统调试运行检测报告；工程建设效果及设施运行情况的图片（音像）对比资料等	

(2) 现场工程验收要求

1) 终端设施

① 设置标识标牌，内容应当包括：池体规模、处理能力、处理模式和技术流程、出水水质标准、受益农户数、施工单位名称、竣工时间等信息；

② 处理池建造规范无渗漏，内部连接管符合设计要求，动力设备安装规范运行正常；

③ 出水水质达到设计标准，以第三方检测机构出具的水质检测报告为依据。水质检测可在综合性验收前，由乡镇委托第三方检测机构实施。检测合格的，由乡镇支付检测费，县财政全额补助；检测不合格的，由施工单位支付检测费。

2）管网工程（隐蔽工程）

① 沟槽开挖，管道垫层铺设、回填达到设计要求；

② 所有水表井、阀门井等砌筑安装规范无渗漏，无杂物，井盖完好，标识正确；

③ 主（支）管按规范铺设，无堵塞，无渗漏；凌空悬挂管、裸露管采取稳固和防冻防裂措施；路面恢复质量好。

3）接户工程

① 提供详细的自来水入户农户档案，即原有和新增受益农户情况表（表 3-15）。采取随机抽检方式进行验证，随机抽检新增受益农户数 20%。

乡村生活给水处理系统受益农户   表 3-15

序号	乡（镇）	行政村	受益农户	每户人口	饮用水安全评价				
					水量	水质	用水方便程度	供水保证率	总体评价
	合　计				—				

受益农户数：	暂未供水农户数：	农户受益率%：
责任人签字：	村干部签字：	乡镇负责人签字：

（村委会盖章）   （乡镇盖章）

说明：乡村饮水安全评价分为安全、基本安全、不安全，上述指标根据现行团体标准《农村饮水安全评价准则》T/CHES 18 有关规定，科学、合理评价，四项指标分为达标、基本达标

② 经乡村申请批准的暂缓实施区块中的农户，可不列入计算受益率基数。

3.11.6 运行管理

乡村生活给水处理系统正式投入运行后，应建立健全由专人负责的安全运行管理制

度，明晰工程产权，落实各项管护责任，加强经营管理，提高经济效益，并定期对水质进行检测，并符合现行行业标准《城镇供水管网运行、维护及安全技术规程》CJJ 207 及《城镇供水厂运行、维护及安全技术规程》CJJ 58 的规定。

1. 建立"三证"、"三卡"和"五公开"制度

"三证"，指取水许可证、卫生许可证和管水人员健康证；"三卡"，指工程管理卡、水质管理卡和运行管理卡；"五公开"，指水厂管理责任人公开、水价公开、水费收缴及使用公开、水质监督热线公开和维修热线公开。

2. 建立生活给水处理系统水质检验制度

乡村生活给水处理系统建成后应根据供水规模及具体情况建立水质检验制度，配备检验人员和检验设备，对水源水、出厂水和管网末梢水进行日常水质检验工作。不具备自行检测条件的应委托具有相关检验资质或相应检验能力的单位进行检验。水质检验方法应按照国家现行标准《生活饮用水标准检验方法》GB/T 5750 和《城镇供水水质标准检验方法》CJ/T 141 的相关要求执行。其中，水温、透明度、浊度、pH 等指标可采用简易办法（测试试纸或便携式检测仪）现场测定。

水质检验记录应真实、完整、清晰，并应及时归档、统一管理，按当地主管部门的要求定期报送。给水处理系统水质检验项目及频率参照表 3-16 的规定执行。

水质检验项目及频率   表 3-16

水样		检验项目	乡村给水处理系统规模 W（m³/d）				
			W≥10000	10000>W≥5000	5000>W≥1000	1000>W≥100	W<100
水源水	地下水	感官性状指标、pH	每周1次	每周1次	每周1次	每月1次	每月1次
		微生物指标	每月2次	每月2次	每月2次	每月1次	每月1次
		特殊检验项目	每周1次	每周1次	每周1次	每月1次	每月1次
		全分析	每年1次	每年1次	每年1次	—	—
	地表水	感官性状指标、pH	每日1次	每日1次	每日1次	每日1次	每日1次
		微生物指标	每日1次	每日1次	每月2次	每月1次	每月1次
		特殊检验项目	每周1次	每周1次	每周1次	每周1次	每周1次
		全分析	每年2次	每年1次	每年1次	—	—
出厂水		感官性状指标、pH	每日1次	每日1次	每日1次	每日1次	每日1次
		微生物指标	每日1次	每日1次	每日1次	每月2次	每月1次
		消毒剂指标	每日1次	每日1次	每日1次	每日1次	每日1次
		特殊检验项目	每日1次	每日1次	每日1次	每日1次	每日1次
		全分析	每季1次	每年2次	每年1次	每年1次	每年1次
末梢水		感官性状指标、pH	每月2次	每月2次	每月2次	每月2次	每月2次
		微生物指标	每月2次	每月2次	每月2次	每月1次	每月1次
		消毒剂指标	每周1次	每周1次	每月2次	每月1次	每月1次

注：感官性状指标包括浑浊度、肉眼可见物、色度、臭和味。微生物指标包括菌落总数、总大肠菌群等。消毒剂指标根据不同的给水工程消毒方法，为相应消毒控制指标。特殊检验项目是指水源水中氟化物、砷、铁、锰、溶解性总固体、COD$_{Mn}$或硝酸盐等超标且有净化要求的项目。进行水样全分析时，检验项目宜包括现行国家标准《生活饮用水卫生标准》GB 5749 中规定的常规指标（放射性指标除外）以及当地存在水质风险的指标；其他检验项目可根据当地水质情况和需要，由当地主管部门确定。全分析每年2次时，应为丰水期、枯水期各1次，全分析每年1次时，应在枯水期或按有关规定进行。水质变化较大时，应根据需要适当增加检验项目和检验频率。

3. 定期开展乡村生活给水处理系统安全评价

按照现行团体标准《农村饮水安全评价准则》T/CHES 18 的有关规定，对乡村生活给水处理系统进行安全评价。评价标准和方法参见表 3-17，评价周期宜为每年 1 次。

各级政府、各供水管理部门应综合采取改造、配套、升级、联网等方式，不断提高乡村生活给水处理系统的安全可靠性。

乡村生活给水处理系统安全评价标准和方法　　　　表 3-17

评价指标	评价标准和方法	
	达标	基本达标
水量	对年均降水量不低于 800mm 且年人均水资源量不低于 1000m³ 的地区，水量不低于 60L/(人·d)；对年均降水量不足 800mm 或年人均水资源量不足 1000m³ 的地区，水量不低于 40L/(人·d)	对于年均降水量不低于 800mm 或年人均水资源量不低于 1000m³ 的地区，水量不低于 35L/(人·d)；对于年均降水量不足 800mm 或年人均水资源量不足 1000m³ 的地区，水量不低于 20L/(人·d)
水质	"千吨万人"给水处理系统的用水户，水质符合现行国家标准《生活饮用水卫生标准》GB 5749 的规定；"千吨万人"以下集中式给水处理系统及分散式给水处理系统的用水户，水质符合现行国家标准《生活饮用水卫生标准》GB 5749 中乡村供水水质宽限规定	对于当地人群肠道传染病发病趋势保持平稳、没有突发的地区，在不评价菌落总数和消毒剂指标的情况下，"千吨万人"给水处理系统的用水户，水质符合现行国家标准《生活饮用水卫生标准》GB 5749 的规定；"千吨万人"以下集中式给水处理系统的用水户，水质符合现行国家标准《生活饮用水卫生标准》GB 5749 中乡村供水水质宽限规定；分散式给水处理系统的用水户，饮用水中无肉眼可见杂质、无异色异味、用户长期饮用无不良反应
用水方便程度	给水入户（含小区或院子）或具备入户条件；人力取水往返时间不超过 10min，或取水水平距离不超过 400m、垂直距离不超过 40m	人力取水往返时间不超过 20min，或取水水平距离不超过 800m、垂直距离不超过 80m,；牧区，可用简易交通工具取水往返时间进行评价
供水保证率	≥95％	≥90％，且＜95％

注：4 项指标全部达标才能评价为安全；4 项指标中全部基本达标或基本达标以上才能评价为基本安全。只要有 1 项未达标或未基本达标，就不能评价为安全或基本安全。

4. 建立生活给水处理系统安全运行巡检制度

供水规模 1000m³/d 及以上的乡村生活给水处理系统应制定给水应急预案。

生活给水处理系统的消毒和检测工作涉及易燃、易爆、有毒等国家严格监管的危险化学品，是安全生产的重点防护单位，应接受政府安全生产部门的监管，建立健全安全生产管理制度，并符合现行行业标准《城镇供水厂运行、维护及安全技术规程》CJJ 58 的有关规定。

生活给水处理系统应建立健全档案管理制度，将工程规划、实施方案、施工验收、水质检测等技术报告，工商注册、经营许可、上级批复等相关文件，运行维护记录，各项管理规章制度等及时归档。

为保证生活给水处理系统的安全稳定运行，应定期对生活给水处理系统进行巡检，相关结果记录在案，以备查验。巡检记录可参见表 3-18。

乡村给水处理系统安全运行巡检记录 表 3-18

序号	项目名称：		时间：　年　月　日
			记录员：
	主要内容	巡检情况	问题备注
一	运行管理		
1	运行管理制度和操作规程落实情况	□是　□否	
2	安全生产责任制落实情况	□是　□否	
3	生产记录、水质检测记录齐全情况	□是　□否	
4	日常安全培训及安全学习计划执行	□按计划执行　□未执行	
二	混凝剂加药系统运行管理		
1	混凝剂进出及投加是否合乎要求	□是　□否	
2	混凝剂存储是否合乎规范	□是　□否	
3	混凝剂投加计量泵运行是否正常	□是　□否	
4	混凝剂投加计量泵定期检查保养执行情况	□执行　□未执行	
三	加氯系统运行管理		
1	氯消毒剂进出验收及投加是否规范	□是　□否	
2	氯消毒剂存储是否合规	□是　□否	
3	氯消毒剂投加计量泵运行是否正常	□是　□否	
4	氯消毒剂投加计量泵定期检查保养执行情况	□执行　□未执行	
四	水泵设施运行管理		
1	水泵有无振动和异响，操作按钮是否灵敏可靠	□是　□否	
2	水泵是否有漏水、温度是否符合规定（70℃）、运行电压电流是否正常	□是　□否	
3	水泵各工作部件螺栓是否紧固、是否有磨损	□是　□否/□有　□无	
4	水泵是否按规定常规保养、机油润滑油等是否按规定更换	□是　□否	
五	配电系统运行管理		
1	配电柜外观完好、无渗漏，空开、交流接触器、继电器、变频器等组成器件是否正常	□是　□否	
2	指示灯、仪表显示是否正确、灵敏可靠，操作按钮是否灵敏	□是　□否	
3	线缆接头是否松动、脱落或打火现象	□是　□否	
4	安全接地是否完好，安全警示牌是否完好	□是　□否	
六	水质安全管理		
1	出厂水质、余氯是否符合要求	□是　□否	
2	混凝剂、消毒剂投加是否合理	□是　□否	
3	特殊水处理的控制性指标是否符合规范要求	□是　□否	
4	是否按要求对水质进行日检、月检、季检	□是　□否	
5	给水应急保障预案是否完善	□是　□否	

第4章　乡村建设给水系统产品标准实施应用

乡村给水系统的供水设备、管材、附件及仪表的选择，应根据不同地区的气候条件、用水习惯、经济水平，结合当地的水源情况及供水能力，合理选用。有条件的地区，宜对供水及消毒设备的运行、供水设备出口的水质进行远程监控。

4.1　相关标准

给水系统采用的管道、附件、仪表、供水设备等产品，其生产应符合相关产品标准的要求，设计、施工及验收应遵守相关技术标准的规定。国家现行相关产品标准及工程技术标准如下：

GB/T 1226—2017	一般压力表
GB 5749—2006	生活饮用水卫生标准
GB/T 10002.1—2006	给水用硬聚氯乙烯（PVC-U）管材
GB/T 12233—2006	通用阀门　铁制截止阀与升降式止回阀
GB/T 12243—2005	弹簧直接载荷式安全阀
GB/T 13295—2019	水及燃气用球墨铸铁管、管件和附件
GB/T 13663.1—2017	给水用聚乙烯（PE）管道系统　第1部分：总则
GB/T 13663.2—2018	给水用聚乙烯（PE）管道系统　第2部分：管材
GB/T 13663.3—2018	给水用聚乙烯（PE）管道系统　第3部分：管件
GB/T 13663.5—2018	给水用聚乙烯（PE）管道系统　第5部分：系统适用性
GB/T 13932—2016	铁制旋启式止回阀
GB/T 14382—2008	管道用三通过滤器
GB/T 17219—1998	生活饮用水输配水设备及防护材料的安全性评价标准
GB/T 18742.1—2017	冷热水用聚丙烯管道系统　第1部分：总则
GB/T 18742.2—2017	冷热水用聚丙烯管道系统　第2部分：管材
GB/T 18742.3—2017	冷热水用聚丙烯管道系统　第3部分：管件
GB/T 18993.1—2003	冷热水用氯化聚氯乙烯（PVC-C）管道系统　第1部分：总则
GB/T 18993.2—2003	冷热水用氯化聚氯乙烯（PVC-C）管道系统　第2部分：管材
GB/T 18993.3—2003	冷热水用氯化聚氯乙烯（PVC-C）管道系统　第3部分：管件
GB/T 19837—2019	城镇给排水紫外线消毒设备
GB/T 25178—2010	减压型倒流防止器
GB/T 28897—2012	钢塑复合管
GB 50015—2019	建筑给水排水设计标准
GB 50231—2009	机械设备安装工程施工及验收通用规范

GB 50242—2002	建筑给水排水及采暖工程施工质量验收规范
GB 50268—2008	给水排水管道工程施工及验收规范
GB 50300—2013	建筑工程施工质量验收统一标准
GB 50788—2012	城镇给水排水技术规范
CJ/T 108—2015	铝塑复合压力管（搭接焊）
CJ/T 120—2016	给水涂塑复合钢管
CJ/T 123—2016	给水用钢骨架聚乙烯塑料复合管
CJ/T 124—2016	给水用钢骨架聚乙烯塑料复合管件
CJ/T 133—2012	IC 卡冷水水表
CJ/T 151—2016	薄壁不锈钢管
CJ/T 154—2001	给排水用缓闭止回阀通用技术要求
CJ/T 159—2015	铝塑复合压力管（对接焊）
CJ/T 167—2016	多功能水泵控制阀
CJ/T 189—2007	钢丝网骨架塑料（聚乙烯）复合管材及管件
CJ/T 216—2013	给水排水用软密封闸阀
CJ/T 217—2013	给水管道复合式高速进排气阀
CJ/T 219—2017	水力控制阀
CJ/T 241—2007	饮用净水水表
CJ/T 255—2007	导流式速闭止回阀
CJ/T 256—2016	分体先导式减压稳压阀
CJ/T 261—2015	给水排水用蝶阀
CJ/T 262—2016	给水排水用直埋式闸阀
CJ/T 272—2008	给水用抗冲改性聚氯乙烯（PVC-M）管材及管件
CJ/T 282—2016	蝶形缓闭止回阀
CJ/T 283—2017	偏心半球阀
CJ/T 300—2013	建筑给水水锤吸纳器
CJ/T 324—2010	真空破坏器
CJ/T 344—2010	中间腔空气隔断型倒流防止器
CJ/T 352—2010	微机控制变频调速给水设备
CJ/T 373—2011	活塞平衡式水泵控制阀
CJ/T 382—2011	不锈钢卡装蝶阀
CJ/T 383—2011	电子直读式水表
CJ/T 404—2012	防气蚀大压差可调减压阀
CJ/T 454—2014	城镇供水水量计量仪表的配备和管理通则
CJ/T 468—2014	矢量变频供水设备
CJ/T 471—2015	法兰衬里中线蝶阀
CJ/T 481—2016	城镇给水用铁制阀门通用技术要求
CJ/T 3063—1997	给排水用超声流量计（传播速度差法）
CJJ/T 98—2014	建筑给水塑料管道工程技术规程

CJJ 101—2016	埋地塑料给水管道工程技术规程
CJJ 123—2008	镇（乡）村给水工程技术规程
CJJ 140—2010	二次供水工程技术规程
CJJ/T 154—2011	建筑给水金属管道工程技术规程
CJJ/T 155—2011	建筑给水复合管道工程技术规程
CJJ/T 246—2016	镇（乡）村给水工程规划规范

4.2　给水系统

4.2.1　给水系统水质标准

乡村给水工程应执行现行行业标准《镇（乡）村给水工程规划规范》CJJ/T 246 的规定。生活给水系统的水质应符合现行国家标准《生活饮用水卫生标准》GB 5749 的要求；系统设计应符合国家现行标准《城镇给水排水技术规范》GB 50788、《镇（乡）村给水工程技术规程》CJJ 123、《二次供水工程技术规程》CJJ 140 等的规定。

4.2.2　给水方式

乡村给水水源一般为自备井或河、湖等地表水，采用加压给水的方式供水。

加压方式的选择是指选用何种给水设备以及以何种组成形式来满足用户水量、水压要求。选用何种给水加压方式对整个给水系统的初始投资、运行维护和管理费用以及系统可靠性都有重大的影响。乡村给水加压方式常用下列两种形式。

1. 高位贮水给水方式

高位贮水供水方式，又称重力供水方式，是一种最传统的给水方式之一，主要由低位清水池（或水井）、水泵（工频）、高位贮水设施（高位水箱、高位水池或水塔）及给水管路等设备组成。高位贮水设施重力供水，如图 4-1 所示，在用水低峰期，启动水泵将高位贮水设施蓄满水，供给用户使用。水泵工作时候，始终处于额定流量、额定扬程的条件下高效运行，水泵效率高。该方式给水压力稳定，但投资较大，占地面积也较大，同时，该方式存在着一定的二次污染风险。

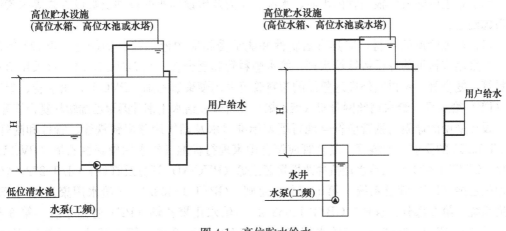

图 4-1　高位贮水给水

2. 变频调速给水方式

变频调速给水如图 4-2 所示，主要由低位贮水池（或水井）、变频水泵及供水管路组成。变频调速给水方式的原理是根据系统流量的变化通过设在控制点的压力传感器测出的压力与设定值相比较，控制器控制变频器，改变水泵转速，调节系统流量满足用户水量需求，进而使泵的实际流量、扬程能够在高效区范围内，实现降低能耗的目的。与高位贮水设施给水方式相比，这种给水方式通过水泵加压给水直接送至用水终端，免去高位贮水设施，节省了空间。变频调速给水已广泛应用于城市、乡村二次加压水泵控制，设备故障率低，实现了恒压自动控制，不需要工作人员的频繁操作，节省人力。但这种给水方式，有"停电即停水"的问题，且该设备购置费用价格高，发生故障需专门人员维修。

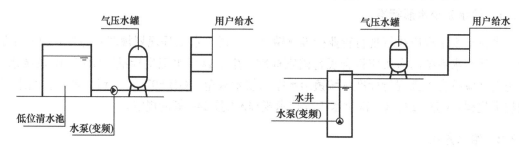

图 4-2　变频给水设备给水

4.3　给水系统管材、附件及仪表

给水系统采用的管道、附件、仪表等产品应符合其产品标准及现行国家标准《生活饮用水输配水设备及防护材料的安全性评价标准》GB/T 17219 的要求，管道、管件、阀门及附件等的工作压力不得大于产品标准公称压力或标称的允许工作压力。管材应选用节能、节水型产品。其设计、施工及验收应遵守国家现行相关规范或规程的规定。

4.3.1　设计

1. 管材

给水管道的管材应根据管内水质、水温、压力及敷设场所的条件及敷设方式等因素综合考虑确定：

（1）埋地管道的管材，应具有耐腐性并能承受相应的地面荷载的能力。当 $DN > 75$ 时，可采用有衬里的球墨铸铁给水管、给水塑料管和复合管；当 $DN \leqslant 75$ 时，可采用给水塑料管、复合管。乡村室外埋地敷设的塑料管可采用硬聚氯乙烯（PVC-U）给水管、聚乙烯（PE）给水管、给水钢丝网骨架（聚乙烯）复合管或给水用钢骨架聚乙烯塑料复合管等。

设计采用的球墨铸铁管应符合现行国家标准《水及燃气用球墨铸铁管、管件和附件》GB/T 13295 的要求。塑料管、复合管应符合国家现行标准《给水用硬聚氯乙烯（PVC-U）管材》GB/T 10002.1、《给水用抗冲改性聚氯乙烯（PVC-M）管材及管件》CJ/T 272、《给水用聚乙烯（PE）管道系统　第 1 部分：总则》GB/T 13663.1、《给水用聚乙烯（PE）管道系统　第 2 部分：管材》GB/T 13663.2、《给水用聚乙烯（PE）管道系统　第 3 部分：管件》GB/T 13663.3、《给水用聚乙烯（PE）管道系统　第 5 部分：系统适用性》

GB/T 13663.5、《钢丝网骨架塑料（聚乙烯）复合管材及管件》CJ/T 189、《给水用钢骨架聚乙烯塑料复合管》CJ/T 123、《给水用钢骨架聚乙烯塑料复合管件》CJ/T 124 等的有关规定。室外明敷管道一般不宜采用铝塑复合管、给水塑料管。

1）金属输配水管

乡村给水系统的输配水管可采用给水铸铁管。给水铸铁管按制造材质不同可分为灰口铸铁给水管和球墨铸铁给水管两种，但两者比较起来，球墨铸铁给水管具有强度高、韧性大、密闭性能佳、抗腐蚀能力强、安装施工方便等优点，球墨铸铁给水管已经成为灰口铸铁给水管的替代产品；球墨铸铁给水管可采用承插口连接、法兰连接、自锚连接等多种连接方式。

球墨铸铁给水管的特点：施工安装方便、接口水密性好，有适应地基变形的能力，抗震效果好；机械性能有很大提高，强度是连续铸铁管的多倍，抗腐蚀性能远高于钢管，价格高于连续铸铁管但低于钢管，重量比连续铸铁管轻。

2）塑料输配水管

塑料输配水管常用的有硬聚氯乙烯（PVC-U）管、聚乙烯（PE）管。

硬聚氯乙烯（PVC-U）塑料管属于热塑性塑料管，是通过聚氯乙烯树脂加工而得到的一种耐热性好的塑料管，化学性能稳定，连接方式采用胶粘剂粘结或承插式密封圈连接。

硬聚氯乙烯（PVC-U）塑料管的特点：耐腐蚀性能好，水力性能好，管道内壁光滑，阻力系数小，不易积垢，相对于金属管材，密度小、材质轻，施工安装方便，维护容易；管材不导热，不导电，阻燃；该管材积累了较多的使用经验，技术也比较成熟。

聚乙烯（PE）管属于热塑性塑料管，聚乙烯原材料有 PE80 级、PE100 级，分为高密度 HDPE 型管和中密度 MDPE 型管，高密度 HDPE 型管要比中密度 MDPE 型管刚性增强、拉伸强度提高、剥离强度提高、软化温度提高，但脆性增加、柔韧性下降、抗应力开裂性下降。由于高密度 HDPE 型管应用较多，通常用高密度 HDPE 型管代表 PE 管，连接方式主要有热熔对接连接、电熔连接、承插式密封圈连接。

聚乙烯（PE）管的特点：卫生条件好，PE 管无毒，不含重金属添加剂，不结垢，不滋生细菌；柔韧性好，抗冲击强度高，耐强震、扭曲；独特的电熔焊接和热熔对接技术使接口强度高于管材本体，保证了接口的安全可靠。

3）复合管材输配水管

复合管材输配水管常用钢丝网骨架聚乙烯塑料复合管。钢丝网骨架塑料复合管是经改良过的新型钢骨架塑料复合管，是采用高强度过塑钢丝网骨架和热塑性塑料聚乙烯为原材料，钢丝缠绕网作为聚乙烯塑料管的骨架增强体，以高密度聚乙烯（HDPE）为基体，采用高性能的 HDPE 改性粘结树脂将钢丝骨架与内、外层高密度聚乙烯紧密地连接在一起，使之同时具有塑料管和钢管的优点，连接方式主要有电熔连接和法兰连接。

钢丝网骨架聚乙烯塑料复合管的特点：克服了塑料管的快速应力开裂现象，强度、刚性、抗冲击性均超过普通塑料管；双面防腐，具有与塑料管相同的防腐性能，且使用温度和耐腐蚀性能高，导热系数低；内壁光滑，不结垢，管道水头损失比钢管低 30%；重量轻，安装方便，管道连接采用电热熔接头，抗轴向拉伸能力强，连接技术成熟可靠，管件品种规格开发齐全。

常用的室外埋地塑料给水管管材特点见表 4-1。

室外埋地塑料给水管材性能特点　　　　　　表 4-1

管材类型	管材特点	公称压力 PN（MPa）	接口形式		管径范围
			基本连接	过渡连接	
硬聚氯乙烯（PVC U）管材	硬度较高耐腐蚀	0.63～2.50	粘结连接、承插式密封连接	法兰连接 螺纹连接	DN20～DN315
抗冲改性聚氯乙烯（PVC-M）管材	比 PVC-U 增加了韧性和承压能力	0.63～2.00	粘结连接、承插式密封连接	法兰连接 螺纹连接	DN20～DN315
氯化聚氯乙烯（PVC-C）管材	比 PVC-U 增强了耐压耐热能力	1.25～2.50	粘结连接	法兰连接 螺纹连接	DN20～DN160
聚乙烯（PE）管材	柔韧性好，抗冲击强度高	0.40～1.60	热熔对接连接电熔连接承插式密封连接	法兰连接 钢塑转换接头连接	DN20～DN315
钢丝网骨架塑料（聚乙烯）复合管材	在 PE 管基础上增强了刚性和承压能力	0.80～3.50	电熔连接	法兰连接	DN50～DN315

合理选择输配水管材是乡村给水工程建设施工顺利进行，并能取得良好工程效益的前提和关键，因此，乡村给水工程建设单位应对市场各种给水管道产品的特性进行全面的掌握，并结合工程施工环境等实际情况进行选择，避免因材料选用不合适而增加工程成本，造成乡村给水系统功能性发挥的缺失。常用的管材中，球墨铸铁管的力学性能较好，具有较高的抗拉强度，使用起来比较安全，更加适用于压力较高的给水系统。球墨铸铁管的抗震性能较好，能吸收因地基沉降而产生的应力，避免管线破裂。球墨铸铁管的生产工艺相对比较简单、成熟，具有比较齐全的生产规范标准，原材料比较容易控制，并且不同厂家的管材质量相差也不多。硬聚氯乙烯、聚乙烯等塑料管材由于是挤压成型，生产工艺较容易控制，这种管材的质量控制主要是原材料的控制，要选择高强度的混配料，才能制造出性能优异、质量稳定的聚氯乙烯、聚乙烯管。另外，在防腐方面，球墨铸铁管的防腐蚀处理相对比较容易，耐腐蚀性比钢管好。硬聚氯乙烯、聚乙烯、钢丝网骨架聚乙烯塑料复合管等塑料管道有优良的耐腐蚀性能。

（2）室内给水管应选用耐腐蚀和安装连接方便可靠的管材。明敷或嵌墙敷设一般可采用塑料给水管、钢塑复合管、给水薄壁不锈钢管。敷设在地面找平层内宜采用建筑给水硬聚氯乙烯管、建筑给水聚丙烯管、建筑给水聚乙烯管、建筑给水氯化聚氯乙烯管，铝塑复合管、耐腐蚀的其他金属管材，管道直径不得大于 DN20～DN25，但不能留有活动接口在地面内，还应考虑管道膨胀的余量；当采用薄壁不锈钢管时应有防止管材与水泥直接接触的措施，如采用外壁覆塑薄壁不锈钢或在外壁缠绕防腐胶带，管道的直径均不得大于 DN25。给水泵房内及输水干管宜采用法兰连接的建筑给水钢塑复合管和给水钢塑复合压力管。

室内给水采用的管材应符合国家现行标准《给水用硬聚氯乙烯（PVC-U）管材》GB/T 10002.1、《冷热水用聚丙烯管道系统 第 1 部分：总则》GB/T 18742.1、《冷热水用聚丙烯管道系统 第 2 部分：管材》GB/T 18742.2、《冷热水用聚丙烯管道系统 第 3 部分：管件》GB/T 18742.3、《给水用聚乙烯（PE）管道系统 第 1 部分：总则》GB/T 13663.1、《给水用聚乙烯（PE）管道系统 第 2 部分：管材》GB/T 13663.2、《给水用聚乙烯（PE）管道系统 第 3 部分：管件》GB/T 13663.3、《给水用聚乙烯（PE）管道系统 第 5 部分：系统适用性》GB/T 13663.5、《冷热水用氯化聚氯乙烯（PVC-C）管道系

统　第 1 部分：总则》GB/T 18993.1、《冷热水用氯化聚氯乙烯（PVC-C）管道　第 2 部分：管材》GB/T 18993.2、《冷热水用氯化聚氯乙烯（PVC-C）管道系统　第 3 部分：管件》GB/T 18993.3、《钢塑复合管》GB/T 28897、《给水涂塑复合钢管》CJ/T 120、《薄壁不锈钢管》CJ/T 151、《铝塑复合压力管（搭接焊）》CJ/T 108、《铝塑复合压力管（对接焊）》CJ/T 159 等有关规定。常用的室内给水管道选用见表 4-2。

室内给水管道选用　　　　　　　　　　　　　　表 4-2

管道名称		适用范围	主要连接方式	管道敷设方式及场所
硬聚氯乙烯给水管（PVC-U）		1. 管径 20≤DN≤160 2. 输送水温度：≤40℃； 3. 系统工作压力：≤1.0MPa	1. 基本连接：承插粘结连接； 2. 过渡连接：丝扣连接、法兰连接	宜暗装于管井、管廊、吊顶内；支管宜暗敷楼（地）面垫层内、建筑装饰夹层、沿墙开槽的管槽内，不宜露天安装
冷热水用聚丙烯给水管（PP-R）		1. 管径 20≤DN≤160 2. 输送水温度：给水温度不大于40℃的冷水管道系统，以及给水温度不大于70℃的热水管道系统。 3. 系统工作压力：≤1.0MPa	1. 基本连接：热熔承插连接； 2. 过渡连接：丝扣连接、法兰连接	
聚乙烯给水管（PE）		1. 管径 20≤DN≤160 2. 输送水温度：≤40℃； 3. 系统工作压力：≤1.0MPa	1. 基本连接：热熔承插连接、热熔对接、电熔管件连接； 2. 过渡连接：丝扣连接、法兰连接	
氯化聚氯乙烯给水管（PVC-C）		1. 管径 20≤DN≤160 2. 输送水温度：给水温度不大于40℃的冷水管道系统，以及给水温度不大于70℃的热水管道系统。 3. 系统工作压力：≤1.0MPa	1. 基本连接：粘结连接； 2. 过渡连接：丝扣连接、法兰连接	
奥式体薄壁不锈钢管材	06Cr19Ni10（S30408）	冷水＜40℃，输送水中允许的氯化物含量≤200mg/L	1. 挤压式：卡压六角式、卡压梅花式、内插卡压式、双压单封式、双压双封式、环压式； 2. 螺纹式：卡凸式、凸环式、锁扩式、端面式、活接式； 3. 法兰式：卡凸式、凸环式、锁扩式、端面式、活套式、卡箍式； 4. 氩弧焊式：承插式、对焊式； 5. 沟槽式	1. 薄壁不锈钢管给水系统中管材、管件、附件、阀件与卫生器具给水配件和用水设备（如水加热器）的连接，应整体适用不锈钢或铜合金材质产品，可避免引发电化学腐蚀的隐患。 2. 管材与管件不得与水泥砂浆、混凝土直接接触，为防止卤化物对管道腐蚀，宜选用覆塑薄壁不锈钢管或在管外壁套塑料膜或缠绕防腐胶带保护
		热水≥40℃，输送水中允许的氯化物含量≤50mg/L		
	022Cr19Ni10（S30403）	冷水＜40℃，输送水中允许的氯化物含量≤200mg/L		
		热水≥40℃，输送水中允许的氯化物含量≤50mg/L		
	06Cr17Ni12Mo2（S31608）	冷水＜40℃，输送水中允许的氯化物含量≤1000mg/L		
		热水≥40℃，输送水中允许的氯化物含量≤250mg/L		
	022Cr17Ni12Mo2（S31603）	冷水＜40℃，输送水中允许的氯化物含量≤1000mg/L		
		热水≥40℃，输送水中允许的氯化物含量≤250mg/L		

续表

管道名称		适用范围	主要连接方式	管道敷设方式及场所
涂塑复合管	内衬聚乙烯（PE）	适用于冷水	1. 螺纹连接； 2. 沟槽式连接； 3. 法兰连接	1. 管道不得直接敷设在建筑物结构层内，支管应敷设在地板垫层或槽内，且外径不宜大于25mm。 2. 当埋地敷设时，应对管道采取防腐蚀措施，外涂（覆）塑复合管可直接埋地不做防腐蚀处理
	内衬环氧树脂（EP）	适用于冷水		
衬塑复合钢管	内衬硬聚氯乙烯（PVC-U）	适用于冷水		
	内衬聚乙烯（PE）	适用于冷水		
	内衬耐热聚乙烯（PE-RT）	适用于冷水、热水		
	内衬无规共聚聚乙烯（PP-R）	适用于冷水、热水		
	内衬交联聚乙烯（PE-X）	适用于冷水、热水		
	氯化聚氯乙烯（PVC-C）	适用于冷水、热水		
内衬不锈钢复合钢管	内衬不锈钢 S30408 S31608 S31603	输送水中允许的氯化物含量详见薄壁不锈钢适用范围	1. 螺纹连接； 2. 沟槽式连接； 3. 法兰连接； 4. 焊接	

（3）在环境温度大于60℃或热源辐射使管壁温度高于60℃的环境中，不得采用PVC-U管。

（4）室内给水管道采用塑料管材时，冷水管道长期工作温度不应大于40℃、最大工作压力不应大于1.00MPa；热水管道长期工作温度不应大于70℃、最大工作压力不应大于0.60MPa。管材的S系列选择，冷水系统按公称压力PN选用；热水系统按设计压力P_D选用，且应符合现行行业标准《建筑给水塑料管道工程技术规程》CJJ/T 98的有关规定。

（5）当采用其他管材时，按下列要求选用：

1）建筑给水钢塑复合管：当管道系统工作压力不大于1.0MPa时，宜采用涂塑焊接钢管、可锻铸铁衬塑管件；当大于1.0MPa但不大于1.6MPa时，宜选用衬塑无缝钢管、无缝钢管件或球墨铸铁涂（衬）塑管件；当大于1.6MPa但小于2.5MPa时，应采用衬塑的无缝钢管、无缝钢管件或球墨铸铁、铸钢涂（衬）塑管件；

2）给水钢塑复合压力管：普通系列管道承受最大设计压力标准值为1.25MPa；加强系列管道承受最大设计压力标准值，当公称外径$De \leqslant 50$时为2.5MPa；$63 \leqslant De \leqslant 315$时为2.0MPa；

3）不锈钢塑料复合管的公称压力不应大于1.6MPa；

4）内衬不锈钢复合钢管的公称压力不应大于2.0MPa；

5）建筑给水铝塑复合管用于系统工作压力不大于0.6MPa的场所；

6）建筑给水薄壁不锈钢管：公称压力不大于1.6MPa。埋地敷设宜采用06Cr17Ni12Mo2（管材牌号S31608），并应采取防腐措施。与其他材料的管材、管件、附件相连接时，应采取防止电化学腐蚀的措施。

（6）各种管道的使用条件、注意事项等详见国家现行相关标准，并按有关规定实施。

2. 阀门等附件

(1) 给水管道上使用的各类阀门的材质，应耐腐蚀和耐压。根据管径大小和所承受压力的等级及使用温度等要求确定，一般可采用全铜、全不锈钢、铁壳铜芯和全塑阀门等。不应使用镀铜的铁杆、铁芯阀门。

所采用的阀门应符合现行行业标准《城镇给水用铁制阀门通用技术要求》CJ/T 481、《给水排水用软密封闸阀》CJ/T 216、《给水排水用蝶阀》CJ/T 261、《给水排水用直埋式闸阀》CJ/T 262、《不锈钢卡装蝶阀》CJ/T 382、《偏心半球阀》CJ/T 283、《法兰衬里中线蝶阀》CJ/T 471、《多功能水泵控制阀》CJ/T 167、《水力控制阀》CJ/T 219、《活塞平衡式水泵控制阀》CJ/T 373 等的有关规定。

(2) 按使用要求选择不同类型的阀门（水嘴），一般按下列原则选择：

1）管径不大于 50mm 时，宜采用截止阀，管径大于 50mm 时宜采用闸阀、蝶阀；

2）需调节流量、水压时宜采用调节阀、截止阀；

3）要求水流阻力小的部位（如水泵吸水管上），宜采用闸板阀、球阀、半球阀；

4）水流需双向流动的管段上应采用闸阀，不得使用截止阀；

5）安装空间小的部位宜采用蝶阀、球阀；

6）在经常启闭的管段上，宜采用截止阀；

7）口径较大的水泵出水管上宜采用多功能水泵控制阀；

8）公共场所卫生间的洗手盆宜采用感应式水嘴或自闭式水嘴等限流节水装置；

9）蹲式大便器、小便器须采用空气隔断冲洗阀（采用水箱除外），宜采用非接触式冲洗阀，例如：感应式或液压脚踏式冲洗阀。

(3) 给水管道上的下列部位应设置阀门：

1）乡村给水管道从城镇给水管道引入的管段上；

2）乡村室外环状管网的节点处，应按分隔要求设置；环状管段过长时，宜设置分段阀门；

3）从乡村给水干管上接出的支管起端或接户管起端；

4）入户管、水表前和各分支立管（立管底部或垂直环形管网立管的上、下端部）；

5）环状管网的分干管、贯通枝状管网的连接管；

6）室内给水管道向住户、公用卫生间等接出的配水管起端；

7）水泵的出水管、自灌式水泵的吸水管；

8）水池（塔、箱）的进水管、出水管、泄水管；

9）设备（如加热器、冷却塔等）的进水补水管；

10）卫生器具（如大便器、小便器、洗脸盆、淋浴器等）的配水管起端；

11）某些附件，如自动排气阀、泄压阀、水锤消除器、压力表、洒水栓等前方，减压阀与倒流防止器的前后等，根据安装及使用要求设置；

12）给水管网的最低处宜设置泄水阀。

(4) 给水管道上的阀门设置应满足使用要求，并应设置在易操作和方便检修的场所。暗设管道的阀门处应留检修门，并保证检修方便和安全；墙槽内支管上的阀门一般不宜设在墙内。

(5) 室外给水管道上的阀门宜设在阀门井内或设置阀门套筒。

（6）泵房内的阀门设置应符合下列规定：

1）阀门的布置应满足使用要求，并方便操作、检修；

2）所选阀门、止回阀的公称压力要与水泵额定工作压力相匹配；

3）一般宜采用明杆闸阀或蝶阀，以便观察阀门开启程度，避免误操作而引发事故；

4）止回阀应采用密闭性能好，具有缓闭、消声功能的止回阀。

（7）止回阀

1）选用的止回阀应符合国家现行标准《给排水用缓闭止回阀通用技术要求》CJ/T 154、《蝶形缓闭止回阀》CJ/T 282、《通用阀门 铁制截止阀与升降式止回阀》GB/T 12233、《铁制旋启式止回阀》GB/T 13932、《导流式速闭止回阀》CJ/T 255等的有关规定。

2）阀型选择应按其安装部位、阀前水压、关闭后的密闭性能要求和关闭时引发的水锤大小等因素来确定，应符合下列规定：

① 阀前水压小时，宜选用旋启式、球式和梭式止回阀；

② 关闭后的密闭性能要求严密的部位，宜选用有关闭弹簧的止回阀；

③ 要求削弱关闭水锤的部位，宜选用速闭消声止回阀（一般用于小口径水泵）或有阻尼装置的缓闭止回阀（用于大口径水泵）。

3）给水管道的下列部位应设置止回阀：

① 直接从城镇给水管网接入乡村或建筑物的引入管；

② 密闭的水加热器或用水设备的进水管；

③ 水泵的出水管；当直接从管网上吸水时，若设有旁通管，该管上应设置；

④ 进、出水合用一条管道的水箱、水塔、高地水池的出水管段上（该止回阀应作隔振处理，且不宜选用振动大的旋启式或升降式止回阀）；

⑤ 管网有倒流可能时，水表后面与阀门之间的管道上；

⑥ 双管淋浴器的冷热水干管或支管上。

注：装有倒流防止器的管段，不需要再装止回阀。而止回阀不具备倒流防止器功能。不是防止倒流污染的有效装置。

4）给水管上的止回阀设置应符合下列规定：

① 管网最小压力或水箱最低水位时，应能自动开启；

② 止回阀的阀瓣或阀芯在重力或弹簧力作用下应能自行关闭；

③ 卧式升降式止回阀和阻尼缓闭止回阀及多功能阀只能安装在水平管上，立式升降式止回阀不能安装在水平管上；

④ 水流方向自上而下的立管上，不能安装止回阀。

（8）减压阀

1）给水管网的压力高于配水点允许的最高使用压力时，应设置减压阀。选用的减压阀应符合现行行业标准《防气蚀大压差可调减压阀》CJ/T 404、《分体先导式减压稳压阀》CJ/T 256等的有关规定。

2）减压阀的配置应符合下列规定：

① 用于给水分区的减压阀应采用既减动压又减静压的减压阀。

② 阀后压力允许波动时，宜采用比例式减压阀；阀后压力要求稳定时，宜采用可调

式减压阀；生活给水系统宜采用可调式减压阀。

③ 减压阀前的水压宜保持稳定，阀前的管道不宜兼作配水管（即该管道上不宜再接出支管供配水点用水）。

④ 选用减压阀时必须选取在气蚀区以外，避免减压阀出现气蚀现象。比例式减压阀的减压比不宜大于 3∶1，可调式减压阀的阀前与阀后的最大压差不应大于 0.4MPa，要求环境安静的场所不应大于 0.3MPa；阀前最低压力应大于阀后动压力 0.2MPa。可调式减压阀，当公称直径小于等于 50mm 时，宜采用直接式；公称直径大于 50mm 时，宜采用先导式。

⑤ 减压阀应根据阀前压力及阀后所需压力和管道所需输送的流量按照制造厂家提供的特性曲线选定阀门直径。比例式减压阀，应按设计秒流量在减压阀流量-压力特性曲线的有效段内选用。减压阀的公称直径宜与管道管径相同。减压阀出口端连接的管道，其管径不应缩小，且管道直线长度应不小于 5 倍公称直径。在设计图纸上应标明减压阀的规格、型号和减压比（或阀前、阀后的压力）。

⑥ 用于给水分区的减压阀组或供水保证率要求高、停水会引起重大经济损失的给水管道上设置减压阀时，宜由 2 个减压阀并联安装组成，2 个减压阀交替使用，互为备用，但不得设置旁通管。为在减压阀失效后能及时切换备用阀组和检修，阀组宜设置报警装置。当阀后用水点对压力要求严格或者阀后管路流量波动很大，需大小并联以减少噪声时，也可采用并联方式。

⑦ 减压阀后配水件处的最大压力应按减压阀失效的工况进行校核，其压力不应大于配水件的产品标准规定的水压试验压力，否则应调整减压分区或采用减压阀串联使用（当减压阀串联使用时，按其中一个失效情况下计算阀后最高压力；配水件的试验压力，一般按其工作压力 1.5 倍计）。

⑧ 当单组减压阀不能达到减压要求或会造成减压阀出现气蚀现象时，应采用串联方式。2 个减压阀串联时，中间应设长度为 3 倍公称直径的短管；当不同类型的减压阀串联时，比例式减压阀在前，可调式减压阀在后。比例式减压阀串联一般不宜多于 2 级。

3）减压阀的安装应符合下列规定：

① 减压阀组应设置在不结冻场所，否则应采取保温措施。减压阀的公称直径应与管道管径一致。

② 减压阀应设置在单向流动的管道上，安装时注意减压阀水流方向，不得装反。

③ 减压阀前应设阀门和过滤器（过滤器宜采用 20 目～60 目格网。网孔口水流总面积应为管道断面积 1.5 倍～2 倍）。检修时，阀后水会倒流的，其阀后应设阀门。

④ 减压阀前后应装压力表；用于给水分区的减压阀后压力表可为电接点压力表，并配报警装置。

⑤ 可调式减压阀宜水平安装。比例式减压阀宜垂直安装，水平安装时其阀体上的呼吸孔朝下或朝向侧面，不允许朝上，垂直安装时孔口应置于易观察、检查之方向。

⑥ 设置减压阀的部位，应便于管道过滤器的排污和减压阀的检修，地面宜有排水设施。

⑦ 减压阀的管段不应有气堵、气阻等现象。

⑧ 需拆卸阀体才能检修的减压阀阀后应设管道伸缩器，一般可用可曲挠橡胶接头。

（9）给水加压系统，应根据水泵扬程、管道走向、环境噪声要求等因素，设置水锤消除装置。水锤消除装置应符合现行行业标准《建筑给水水锤吸纳器》CJ/T 300 等的规定。

（10）安全阀

1）选用的安全阀应符合现行国家标准《弹簧直接载荷式安全阀》GB/T 12243 等的有关规定。

2）安全阀用于有压容器的保护，阀前不得设置阀门，泄压口应连接管道，将泄压水（汽）引至安全地点排放。

3）安装形式，应根据介质性质、工作温度、工作压力和承压设备、容器的特点选定。一般情况下，在热水和开水供应系统中，宜选用微启式弹簧安全阀；对工作压力小于 1.0×10^2 kPa 的锅炉和密闭式水加热器，宜安装安全水封和静重式安全阀。

4）安全阀选用的注意事项：

① 各种安全阀的进口与出口公称通径均相同；

② 法兰连接的单弹簧或单杠杆安全阀阀座的内径，一般较其公称直径小一号；

③ 设计中应注明使用压力范围；

④ 安全阀通入室外的排气管直径不应小于安全阀的内径，且不得小于 40mm；

⑤ 系统工作压力为 P 时，安全阀的开启压力应为 $P+30$kPa。

（11）泄压阀

1）当采用额定转速水泵直接供水（尤其是串联供水时），若给水管网存在短时超压工况且短时超压会引起不安全时，应设置泄压阀。选用的泄压阀应符合现行行业标准《水力控制阀》CJ/T 219 中泄压阀的有关规定。

2）泄压阀的设置应符合下列规定：

① 泄压阀用于管网泄压，阀前应设置阀门；

② 泄压阀的泄水口应连接管道，泄压水宜排入非生活用水池（可排入集水井或排水沟），当直接排放时，应有消能措施。

（12）倒流防止器

1）倒流防止器是一种采用止回部件组成的可防止给水管道水流倒流的装置。它是严格限定管道中压力水只能单向流动的水力控制组合装置。选用的倒流防止器应符合国家现行标准《减压型倒流防止器》GB/T 25178、《中间腔空气隔断型倒流防止器》CJ/T 344 等的有关规定。

2）倒流防止器的安装应符合下列规定：

① 安装地点环境清洁，不应装在有腐蚀性和污染的环境，安装处应设排水设施；

② 必须水平安装，排水口不得直接接至排水管道，应采用间接排水（一般自动泄水阀的排水应通过漏水斗排到地面排水沟，并不得与排水沟直接连接）；

③ 应安装在便于维护的地方（有足够的维护空间），不得安装在可能结冻或被水淹没的场所，一般宜高出地面 300mm；

④ 倒流防止器前应设检修阀门、过滤器及可曲挠橡胶接头，其后也应设检修阀门。

（13）真空破坏器

1）真空破坏器是一种可导入大气压消除给水管道内水流因虹吸而倒流的装置。选用的真空破坏器应符合现行行业标准《真空破坏器》CJ/T 324 等的有关规定。

2）真空破坏器的安装应符合下列规定：

① 不应装在有腐蚀性和污染的环境；

② 应直接安装于配水支管的最高点，其位置高出最高回水点或最高溢流水位的垂直高度：压力型不得小于 300mm，大气型不得小于 150mm。

（14）管道过滤器

1）给水管网的下列部位应设置管道过滤器，并符合下列规定：

① 减压阀、泄压阀、自动水位控制阀、温度调节阀等阀件前应设置过滤器；

② 水加热器的进水管、换热装置的循环冷却水进水管宜设置过滤器；

③ 水泵吸水管宜设置过滤器，进水总表前应设置过滤器；

④ 过滤器的滤网应采用耐腐蚀材料，滤网网孔尺寸应按使用要求确定；

⑤ 除确实需要外，给水管道系统一般不应串联重复使用管道过滤器。

2）给水系统通常采用 Y 形过滤器，产品应符合现行国家标准《管道用三通过滤器》GB/T 14382 等的有关规定。

（15）自动排气阀

1）给水系统安装的自动排气阀应符合现行行业标准《给水管道复合式高速进排气阀》CJ/T 217 等的有关规定。

2）给水管道的下列部位应设置排气装置：

① 间歇使用的给水管网，其管网末端和最高点应设置自动排气阀；

② 给水管网有明显起伏、积聚空气的管段，宜在该段的峰点设自动排气阀或手动阀门排气；

③ 气压给水装置，当采用自动补气式气压水罐时，其配水管网的最高点应设自动排气阀；

④ 安装减压阀的管道系统，减压阀出口端管道以上升坡度敷设时，在其最高点应设置自动排气阀；设有减压阀的给水系统的立管顶端应设置自动排气阀。

（16）水泵的出水管、压力容器及减压阀的前后应设压力表；压力表的选型应根据其服务对象与范围确定，产品应符合现行国家标准《一般压力表》GB/T 1226 等的有关规定。

3. 仪表

（1）水表

1）给水系统水量的计量可采用指针式、数字式、IC 卡式等水表，所采用的水表应符合其相应的现行行业标准《饮用净水水表》CJ/T 241、《电子直读式水表》CJ/T 383、《IC 卡冷水水表》CJ/T 133、《城镇供水水量计量仪表的配备和管理通则》CJ/T 454 等的有关规定。

2）给水系统下列管段应装设水表：

① 乡村的引入管；

② 住宅的进户管；

③ 不同用户的进入管；

④ 浇洒道路和绿化用水的配水管；

⑤ 必须计量的用水设备（如锅炉、水加热器、冷却塔、游泳池、喷水池及中水系统

等）的进水管或补水管；

⑥ 收费标准不同的应分设水表。

3）水表的选型，应符合下列规定：

① 接管公称直径不超过 50mm 时，应采用旋翼式水表；

② 通过水表的流量变化幅度很大时，应采用复式水表；

③ 宜采用干式水表。

4）水表直径的确定，应符合下列规定：

① 用水量不均匀的生活给水系统，如乡村住户等可按设计秒流量不超过但接近水表的过载流量来确定水表的公称直径；

② 乡村引入管水表可按引入管的设计流量不超过但接近水表常用流量确定水表的公称直径；

③ 消防时，除生活用水量外尚需通过消防流量的水表，应以生活用水的设计流量叠加消防流量（一次火灾的最大消防流量）进行校核，校核流量不应大于水表的过载流量；

④ 新建乡村住户的分户水表，其公称直径一般宜采用 20mm；当一户有多个卫生间时，应按计算的秒流量选择；

⑤ 水表直径的确定还应符合当地有关部门的规定。

5）水表安装应符合下列规定：

① 旋翼式水表和垂直螺翼式水表应水平安装；水平螺翼式和容积式水表可根据实际情况确定水平、倾斜或垂直安装；当垂直安装时水流方向必须自下而上；

② 水表前后直线管段的最小长度，应符合水表产品样本的规定；一般可按下列要求确定：

a. 螺翼式水表的前端应有 8 倍～10 倍水表公称直径的直管段；

b. 其他类型水表前后，宜有不小于 300mm 的直管段。

6）装设水表的地点应符合下列规定：

① 便于读数和检修；

② 不被暴晒、不致冻结、不被任何液体及杂质所淹没和不易受碰撞的地方；

③ 室外水表应设在水表井内；

④ 乡村的分户水表宜设置在户外，并相对集中（设在户内的水表，宜采用远传水表或 IC 卡水表等智能化水表）。

7）引入管的水表前后均应设检修闸阀，水表与表后阀门之间应设泄水装置。

8）当水流可能发生反转影响计量和损坏水表时，应在水表后设止回阀。

9）当无法采用水表但又必须对用水进行计量时，应采取其他流量测量仪表，各种有累计水量功能的流量计均可替代水表。

（2）流量仪表

1）流量仪表的选择应考虑其技术指标、工作性能、使用条件和适应范围等，使其满足测量要求。选用的产品应符合相应的现行行业标准《给排水用超声流量计（传播速度差法）》CJ/T 3063、《超声多普勒流量计》CJ/T 122 等的规定。

2）根据计量介质的流量和压力，选择合适的量程和公称压力，使测量精度在规定范围内，具体详见表 4-3。

常用流量仪表的适用范围　　　　　表 4-3

流量计名称	可测液体种类	操作条件 $PN(MPa)/t(℃)$	管径范围 （mm）	测量精度（%）	前后直管段要求 前/后
孔板流量计	气/液体/蒸汽	32/400	50～1000	0.5～1.5	15D/5D
弯管流量计	气/液体/蒸汽	32/600	10～2000	0.5～1.5	5D/3D
涡流流量计	气/液体	32/120	10～600	0.2～0.5	10D/5D
涡街流量计	气/蒸汽	6.4/120	15～300	0.5～1.5	15D/5D
电磁流量计	气/液体	32/100	10～2400	0.2～1.0	10D/3D
超声波流量计	气/液体	32/200	50～1200	0.5～1.5	15D/5D

（3）温度计

1）给水工程常用的温度计有压力式温度计、双金属温度计、热电偶和热电阻温度变送器。其中压力式温度计、双金属温度计又有电接点温度计。选用的产品应符合现行行业标准《双金属温度计》JB/T 8803、《电接点玻璃温度计》JB/T 9264 等的有关规定。

2）一般规定

量程选择：被测介质的正常温度应在仪表最大量程的 1/4～3/4 之间。被测介质的脉冲温度不应大于仪表的最大量程。仪表的安装环境应符合产品对环境的要求。有关电气的技术要求详见产品说明。

3）选型

当被测介质的温度无远传要求时，可采用压力式温度计、双金属温度计；当被测介质的温度有远传要求时，应选用热电阻或热电偶温度传感器加二次仪表显示和控制系统。被测介质为腐蚀性介质时，温度仪表的保护套管应采用相应的防腐蚀材质的套管。当系统要求有温度控制要求时，可采用电接点温度计或热电阻/热电偶温度传感器。

（4）液位计

乡村给水系统常用的液位计包括玻璃管液位计、玻璃板液位计、磁浮子液位计等，选用的产品应符合现行行业标准《玻璃管液位计》JB/T 9243、《玻璃板液位计》JB/T 9244、《磁浮子液位计》JB/T 12957 等的有关规定。

玻璃管液位计、玻璃板液位计结构简单，工作可靠，无可动部件，价格便宜；磁浮子液位计安装方便，结构简单，产品性能稳定，测量结果不受温度、压力、导电率、介电常数等影响，测量精度较高。可根据应用场所、功能要求等合理选用。

4. 给水管道布置、敷设

（1）管道布置和敷设要求

1）满足最佳水力条件：管道布置应靠近大用户使给水干管短而直，必要时布置成环状。

2）满足维修及美观要求：室外管道应尽量敷设在人行道下或绿地下，从建筑物向道路由浅至深顺序安排，室内管道尽量沿墙、梁、柱直线敷设。对美观要求高的建筑，管道可在管槽、管井、管沟及吊顶内暗设。

3）保证使用及生产安全：管道布置不得妨碍交通运输，避开有燃烧、爆炸或腐蚀性的物品，不允许断水的用水点应考虑从环状管网的 2 个不同方向引入 2 个进水口。

4）保护管道不受破坏：埋地管应避开易受重物压坏处，管道必须穿越墙基础、设备基础或其他构筑物时，应与有关专业协商处理。

（2）室外给水管道的布置与敷设

1）室外给水管网宜布置成环状，乡村支管和接户管可布置成枝状。乡村干管宜沿用水量较大的地段布置，以最短距离向大用水户供水。当管网负有消防职能时，应符合国家现行相关消防标准的规定。

2）室外给水管道应沿乡村内道路敷设，宜平行于建筑物敷设在人行道、慢车道或草地下，但不宜布置在住户的院内，以便于检修和减少对道路交通及住户的影响。架空管道不得影响运输、人行、交通及建筑物的自然采光。

3）室外管道施工应按现行国家标准《建筑给水排水及采暖工程施工质量验收规范》GB 50242 及《给水排水管道工程施工及验收规范》GB 50268 的要求实施。

4）管道布置时应根据其用途、性能等合理安排，避免产生不良影响（如污水管应尽量远离生活用水管，减少生活用水被污染的可能性；金属管不宜靠近直流电力电缆，以免增加金属管的腐蚀）。

5）乡村管道平面排列时，应按从建筑物向道路和由浅至深的顺序综合考虑，一般常用的管道顺序如下：

① 通信电缆或电力电缆；

② 燃气管道；

③ 污水管道；

④ 给水管道；

⑤ 热力管沟；

⑥ 雨水管道。

（3）乡村给水管道的外壁距建筑物外墙的净距不宜小于1m，且不得影响建筑物的基础，一般可按下列要求实施：

给水管道与建筑物、构筑物等的最小水平净距一般可按国家现行相应标准确定。当管道埋深低于建（构）筑物的基础底而又与基础相近时，应与结构工程师商议，确定间距或采取相应的措施（埋地 PVC-U 管和 PE 管要求不得在受压的扩散角范围内，扩散角一般取 45°）。

（4）各种埋地管道的平面位置不得上下重叠，并尽量减少和避免互相间的交叉。给水管严禁在雨水、污水检查井及排水管渠内穿越。管道之间的平面净距应符合下列规定：

1）满足管道敷设、阀门井、检查井等所需的距离；

2）满足使用后维护管理及更换管道时，不损坏相邻的地下管道、建筑物和构筑物基础；

3）管道损坏时，不会冲刷、浸蚀建筑物及构筑物基础或造成生活用水管道被污染，不会造成其他不良后果。

（5）各种管道的平面排列及标高设计相互发生冲突时，应按下列原则处理：

1）小管径管道让大管径管道；

2）可弯管道让不能弯的管道；

3）新设管道让已建管道；

4）压力管道让自流管道；

5）临时性管道让永久性管道。

（6）给水管道与铁路交叉时，其设计应按照铁路行业的有关规定执行，并取得铁路管理部门同意。

（7）给水管道穿过河流时，尽量利用已有或新建桥梁进行架设。穿越河底的管道应尽量避开锚地，一般宜设 2 条管道，并按一条停止工作另一条仍能通过设计流量确定管径。管顶距河底埋深应根据水流冲刷条件确定，一般不得小于 0.5m，但在航运范围内不得小于 1.0m，并均应有检修和防止冲刷的设施。当通过有航运的河流时，过河管的设计应取得航运管理部门的同意，并应在两岸设立标志。

（8）室外给水管道的覆土深度，应根据土壤冰冻深度、地面荷载、管材强度及管道交叉因素确定，一般满足下列要求：

1）管道不被振动或压坏；

2）管内水流不被冰冻或增高温度。

埋深在非冰冻地区：若在机动车道路下，一般情况金属管道覆土不小于 0.7m；非金属管道覆土厚度不小于 1.0m。若在非机动车道路下或道路边缘地下，金属管覆土厚度不宜小于 0.3m，塑料管覆土厚度不宜小于 0.7m。非金属管道及给水钢塑复合压力管穿越高级路面、高速公路、铁路和主要市政管线设施，应采用钢筋混凝土管、钢管或球墨铸铁管等套管。套管内径：PE 管不得小于穿越管外径加 100mm，PVC-U 管不得小于穿越管外径 300mm，且应与相关单位协调。套管结构设计应按有关主管部门的规定执行。

埋深在冰冻地区：在满足上述要求前提下，其管道底埋深可在冰冻线下距离：管顶最小覆土深度不得小于土壤冰冻线以下 0.15m。

（9）室外给水管道一般宜直接敷设在未经扰动的原状土层上，若地基土质松软，应做混凝土基础，如果有流砂或淤泥地区，则应采取相应的施工措施和基础土壤的加固措施后再做混凝土基础。

非整体连接（如承插式）管道在垂直和水平方向转弯处、分叉处、管道端部堵头处，以及管径截面变化处应设支墩。支墩的设置，应根据管径、转弯角度、管道设计内压力和接口摩擦力，以及管道埋设处的地基和周围土质的物理力学指标等因素按现行国家标准《给水排水工程管道结构设计规范》GB 50332 规定计算确定。

（10）室外露天敷设的管道应有调节管道伸缩和防止接口脱开、被撞坏等设施，并避免受阳光直接照射。塑料管、铝塑复合管等一般不宜在室外明敷，因特殊情况在室外明敷时，应避免受阳光直接照射，在室外敷设的塑料管、铝塑复合管等应布置在不受阳光直接照射处或有遮光措施。在结冻地区，应采用防冻保温措施，保温层外壳应密封防渗，在非结冻地区宜做保温层以防止管道受阳光照射后水温升高导致细菌繁殖。

（11）室外给水管道与污水管道平行或交叉敷设时，一般可按下列规定执行：

1）平行敷设

① 给水管在污水管的侧上面 0.5m 以内，当给水管 $DN \leqslant 200$mm 时，管外壁的水平净距不得小于 1.0m；$DN > 200$mm 时，管外壁的水平净距不宜小于 1.5m；

② 给水管在污水管的侧下面 0.5m 以内时，管外壁的水平净距应根据土壤的渗水性确定，一般不得小于 3.0m，在狭窄地方可减少至 1.5m。

2）交叉敷设

①给水管应尽量敷设在污水管的上面且不允许有接口重叠；

②给水管敷设在污水管下面时，给水管应加套管，其长度为交叉点每边不得小于3.0m。套管两端应采用防水材料封闭。

注：当采用硬聚氯乙烯（PVC-U）给水管输送生活饮用水时，不得敷设在排水、污水管道下面。

（12）建筑物内给水管网的布置，应根据建筑物性质、使用要求和用水设备等因素确定，一般应符合下列规定：

1）充分利用外网压力；在保证供水安全的前提下，以最短的距离输水；引入管和给水干管宜靠近用水量最大或不允许间断供水的用水点；力求水力条件最佳；

2）不影响建筑的使用和美观；管道宜沿墙、梁、柱布置，但不能有碍于生活、工作、通行；一般可设置在管井、吊顶内或墙角边；

3）管道宜布置在用水设备、器具较集中处，方便维护管理及检修；

4）室内给水管网宜采用枝状布置，单向供水。

（13）生活给水引入管与污水排出管的管外壁的水平净距不宜小于1.0m；引入管应有不小于0.003的坡度坡向室外给水管网或阀门井、水表井；引入管的拐弯处应设支墩；当穿越承重墙或基础时，应预留洞口，管顶上部净空高度不得小于建筑物的沉降量，一般不小于0.1m，并充填不透水的弹性材料，穿越地下室外墙处应预埋柔性或刚性防水套管，套管与管壁之间应做可靠的防渗填堵，当建筑物沉陷量较大或抗震要求较高而又采用刚性防水套管时，在外墙两侧的管道上应设柔性接头。

（14）给水管道不得布置在建筑物的下列房间或部位：

1）不得穿越变、配电间等遇水会损坏设备和引发事故的房间；一般不宜穿越卧室、书房及贮藏间；

2）不得敷设在烟道、风道、排水沟内；不得穿过大、小便槽（给水立管距大、小便槽端部不得小于0.5m）；

3）不宜穿越橱窗、壁柜，如不可避免时，应采取隔离和防护措施。

（15）室内给水管道暗敷时，应符合下列规定：

1）室内暗敷给水管道有直埋与非直埋两种形式：

①直埋式——嵌墙敷设、埋地或在地坪面层内敷设；

②非直埋式——管道井、管窿、吊顶内，地坪架空层内敷设。

2）不得直接敷设在建筑物结构层内。

3）横干管应敷设在地下室、吊顶、管沟或直埋在土中。

4）埋地敷设的给水管道应避免布置在可能受重物压坏处或受振动而损坏处。埋地管道的覆土厚度，金属管不得小于0.3m；塑料管道$DN < 50mm$时，不宜小于0.5m，$DN \geqslant 50mm$时，不宜小于0.7m。

5）立管宜敷设在管道竖井或竖向墙槽内，也可设在墙角、柱边，再由土建装饰处理。

6）支管宜敷设在楼（地）面的找平层内或沿墙敷设在管槽内，也可直埋在土中。

7）采用卡套式或卡环式接口连接的管道（如铝塑复合管等），当需敷设在找平层或管槽内时，宜采用分水器向各用水点配管，中途不得有连接配件，两端接口应明露。分水器的材质应采用耐腐材料，并配置分水器盒（箱）。

8）嵌墙敷设的塑料管管径不宜大于 25mm，橡胶密封圈连接的 PVC-U 管不得嵌墙敷设。当敷设在找平层内，若存在被损坏可能时应加套管。敷设在吊顶内的 PEX 横管，管壁距楼板及吊顶构造面不宜小于 50mm。

9）嵌墙敷设的铝塑复合管管径不宜大于 25mm（嵌墙横管距地面不宜大于 0.45m）。

10）嵌墙敷设的薄壁不锈钢管宜采用覆塑薄壁不锈钢管，并不得采用卡套式连接。管径不宜大于 20mm。

（16）室内埋地敷设的生活给水管与排水管道平行敷设时，两管间的最小净距不得小于 0.5m；交叉敷设时，垂直净距不得小于 0.15m，且给水管应在排水管上面。当给水管必须在排水管下面时，该段排水管应为铸铁管，且给水管宜加套管。两管壁之间的最小垂直距离不得小于 0.25m。

（17）给水管道的伸缩补偿装置，应按直线长度、管材的线胀系数、环境温度和管内水温的变化、管道节点的允许位移等因素经计算确定。

1）建筑给水塑料管道冷水管道、建筑给水金属管道因温差引起的轴向位移量，可按下列公式计算：

$$\Delta L = \alpha L \Delta T \qquad (4-1)$$

$$\Delta T = 0.65 \Delta t_s + 0.1 \Delta t_g \qquad (4-2)$$

式中：ΔL——管段的轴向位移量（mm）；

$\quad \alpha$——管材的线膨胀系数 [mm/(m·℃)]，详见表 4-4；

$\quad L$——计算管段长度（m）；

$\quad \Delta T$——计算温差（℃）；

$\quad \Delta t_s$——管道内水的最大温差（℃）；

$\quad \Delta t_g$——安装管道时，管道周围的最大空气温差，可按当地夏季空调温度减去极端平均最低温度取值。

2）建筑给水塑料管的热水管道热膨胀或轴向伸缩量应按下式计算：

$$\Delta L = \alpha L \Delta t_s \qquad (4-3)$$

几种常用管材的线膨胀系数 α 值 [mm/(m·℃)]   表 4-4

管材	钢管	不锈钢管	PVC-U	PP-R	PEX	PVC-C	钢塑	PAP
α	0.012	0.0173	0.07	0.15	0.16	0.07	0.025	0.025

（18）自然补偿

1）热水管应尽量利用自然补偿，即利用管道敷设的自然弯曲、折转等吸收管道的温差变形，弯曲两侧管段的长度即从管道固定支座至自由的最大允许长度，不应大于表 4-5 的允许长度。

弯曲两侧管段允许长度   表 4-5

管材	碳钢	不锈钢	钢塑	PP-R	PEX	PAP
允许长度（m）	20	10.0	8.0	1.5	1.5	1.50

2）塑料热水管利用弯曲进行自偿时，管道最大支撑间距不宜大于最小自由臂长度。最小自由臂长度可按下式计算：

$$L_z = K \sqrt{\Delta L D_e} \tag{4-4}$$

式中：L_z——最小自由臂长度（mm）；

K——材料比例系数，见表4-6；

D_e——计算管段的公称外径；

ΔL——自固定支承点起管道的伸缩长度（mm），按公式（4-3）计算。

管材比例系数 K 值   表 4-6

管材	PP-R	PEX	PVC-U	PAP
K	20	20	25	20

5. 给水管道防冻、保温及防腐

（1）敷设在有可能结冻的房间的生活给水管道应有防冻保温措施。当处于寒冷地区或算得保温厚度过厚时，则应采用蒸汽伴管或电伴热等措施。

为了防止环境温度低于 0℃ 的时段内管内结冻，金属管可按公式（4-5）计算保温层厚度（当计算厚度小于 25mm 时仍采用 25mm）。保温层外壳应密封防渗。

$$\ln \frac{d+\delta}{d} = 2\pi\lambda \left\{ \frac{3.6KZ}{(G_1 C_1 + G_2 C_2) \ln \dfrac{t_1 - t_0}{t_4 - t_0}} - R_1 \right\} \tag{4-5}$$

式中：d——管道外径（m）；

δ——保温层厚度（m）；

λ——选用的保温材料的导热系数 $[W/(m \cdot ℃)]$，超细玻璃棉为 0.041；玻璃棉为 0.051；矿渣棉为 0.060；水泥珍珠岩为 0.069；水泥蛭石为 0.105；聚乙烯泡沫塑料为 $0.047 \sim 0.042$；聚氨酯硬泡沫塑料为 $0.037 \sim 0.033$；

K——支、吊架影响修正系数，一般室内管道 $K=1.2$，室外管道 $K=1.25$；

Z——保持不结冻的时间（h）；

G_1——单位长度内水的重量（kg/m）；

C_1——水的比热 $[kJ/(kg \cdot ℃)]$，按 4.186 计；

G_2——单位长度管道的重量（kg/m）；

C_2——管道材料的比热 $[kJ/(kg \cdot ℃)]$，钢材、铸铁按 0.480 计；

t_1——管内水温（℃）；

t_0——周围环境温度（℃）；

t_4——水的终温，按 0℃ 计；

R_1——管道保温层外表面到周围空气的放热阻力 $[(m \cdot ℃)/W]$，见表4-7。

管道保温层外表面到周围空气的放热阻力   表 4-7

公称直径 DN (mm)	25	32	40	50	100	125	150	200	250	300	350	400	500
放热阻力 R_1 $[(m \cdot ℃)/W]$	0.30	0.27	0.26	0.20	0.15	0.13	0.10	0.09	0.08	0.07	0.06	0.05	0.04

（2）当管道内水温低于室内空气露点温度时，空气中的水蒸气将在管道外表面产生凝结水，为了防止凝结水产生，管道应采用防结露的保温措施，保温层外壳应密封防渗。根

据所选用的保温材料按公式（4-6）计算所需防露层厚度。

$$(d+2\delta)\ln\frac{d+2\delta}{d}=\frac{2\lambda}{\alpha}\cdot\frac{t_{\mathrm{s}}-t}{t_{\mathrm{a}}-t_{\mathrm{s}}} \tag{4-6}$$

式中：d——管道外径（m）；

δ——防结露绝热层厚度（m）；

λ——保温材料在使用温度下的导热系数 $[\mathrm{W/(m\cdot ℃)}]$；

α——防结露绝热层外表面对周围空气的换热系数 $[\mathrm{W/(m^2\cdot ℃)}]$，一般取 8.141；

t_{s}——防结露绝热层外表面温度，一般可按略高于周围空气的露点温度 t_{d} 计 $[t_{\mathrm{d}}$ 为最热月空气露点温度（℃）$]$；无空调时取夏季空调相应的露点温度，有空调时取空调设计房间的露点温度；

t_{a}——环境温度（℃），无空调的房间取夏季空调温度，有空调的房间按空调设计房间温度计；

t——管道外表面温度（℃），金属管外表面温度按管内介质温度计，塑料管按公式（4-7）计算。

$$t_{塑}=\frac{t_1-t_{\mathrm{a}}}{\alpha\left(\dfrac{d}{2\lambda_1}\ln\dfrac{d}{d_1}+\dfrac{1}{\alpha}\right)}+t_{\mathrm{a}} \tag{4-7}$$

式中：$t_{塑}$——塑料管外表面温度（℃）；

t_1——管内介质温度（℃）；

d_1——管道内径（m）；

λ_1——塑料管道导热系数 $[\mathrm{W/(m\cdot ℃)}]$。

（3）金属管材一般应采用适当的防腐措施。铸铁管及大口径钢管可采用水泥砂浆衬里；球墨铸铁管外壁采用喷涂沥青和喷锌防腐，内壁衬水泥砂浆防腐；钢塑管就是钢管加强防腐性能的一种形式。埋地铸铁管宜在管外壁刷冷底子油 1 遍、石油沥青 2 道；埋地钢管（包括热镀锌钢管）宜在外壁刷冷底子油 1 道、石油沥青 2 道外加保护层（当土壤腐蚀性较强时可采用加强级或特加强防腐）；钢塑复合管埋地敷设，其外壁防腐同普通钢管；薄壁不锈钢管埋地敷设，宜采用管沟或外壁做防腐措施（管外加防腐套管或外缚防腐胶带）。管材牌号宜采用 06Cr17Ni12Mo2（S31608）；薄壁铜管埋地敷设时应在管外加防护套管。

明装的热镀锌钢管应刷银粉 2 道（卫生间）或调和漆 2 道；当管道敷设在有腐蚀性的环境中，管外壁应刷防腐漆或缠绕防腐材料。

4.3.2　施工

1. 乡村室外给水系统管道、附件及仪表施工

（1）给水系统施工应符合国家现行标准《给水排水管道工程施工及验收规范》GB 50268、《建筑给水排水及采暖工程施工质量验收规范》GB 50242、《埋地塑料给水管道工程技术规程》CJJ 101、《建筑给水复合管道工程技术规程》CJJ/T 155、《建筑给水塑料管道工程技术规程》CJJ/T 98、《建筑给水金属管道工程技术规程》CJJ/T 154 等的有关规定。

（2）给水系统施工应按设计要求编制施工方案或施工组织设计。施工现场应具有相应的施工技术标准、施工质量管理体系和工程质量检验制度。

（3）给水系统施工前应具备下列条件：

1）施工图应经相关机构审查审核批准或备案后再施工；

2）平面图、系统图、详图等图纸及说明书、设备表、材料表等技术文件应齐全；

3）设计单位应向施工、建设、监理单位进行技术交底；

4）系统主要设备、组件、管材管件及其他设备、材料，应能保证正常施工；

5）施工现场及施工中使用的水、电、气应满足施工要求。

（4）给水系统施工所采用的管材管件，应符合国家现行相关产品标准（详见本书第4.3.1节）的规定，并应具有出厂合格证或质量认证书；进场时应做现场检查，检查不合格者不得使用。

（5）给水系统的管材、管件应进行现场外观检查，各种管材管件应符合其产品标准的要求。

（6）给水系统的阀门、水表等给水附件的商标、型号、规格等标志应齐全，不应有加工缺陷和机械损伤；型号、规格应符合设计要求。

（7）给水管道的安装应按照采用的管材的工程技术规程、规范和有关规定进行，应采用符合管材的施工工艺，管道安装中断时，其敞口处应封闭。

（8）给水管道的连接方式应根据管道材料、管道的产品标准及相关工程技术标准进行。

2. 给水管道敷设要求

（1）埋地敷设的给水管道应敷设在原状土地基上，或开挖后经过回填处理，其密实度达到设计要求的回填土层以上。管基为岩石时应敷设厚度不小于0.15m的砂垫层，如为软土地基或特殊腐蚀性土壤，应按设计要求进行处理。

（2）敷设给水管道的沟槽回填应符合下列规定：

1）敷设后应立即进行沟槽回填。在密闭性检验前，除接头外露外，管道两侧和管顶以上的回填高度不宜小于0.5m。水压试验合格后，及时回填沟槽内其余部分；无压管道在闭水或闭气试验合格后应及时回填。

2）从管底基础至管顶上部500mm以内，必须用人工回填。

3）管顶500mm以上用机械回填时，应从管轴线两侧均匀进行，并夯实、碾压。每层回填高度应不大于200mm。

4）管道位于车行道下铺设后即修筑路面或管道位于软土地层以及低洼、沼泽、地下水位高地段时，沟槽回填宜先用中、粗砂将管底腋角部位填充密实后，再用中、粗砂分层回填到管顶以上500mm。

5）沟槽内的回填土应分层夯实。

6）管道接口处的回填土应仔细夯实，不得扰动管道的接口。

（3）埋地敷设的给水管道与污水管交叉时，给水管应敷设在上面，且不应有接口重叠；当给水管敷设在下面时，应设置钢套管，钢套管的两端应采用防水材料封闭。

（4）室内架空管道的布置与敷设，应符合现行国家标准《建筑给水排水及采暖工程施工质量验收规范》GB 50242的有关规定。给水系统管道抗震支吊架的安装应满足设计及现行国家标准《建筑机电工程抗震设计规范》GB 50981的要求。

（5）给水管道的安装不应影响建筑物功能的正常使用，不应影响和妨碍通行以及门窗等开启，与墙、梁、柱的间距应满足施工、维护、检修的要求，一般可参照下列规定执行：

1）横干管：与墙、地沟壁的净距不小于 100mm；与梁、柱净距不小于 50mm（此处无接头）；

2）立管：管中心距柱表面不小于 50mm；管外壁与墙面的净距：当 $DN<32$ 时，不小于 25mm，$DN=32\sim50$ 时，不小于 35mm，$DN=75\sim100$ 时，不小于 50mm，$DN=125\sim150$ 时，不小于 60mm；

3）管道平行安装：冷、热水管上下平行敷设时，冷水管应在热水管下方。

（6）不同材质的管材还应满足不同的要求：

1）明设的塑料管道应布置在不易受撞击处（若不能避免，应在管外加保护措施），并不得布置在灶台上边缘。

2）明设的塑料管、铝塑复合管的给水立管距灶边的净距不得小于 0.4m，距燃气热水器的边缘不得小于 0.2m，与供暖水管的净距不得小于 0.2m，当条件不许可时应加隔热防护措施，但一般最小净距不得小于 0.2m。PP-R 管与其他管道净距不宜小于 0.10m，且宜在金属管道的内侧。PEX 管与热源距离不宜小于 1.0m，管道与燃油、燃气等明火加热设备连接部位，应配置耐腐金属材料管件，加热器进出口应有长度不小于 0.4m 的耐腐蚀金属管道。

3）建筑给水薄壁不锈钢管其外壁距装饰墙面的距离：$DN=10\sim25$ 时为 40mm，$DN=32\sim65$ 时为 50mm；与其他管道净距不宜小于 100mm；架空管顶上部净空不宜小于 100mm。

（7）给水管与其他管道共架敷设时，给水管应在冷冻水管、排水管的上面；在热水管、蒸汽管的下面。当共用一个支架敷设时，管外壁（或保温层外壁）距墙面不宜小于 0.1m，距梁、柱可减少至 0.05m。而管道外壁（或保温层外壁）之间的最小距离宜按下列规定确定：$DN\leqslant32$ 时，不小于 0.1m，$DN>32$ 时，不小于 0.15m。管道上阀门不宜并列安装，应尽量错开位置，若必须并列安装时，管道外壁最小净距：$DN<50$，不宜小于 0.25m；$DN=50\sim150$，不宜小于 0.30m。

（8）给水管不得直接敷设在建筑物结构层内。

（9）管道嵌墙敷设时，应预留管槽或用开槽机开槽。

（10）管道支、吊架或管卡应固定在楼板上或承重结构上；支吊架间距应符合相关规范的要求。

1）普通钢管（包括热镀锌钢管）水平安装支架最大间距见表 4-8；立管管卡安装应符合下列规定：

① 楼层高度≤5m，每层必须安装 1 个；

② 楼层高度>5m，每层不得少于 2 个；

③ 管卡安装高度，距地面应为 1.5m～1.8m，2 个以上管卡应匀称安装，同一房间的管卡应安装在同一高度。

钢管管道支架最大间距（m）　　　　　　　　　　　表 4-8

公称直径 DN（mm）	15	20	25	32	40	50	65	80	100	125	150	200	250	300
保温管	2	2.5	2.5	2.5	3	3	4	4	4.5	6	7	7	8	8.5
不保温管	2.5	3	3.5	4	4.5	5	6	6	6.5	7	8	9.5	11	12

2）建筑给水薄壁不锈钢管活动支吊架最大间距见表 4-9 的规定。

活动支吊架最大间距（m） 表 4-9

公称直径 DN（mm）	10～15	20～25	32～40	50～65
水平管	1.0	1.5	2.0	2.5
立管	1.5	2.0	2.5	3.0

3）钢塑复合管、内衬不锈钢复合管用沟槽连接时，管道支吊架最大间距见表 4-10。

沟槽式连接水平管道的支吊架最大间距（m） 表 4-10

公称直径 DN（mm）	最大支承间距（m）
65～100	3.5
125～200	4.2
250～315	5.0

注：1. 横管的任何 2 个接头之间应有支承；
　　2. 不得支承在接头上；
　　3. 沟槽式连接管道，无须考虑管道因热胀冷缩的补偿。其他连接方式的钢塑复合管的支吊架间距可参照表 4-8。

4）铝塑复合管的支吊架最大间距见表 4-11。

铝塑复合管支架的最大间距（m） 表 4-11

外径 De（mm）	12	14	16	18	20	25	32	40	50	63	75	90	110
立管	0.5	0.6	0.7	0.8	0.9	1.0	1.1	1.3	1.6	1.8	2.0	2.2	2.4
水平管（冷水管）	0.4	0.4	0.5	0.5	0.6	0.7	0.8	0.9	1.0	1.1	1.2	1.35	1.55
水平管（热水管）	0.2	0.2	0.25	0.3	0.3	0.35	0.4	0.5	0.6	0.7	0.8		

5）建筑给水塑料管的支吊架最大间距见表 4-12。

建筑给水塑料管的支吊架最大间距（mm） 表 4-12

管材	管道类型		公称外径 dn										
			20	25	32	40	50	63	75	90	110	125	160
聚烯烃管	PE、PE-RT、PP-R	冷水管 横管	450	500	600	700	800	900	1100	1250	1350	—	—
		冷水管 立管	700	800	900	1000	1100	1200	1350	1500	1800	—	—
	PE-RT、PP-R	热水管 横管	300	350	400	450	500	600	700	800	900	—	—
		热水管 立管	400	450	520	650	780	910	1040	1700	1700	—	—
聚氯乙烯管	PVC-U、PVC-M	冷水管 横管	700	900	1050	1200	1300	1450	1600	1800	2000	2450	2800
		冷水管 立管	1000	1200	1350	1500	1700	1950	2200	2550	2800	3100	3400
	PVC-C	热水管 横管	450	550	700	950	1250	1400	1600	1850	2050	2300	2600
		热水管 立管	550	700	900	1100	1350	1600	1900	2250	2600	3000	3500
设金属管托	PE-RT、PP-R	冷水管 横管	1500		1650			1800			2000		
		冷水管 立管	1650		1800			2000			2500		
		热水管 横管	1000		1200			1500			1800		
		热水管 立管	1300		1550			1900			2500		
		管托的捆扎间距	200		300		400		—		—		

注：1 表内支吊架间距，包括固定支架、滑动支架的间距；
　　2 当热水管道保温采用轻质发泡材料时，支吊架最大间距应乘以 0.80 的修正系数。

（11）明装管道穿越墙、梁应预埋套管或留洞，穿越楼板时应预留套管，穿屋面应预留刚性防水套管，套管顶部应高出装饰地面 20mm；设于卫生间的套管，上端应比装饰地面高 50mm，底部应与楼板底面相平。安装在墙或梁内的套管，其两端与饰面相平。穿过楼板的套管与管道之间缝隙应用阻燃材料和防水油膏填实，端面光滑。穿墙套管与管道之间缝隙宜用阻燃密实材料填实，且端面应光滑。管道的接口不得设在套管内。安装单位应与土建单位密切配合，预留各类套管或孔洞。

（12）埋地管道穿越承重墙或基础时，应预留洞口，洞口高度应保证管顶上部净空高度不得小于建筑物的沉降量，一般不小于 0.10m，并充填不透水的弹性材料。

3. 给水系统管道附件、仪表安装

（1）给水系统各类阀门、附件及仪表的型号、规格及公称压力应符合设计要求。阀门的设置应便于安装、维修和操作，且安装空间应能满足阀门完全启闭的要求。有方向性要求的阀门，如止回阀，阀体上标示的水流方向应与给水系统水流方向一致。

（2）减压阀安装前，给水管网应冲洗干净，管道内无泥沙、石子、焊渣等杂物；减压阀体上标示的水流方向应与给水管网水流方向一致；减压阀前应有过滤器；减压阀前后应安装压力表；减压阀安装位置应便于管道过滤器的排污和减压阀的检修，地面应有排水设施。

（3）倒流防止器前应设置检修阀门、过滤器及可曲挠橡胶接头；倒流防止器阀组的安装，应在其上、下游给水管道冲洗干净后进行；阀体上标示的水流方向应与给水系统水流方向一致；倒流防止器应采用支架或支墩单独固定，不应将阀体重量传递给两端管道，也不应将外部荷载作用在阀体上。

（4）真空破坏器的型号、规格及公称压力应符合设计要求；安装前应彻底清洗给水管道；真空破坏器应安装在配水支管的最高点，其进气口应朝向下方。

（5）水锤消除器的重量不应由所连接管道支撑，应与给水系统管道安装一并考虑支撑设施；当安装的活塞式水锤消除器公称直径大于 $DN200$ 时，应在水锤消除器筒体的中部增加支架固定；安装水锤消除器时，应预留足够的空间进行检修和保养。

（6）安全阀应尽可能安装在水加热器等设备的最高位置。

（7）自动排气阀应安装在管网的最高处，阀体垂直安装，不得倾斜、横置。

（8）管道过滤器的安装位置应便于清理滤网、便于检修。

（9）水表的型号、规格、压力、流量应符合设计要求；水表安装前，应冲洗给水总管，去除麻丝、砂石等杂物，如装有过滤器也应加以清洗；应根据产品说明书确定水平或垂直安装，表壳上标示的水流方向应与给水系统水流方向一致；安装位置应便于读数、维修，不应受由管道和管件引起的过渡应力。需要时，水表应装在底座或托架上，以及在水表前加装柔性接头。此外，水表的上游和下游应适当紧固。水表安装位置应避免暴晒、水淹、冰冻和污染。

（10）流量计的安装应在管道系统安装完毕、水压试验完成、管路冲洗合格后进行。有保温要求的管道，安装流量计的管段应进行保温。若测量管道有可能发生振动，应在流量计两侧采取固定措施。

（11）玻璃液体温度计安装位置应便于观察、检修，不宜受机械损伤；在直线段上安装温度计时，其感温部分宜位于管道中心线上，在弯曲管段上安装温度计时，其感温部分应从逆流方向全部插入被测介质中。

4. 给水管道防腐及保温

（1）埋地敷设管道的防腐处理应符合下列规定：

1）镀锌钢管，管外壁刷冷底子油 1 道，石油沥青 2 道外加保护层（当土壤腐蚀性能较强时可采用加强级或特加强防腐）；

2）球墨铸铁给水管产品预制内外防腐层，内衬水泥砂浆（或环氧粉末、聚乙烯等涂层），外喷环氧树脂漆；

3）钢管的内外防腐、衬塑钢管的外防腐按《给水排水管道工程施工及验收规范》GB 50268 的要求进行；

4）薄壁不锈钢管加防腐套管或外缚防腐胶带。

（2）室内明装的焊接钢管刷红丹底漆、面漆各 2 道，镀锌钢管刷面漆 1 道（镀锌层被破坏部分及管道螺纹露出部分须对破坏处涂防锈涂料，及涂刷面漆 2 道）。

（3）沿墙面暗装敷设的镀锌钢管、衬塑管道外壁均刷石油沥青涂层 2 道，薄壁不锈钢管外壁覆塑或缠绕防腐胶带。

（4）当管道敷设在有腐蚀性的环境中，管外壁应刷防腐漆或缠绕防腐材料，以及其他有效的防腐措施。

（5）管道支架除锈后，刷红丹底漆 2 道；明装加刷灰色面漆 2 道。

（6）给水管道需根据设计要求做防冻保温或防结露保温。

5. 给水系统管道试压、冲洗及消毒

给水管道的试压、冲洗及消毒应符合国家现行标准《给水排水管道工程施工及验收规范》GB 50268、《建筑给水排水及采暖工程施工质量验收规范》GB 50242、《埋地塑料给水管道工程技术规程》CJJ 101、《建筑给水复合管道工程技术规程》CJJ/T 155、《建筑给水塑料管道工程技术规程》CJJ/T 98、《建筑给水金属管道工程技术规程》CJJ/T 154 等的有关规定。

4.3.3 验收

（1）给水系统工程施工质量验收应在施工单位自检基础上，按验收批、分项工程、分部（子分部）工程、单位（子单位）工程的顺序进行，并应符合下列规定：

1）工程施工质量应符合国家现行相关专业验收标准的规定；

2）工程施工质量应符合工程勘察、设计文件的要求；

3）参加工程施工质量验收的各方人员应具备相应的资格；

4）工程施工质量的验收应在施工单位自行检查，评定合格的基础上进行；

5）隐蔽工程在隐蔽前应由施工单位通知监理等单位进行验收，并形成验收文件；

6）涉及结构安全和使用功能的试块、试件和现场检测项目，应按规定进行平行检测或见证取样检测；

7）验收批的质量应按主控项目和一般项目进行验收；每个检查项目的检查数量，除相关规范有关条款有明确规定外，应全数检查；

8）对涉及结构安全和使用功能的分部工程应进行试验或检测；

9）承担检测的单位应具有相应资质；

10）外观质量应由质量验收人员通过现场检查共同确认。

（2）单位工程经施工单位自行检验合格后，应由施工单位向建设单位提出验收申请。单位工程有分包单位施工时，分包单位对所承包的工程应按相关规范的规定进行验收，验收时总承包单位应派人参加；分包工程完成后，应及时将有关资料移交总承包单位。

（3）给水系统工程验收时应提供下列文件资料：

1）施工图、设计变更文件、竣工图；

2）隐蔽工程验收记录和中间试验记录等资料；

3）工程所包括的设备、管材、管件、附件的合格证、质保卡、说明书等相关资料；

4）涉水产品的卫生许可；

5）系统试压、冲洗、消毒、调试检查记录；

6）水质检测报告；

7）环境噪声监测报告；

8）工程质量评定表；

9）工程质量检验评定记录。

（4）对符合竣工验收条件的单位工程，应由建设单位按规定组织验收。施工、勘察、设计、监理等单位等有关负责人以及该工程的管理或使用单位有关人员应参加验收。

（5）给水系统的工程验收应按国家现行标准《给水排水管道工程施工及验收规范》GB 50268、《建筑给水排水及采暖工程施工质量验收规范》GB 50242、《埋地塑料给水管道工程技术规程》CJJ 101、《建筑给水复合管道工程技术规程》CJJ/T 155、《建筑给水塑料管道工程技术规程》CJJ/T 98、《建筑给水金属管道工程技术规程》CJJ/T 154、《建筑工程施工质量验收统一标准》GB 50300 等的有关规定执行；设备安装验收应按现行国家标准《机械设备安装工程施工及验收通用规范》GB 50231 执行。

（6）系统组件、管材管件及其他设备、材料，应符合国家现行相关产品标准的规定，并应具有出厂合格证或质量认证书。

4.3.4　运行和维护

（1）投入使用的水表、流量计、温度计、压力表、减压阀、倒流防止器、真空破坏器等给水附件，应定期进行检查和维护，确保其正常运行。

（2）各附件前设置的过滤器应定期进行清洗，每半年至少 1 次。

（3）应定期对减压阀进行维护保养，每年至少 1 次；定期对减压阀的易损件进行更换，每 5 年至少 1 次；定期对减压阀设置地点的排水设施进行检查，不应有妨碍排水口排水的物质，每月至少 1 次；停水后恢复正常时，应及时对减压阀组进行检查。

（4）应定期检查倒流防止器排水出口，不应有连续泄水现象，每月至少 1 次；邻近的城镇给水管网停水检修后，应及时对与维修管段相连通的倒流防止器阀组进行检查。

（5）定期检查真空破坏器的进气口，不应有漏水现象，每月至少 1 次；每次给水管道停水后，应及时检查与之连接的真空破坏器进气阀的密封性。

（6）定期巡查充气水锤消除器的压力，不应有漏气现象，每月至少检查 1 次；给水管道停水排空后，应及时检查充气水锤消除器密封性，气体压力值应与产品调试完毕后的压力值一致。如有异常，应及时维修或保养。

（7）其他产品应按产品使用说明进行维护保养。

4.4 给水系统供水设施、设备

4.4.1 设计

给水系统供水设施、设备应符合其现行产品标准及现行国家标准《生活饮用水输配水设备及防护材料的安全性评价标准》GB/T 17219 的要求。供水设备应根据使用特点选用节能、节水型产品。其设计、施工及验收应符合国家现行相关标准的规定。

1. 常用给水设备类别

常用给水设备包括深井泵、离心加压泵、变频调速给水设备等。

2. 深井泵

深井水泵分为带井上电动机的深井水泵、带潜水电动机的深井水泵。水泵的特点是扬程高，适用于动水位超过 10m 的管井，且出水均匀，效率较高。带井上电动机的深井水泵比较常用。

3. 普通加压泵

（1）水泵选择应符合下列规定：

1）应选择节能型低噪声水泵。宜选效率高且高效率范围大的水泵；一般不应选用 Q-H 曲线有上升段的泵，若并联运行，则不得采用。严禁采用淘汰型产品。

2）应根据设计流量、扬程选泵，但考虑因磨损等原因造成水泵出力下降，可按计算所得扬程 H 乘以 1.05～1.1 后选泵。

3）采用泵直供方式时，宜采用调速泵组（当供水规模大，用水变化有规律，或给水要求不严格，出现停水所造成的损失不大时，可采用额定转速编组运行的方式供水）。在满足给水的要求下，应尽量采用相同型号的水泵；当必须采用大小泵搭配方式时，其型号、台数也不宜过多，所选泵的扬程范围应相近；并联运行时，每台泵宜仍在高效区范围内运行。若有持续较长时段处于小流量状态工作时，宜另配小泵（或配气压罐）。

4）当给水系统设置水箱、水塔等调节设施时，应尽量减少提升泵台数，以一用一备为宜。

5）生活用水泵一般应采用自动启停的控制方式，并应设备用泵，备用泵的供水能力不应小于最大 1 台运行水泵的供水能力，水泵宜自动切换、交替运行。

6）水泵所配电机的电压宜相同。

（2）当生活水泵从调节水池或吸水井抽水时，水泵宜采用自灌式充水，为此，泵的安装高度应满足下列要求：

1）卧式泵：自灌启泵水位高过水泵壳顶放气孔。

2）立式泵：自灌启泵水位至少要高过第一级泵壳上端，使第一级泵壳内充满水，但应征得水泵的制造厂家的同意，否则应按下列要求实施：

①非机械密封型的自灌启泵水位高过出水口法兰上的放气孔；

②机械密封型的自灌启泵水位高过机械密封压盖端部放气孔（设计时应向厂家要求提供具体资料）。

3）自灌启泵水位：对于生活、消防合建的水池，生活泵启动水位可按消防贮水的最高水位计。对于单独设置的生活水池，宜按最低设计水位计；当按最低水位计有困难时，可根据运行、补水及用水安全要求等因素确定一个自灌启泵水位，但应满足下列条件：

① 泵的设置高度应保证在最低水位时不会发生气蚀；

② 由于水位低于确定的自灌启泵水位时，除已运行的泵外，其他泵不能启动，所以自灌启泵水位不能定得过高；并应设置保护设施，防止低于启泵水位时启动泵；

③ 采用泵提升直供，而又不允许停水时，则应按最低水位为自灌启泵的控制水位。

（3）当因条件所限不能采用自灌式启泵而采用吸上式时，应有抽气或灌水装置（如真空泵、底阀、水射器等）。引水时间不超过下列规定：4kW 以下为 3min，大于等于 4kW 为 5min。其水泵的允许安装高度应以最低水位为基准，根据当地的大气压力、最高水温的饱和蒸汽压、水泵的气蚀余量和吸水管路的水头损失计算确定，并应有不小于 0.3m 的安全余量（一般采用 0.4m～0.6m）。

自吸式水泵的允许安装高度要求同上段。使用自吸式水泵不需要真空泵抽气，但抽水时间稍长（在制造厂规定时间内），若在泵的进口管路上设置特制的止回阀，则泵再次吸水时，开泵即可出水，要求止回阀不漏水。

（4）每台水泵宜用独立的吸水管；非自灌式启动时，每台水泵必须设置独立的吸水管。吸水管口应设置向下的喇叭口，喇叭口直径一般为吸水管直径的 1.3 倍～1.5 倍，喇叭口宜低于水池最低水位不小于 0.5m（当吸水管管径大于 200mm 时，管径每增大100mm，要求的喇叭口最小淹没水深应加深 0.1m），否则应采取防止空气被吸入的措施。吸水管喇叭口至池底的净距不应小于 0.8 倍的吸水管管径（且不得小于 0.1m），并应满足吸水管喇叭口支座安装的要求，一般不宜小于 0.5m；当吸水管端有底阀时，则底阀网眼至池底的距离不得小于 0.5m；吸水管喇叭口边缘与池壁的净距不宜小于 1.5 倍吸水管管径；吸水管之间净距不宜小于 3.5 倍吸水管管径（管径以相邻两者的平均值计），吸水管流速宜采用 1.0m/s～1.2m/s；应尽量缩小吸水管长度，与水泵相接时宜有不小于 0.005的上升坡度；水平管段上有异径管时应采用偏心异径管（上平），并宜安装管道过滤器，自灌式吸水的吸水管上应装有闸阀。

注：当吸水管喇叭口不朝下（水平安装）时，低于最低水位的距离按喇叭口顶计，与池底的净距按喇叭口最低处计。

（5）生活水泵采用自灌式吸水，但每台水泵又无法单独从水池吸水时，可采用吸水总管的方式吸水，并应符合下列规定：

1）吸水总管伸入水池的引水管不宜少于 2 条，每条均应设闸阀，当一条引水管发生故障时，其余引水管应满足全部设计流量（当水池有独立的 2 个以上的分格，每格有 1 条引水管，则可视为 2 条以上的引水管）；

2）引水管应设向下喇叭口，在池内与池壁、池底的间距与吸水管相同，但引水管喇叭口低于最低水位不宜小于 0.3m；

3）吸水总管的流速应小于 1.2m/s；

4）当采用自灌式引水时，吸水总管的管顶应低于水泵的启动水位，每台水泵应有单独吸水管与吸水总管相连，并应采用管顶平接或从吸水总管顶上接出。

（6）每台水泵的出水管上，应装设压力表、可曲挠橡胶接头、止回阀和阀门。必要时应设置水锤消除装置。生活水泵出水管流速宜采用 1.5m/s～2.0m/s。

4. 变频调速给水设备

变频调速给水设备应符合现行行业标准《微机控制变频调速给水设备》CJ/T 352、《矢量变频供水设备》CJ/T 468 等的有关规定。

（1）设备分类

变频调速给水设备按照其配置的变频器形式及变频控制方式不同，可分为数字集成全变频恒压给水设备和微机控制变频调速给水设备两个大类。数字集成全变频恒压给水设备中的每台水泵均独立配置数字集成变频器或数字集成变频控制器，通过智能集中控制柜或现场总线实现设备泵组等量同步、频率均衡、全变频控制运行。

微机控制变频调速给水设备以单片机、可编程控制器等微型计算机为主控单元进行控制，由水泵从水池、水箱、水井等的调节装置中吸水，通过变频器改变供电频率控制水泵电机转速，使水泵转速和流量可调节。主要由水泵、控制柜（含变频器）、水位变送器、压力检测仪表、管路、阀门等组成。

（2）设备配置

1）水泵配置

① 采用低噪声、高效率的离心泵，并符合现行国家标准《清水离心泵能效限定值及节能评价值》GB 19762 的有关规定，水泵的流量-扬程特性曲线应是扬程随流量的增大而逐渐下降。水泵过流部件应采用符合卫生标准的材质。

② 根据泵高效区的流量范围与设计流量的变化范围之间的比例关系，确定主水泵数量，一般主泵宜设 2 台～4 台（不宜超过 4 台），并设 1 台供水能力不小于最大 1 台主泵的备用泵。在设计流量变化范围内，各台主泵均宜工作在高效区。

③ 额定转速时，水泵的工作点宜在高效区段右侧的末端。水泵的调速范围在 0.7～1.0 之间。一般可采用 1 台调速泵、其余为恒速泵的方式。当管网流量变化较大，或用户要求压力波动小时，也可采用多台调速泵的方案。宜配置适用于小流量工况的水泵，其流量可为 1/3～1/2 单台主泵的流量。

④ 宜配置气压罐（当用水量小、水泵停止运行时，气压罐可维持系统的正常供水，有助于维持水泵切换时压力的稳定，也有助于消除水锤现象）。应按小泵的流量计算气压罐的容积。该小泵的扬程应满足气压罐的工作要求。在气压罐最高工作压力时系统不能处于超压状态。

⑤ 变频调速给水设备目前以恒压变流量供水方式为主。当条件许可时，可将控制点设置在最不利配水点或泵出口（按管网特性曲线的规律来控制），采用变压变流量供水方式运行（大型区域的低区泵站可考虑采用）。恒压供水时宜采用同一型号主泵，变压供水可采用不同型号的主泵（大、中、小型泵搭配）。

⑥ 给水压力应满足最不利配水点所需水压。

2）变频器配置

① 数字集成全变频恒压给水设备中的每台水泵（含设备中配置的小流量辅泵）均应独立配置数字集成变频器或数字集成变频控制器；

② 微机控制变频调速给水设备应配置通用型变频器或水泵专用变频器，可为 1 台或多台。

3）设备管道、阀门及附件的配置

① 每台水泵的出水管上应装设止回阀和控制阀门。

② 每台水泵宜设置单独的吸水管，当设置单独的吸水管有困难时也设置吸水总管。

③ 水泵吸水管及水泵出水管的管内流速应符合下列规定：

a. 单台水泵吸水管内的流速宜采用 1.0m/s～1.2m/s，吸水总管的流速应小于 1.2m/s；

b. 水泵出水管内的流速宜采用 1.5m/s～2.0m/s。

④ 当变频调速给水设备应用于生活给水系统时，其配置的管道、阀门等过流部件应为食品级不锈钢或其他符合卫生要求的材质，并应符合现行国家标准《生活饮用水输配水设备及防护材料的安全性评价标准》GB/T 17219 的有关规定。

4）二次供水工程中采用的变频调速给水设备应符合当地城镇建设、供水、卫生等部门对用户给水水质及卫生等方面的要求。

（3）系统控制

1）变频调速给水设备应具有自动控制（包括备用泵自投）和人工就地控制两种控制方式，且宜具有远程控制功能或留有相应通信接口。

2）变频调速给水设备中配置的小流量辅泵应与工作水泵共享同一传感器提供的系统压力信号。

3）变频调速给水设备中的水泵应按照设定的压力根据系统流量变化自动启、停和水泵转速自动调节，备用泵应设定为工作泵故障自动切换和交替运行，且水泵切换时间与设定时间的偏差不应超过±30s。

4）变频调速给水设备的自动控制应具有故障自我诊断、报警及自动保护功能。

5）变频调速给水设备配置的压力传感器、电接点压力表应性能可靠、工作稳定、抗干扰性强。

6）变频调速给水设备检测仪表的量程应为工作点测量值的 1.5 倍～2.0 倍，系统压力控制误差不应大于 0.01MPa。

7）数字集成全变频恒压给水设备在多工作泵运行时应采用等量同步、效率均衡、全变频运行模式。

8）数字集成全变频给水设备的自动控制显示屏应具有系统运行参数（频率、运行比率、压力）显示、设备运行状态（电机、水泵、水箱水位的运行和故障等）显示及供电电源参数（电压、电流、频率）显示等功能。

（4）设计选用

1）变频调速给水设备的供水能力不应小于所服务对象的给水系统设计流量。

2）变频调速给水设备的供水扬程应满足系统最不利用水点所需水压的要求。

3）一套变频给水设备应尽量采用相同型号的工作水泵。当必须采用大小泵搭配方式时，其型号、台数也不宜过多，所选水泵的扬程范围应相近；多泵并联运行时每台泵宜仍在高效区范围内。

4）变频调速给水设备水泵吸水用的生活用水箱应为食品级不锈钢或其他符合卫生要求的材质，并应符合现行国家标准《生活饮用水输配水设备及防护材料的安全性评价标准》GB/T 17219 的有关规定。

5）变频调速给水设备水泵吸水用的储水箱的有效容积应符合现行国家标准《建筑给

水排水设计标准》GB 50015 和当地水务部门的规定；当水箱总容积大于 50m³ 时宜分成两格，并设置连通管。

(5) 成套供应的变频给水设备应符合现行行业标准《微机控制变频调速给水设备》CJ/T 352 的要求，并应具有下列功能：

1) 应具有自动调节水泵转数和软启动的功能。定压给水时，设定压力与实际压力之间的差不得超过 0.01MPa。

2) 应具有水位控制的功能。当水位降至设定下限水位时，自动停机；当恢复至启泵水位时，自动启动。

3) 控制柜（箱）面板上应有观察设定压力、实际压力、供电频率、故障等的显示窗口。

4) 应具有对各类故障进行自检、报警、自动保护的功能。对可恢复的故障应能自动或手动消警，恢复正常运行。

5) 夜间小流量时，自动切换至小水泵或小气压罐运行。

6) 节能，停电后恢复供电时设备能自动启动，并有过载、短路、过压、缺相、欠压、过热等保护功能。

5. 二次供水消毒设备

本节仅介绍二次供水消毒设备，一次供水消毒设备设计详见本指南第 3.5.6 节相关内容。

(1) 二次供水消毒必须对细菌有灭活作用，消毒后的副产品对水质和人体健康应无影响，二次供水消毒技术应经济合理，消毒装置维护管理方便，二次供水水质应符合现行国家标准《生活饮用水卫生标准》GB 5749 的有关规定。

(2) 二次供水消毒设备的特点及适用条件见表 4-13。

二次供水消毒设备的特点及适用条件　　　　　　　　表 4-13

设备类型	特点	水质条件	执行标准
紫外线消毒器	不改变原水的物理、化学性质，不产生气味及副产品；杀菌快。安装简单，操作方便。电耗大，紫外线灯管和石英套管需定期更换，对待处理水的悬浮物 SS 要求高，无持续消毒作用	原水水质理化指标： 浑浊度≤3NTV； 总含铁量≤0.3mg/L； 色度≤15 度； 总大肠菌群≤1000 个/L； 水温≥5℃； 细菌总数≤2000 个/mL	现行国家标准《城镇给排水紫外线消毒设备》GB/T 19837
紫外线协同防污消毒器	灭活水体中的各种微生物，有持续消毒作用。安装简单，操作方便。电耗大，需定期更换紫外线灯管和 B 离子电极	原水水质理化指标： 浑浊度≤3NTV； 总含铁量≤0.3mg/L； 色度≤15 度； 总大肠菌群≤1000 个/L； 水温≥5℃； 细菌总数≤2000 个/mL； 氯化物（CL⁻）≥15mg/L	现行国家标准《城镇给排水紫外线消毒设备》GB/T 19837
水箱臭氧自洁器	消毒能力强，无有害副产物；消毒后的水口感好，无异味。安装简单，操作方便。生产臭氧效率低，运行和维护费用高，臭氧必须边生产边使用；无持续消毒作用	—	

续表

设备类型	特点	水质条件	执行标准
紫外光催化二氧化钛（AOT）灭菌器	杀菌效率高，在较低辐射剂量下就能够达到理想的杀菌消毒效果； 杀菌消毒广谱性，几乎对所有细菌、病毒、有机化合物有效，并且不会产生抗药性； 处理过程中无化学添加、无副产物、无有害残留； 适用温度广，运行安全、可靠，运行维护简单、费用低，整个系统运行可实现无人值守； 可连续大水量杀菌消毒，无浓水产生	原水水质理化指标： 浑浊度≤10NTV； 总含铁量≤0.5mg/L； 色度≤20度； 水温≥4℃	—

（3）紫外线消毒器设计要求：

1）紫外线消毒内装紫外线消毒灯管，利用灯管内汞蒸气放电时辐射波峰在 253.7nm 的紫外线照射下致死各种微生物。

2）紫外线消毒器设备由紫外线灯管、石英玻璃套管、不锈钢筒体及配电系统（整流器、风扇、计时器、指示灯）等组成。

3）主要技术参数：

① 紫外线灯管辐照强度：30W 新灯管辐照强度不小于 $90\mu W/cm^2$。

② 辐照剂量：辐照剂量＝辐照强度×时间

紫外线消毒器出厂时总辐照剂量不小于 $12000\mu W \cdot S/cm^2$（充水时）。

③ 消毒器内水头损失小于 0.005MPa。

（4）紫外线协同防污消毒器设计要求：

1）紫外线协同防污消毒器是以物理方法为主，化学方法为辅，将高强紫外线和微电解防污消毒技术结合。先利用高强紫外线灯管产生的强紫外线光照射水体中的细菌、病毒、寄生虫、水藻及其他病原体，通过破坏其细胞中的 DNA 结构，将其杀灭。在随后通过微电解装置工作时形成的物理场中，水被微电解出活性氧直接杀菌，或者与氯离子 Cl^- 相互结合成活性更强的氧化剂杀菌，水经微电解后具有滞后效应，能产生持续的杀菌作用。

2）紫外线协同防污消毒器由紫外线灯管、石英玻璃套管、不锈钢筒体、紫外线控制系统（工作指示、计时器、紫外线强度仪）、微电解控制器、微电解电极及清洗装置等组成。

3）主要技术参数：

① 杀菌率不小于 99.9%；

② 紫外线辐照剂量不小于 $40mJ/cm^2$（充水时）；

③ 有效氯不小于 0.05mg/L；

④ 微电解电极寿命 5 年。

（5）水箱臭氧自洁器设计要求：

1）工作原理：臭氧是一种强氧化剂，其氧原子可以氧化细菌的细胞壁，直至穿透细胞壁与其体内的不饱和键化合而将其杀死，且具有良好的脱色、氧化、除臭功能，在向氧气的转化过程中没有二次残留及二次污染物产生。

2）设备组成：

① 外置式水箱臭氧自洁器由控制箱（含臭氧发生器和控制器）、循环水泵（置于臭氧释能器内）、射流器等组成，臭氧释能器设于水箱外部；

② 内置式水箱臭氧自洁器由控制箱（含臭氧发生器和控制器）、臭氧释能器（含潜水泵、射流器）等组成，臭氧释能器设于水箱内部。

3）主要技术参数：水箱臭氧自洁器整体功耗根据型号不同，数值分为 405W、745W，产生臭氧的量分别为 4g/h（405W）、8g/h（745W）。

（6）紫外光催化二氧化钛（AOT）灭菌器设计要求：

1）工作原理：AOT 光催化杀菌消毒设备是将二氧化钛（TiO_2）光催化材料附载在金属钛（Ti）表面，将组成的光催化膜（TiO_2/Ti）固定在紫外光源周围。光催化膜（TiO_2/Ti）在紫外灯的照射下，产生的羟基自由基（·OH）会碰撞微生物表面，夺取微生物表面的一个氢原子，被夺取氢原子的微生物结构被破坏后分解死亡，羟基自由基在夺取氢原子之后变成水分子，不会污染水质。

2）设备组成：AOT 光催化杀菌消毒设备主要由紫外灯、控制单元和内壁涂有 TiO_2 涂层的核心反应器三大部分组成。待处理的水由 AOT 设备进口流入，依次经过 2 根反应器，紫外灯激发光催化膜产生强氧化性能的羟基自由基，羟基自由基直接作用于细胞膜，破坏细胞组织，将流经反应器的原水中的微生物（细菌、病毒）和有机物彻底分解成 CO_2 和 H_2O，杀毒处理后的水由设备出口送入给水管道。

3）主要技术参数见表 4-14。

产品规格参数　　表 4-14

项目	AOT-5-1″	AOT-10-DN50	AOT-25-DN50	AOT-50-DN80	AOT-75-DN100	AOT-100-DN150
额定流量（m^3/h）	4.5	9	22.5	45	68	90
进出水口直径	1in（2.54cm）	DN50	DN50	DN80	DN100	DN150
灯功率（W）	86	90	180	360	540	720
最高工作压力（MPa）	1.0					
工作温度（℃）	4～70					
环境温度（℃）	5～50					
压力降（MPa）	<0.01					
反应器防护等级	IP64					
电控柜防护等级	IP65					
额定电压（V）	220±10%					
额定频率（Hz）	50					
紫外灯使用寿命（h）	9000					

6. 水泵房

（1）水泵房的设计要点

1）生活给水泵房应根据规模、服务范围、使用要求、现场环境等确定单独设置还是与动力站等合建，是地上式还是地下式、半地下式；独立设置的水泵房，应将泵室、配电间和辅助用房（如检修间、值班室、卫生间等）建在一幢建筑内；当和水加热间、冷冻机房等设备用房相邻时，辅助用房可共用。

2）乡村独立设置的生活给水泵房宜靠近用水大户；建筑内设置的生活给水泵房，不应毗邻居住用房或在其上层或下层，宜在吸水池的侧面或下方。一般宜设在地面层，若设在地下层时应有通往室外的安全通道。应有可靠的消声降噪措施。

3）生活给水泵房一般满足下列条件：

① 应为一、二级耐火等级的建筑。

② 泵房应有充足的光线和良好的通风。供暖温度一般不低于 16℃，如有加氯设备应为 18℃～20℃；无专人值班的房间温度不低于 5℃，并保证不发生冰冻，地下式或半地下式泵房应有排出热空气的有效通风设施，泵房内换气次数每小时不少于 6 次。需要机械通风时，应经相关专业计算确定。

③ 泵房应至少设置一个能进出最大设备（或部件）的大门或安装口，其尺寸根据设备大小、运输方式（是机械搬运、还是人工搬运）等条件决定；泵房楼梯坡度和宽度应考虑方便搬运小型配件，楼梯踏步应考虑防滑措施。

④ 泵房内应设排水沟（沟宽一般不小于 200mm）和集水坑，地面应有 0.01 坡度坡向排水沟（排水沟纵向坡度不小于 0.01），集水坑不能自流排出时可采用潜水排污泵提升排出。

⑤ 泵房高度按下列规定确定：

a）无起重设备的地上式泵房，净高不低于 3.0m；

b）有起重设备时，应按搬运机件底部和吊运所通过水泵机组顶部保持 0.5m 以上的净空确定。

⑥ 不允许间断供水的泵房，应有 2 个外部独立的电源。如不可能时，必须考虑在泵房内装自备发电机组供电或以柴油机为动力的水泵机组，其能力应满足发生事故时的供水需求。泵房应有良好的照明及供检修用插座。泵房内靠墙安装的落地式配电柜和控制柜前面通道宽度不宜小于 1.5m，挂墙式配电柜和控制柜前面通道宽度不宜小于 1.0m。如采用的配电柜和控制柜是后开门的检修形式，则柜后检修通道宽度见国家现行相应电气标准的要求。

⑦ 泵房内起重设备可按下列要求设置：

a）起重量不超过 0.5t 时，可设置固定吊钩或移动吊架；

b）起重量在 0.5t～2.0t 时，可设置手动或电动单轨吊车；

c）起重量在 2.0t～2.5t 时，可设置电动的桥式吊车。

⑧ 泵房内应设与有关部门联系的通信设施。

（2）水泵机组应遵循的规定

1）水泵机组布置应符合下列规定：

① 泵机组之间及与墙的间距见表 4-15。

水泵机组外轮廓面与墙和相邻机组间的间距（m）　　　　表 4-15

电动机额定功率 （kW）	水泵机组外轮廓面与墙面之间 最小间距（m）	相邻水泵机组外轮廓面之间 最小距离（m）
≤22	0.8	0.4
>22～<55	1.0	0.8
≥55～≤160	1.2	1.2

注：1. 水泵侧面有管道时，外轮廓面计至管道外壁面。
　　2. 水泵机组是指水泵与电动机的联合体或已安装在金属座架上的多台水泵组合体。
　　3. 相邻水泵机组突出基础部分的最小距离或机泵突出部分与墙面的最小间距，应保证检修时水泵轴或电机转子能拆卸。

② 泵房场地较小时，下列布置可供参考：当电机容量小于 20kW 或吸水管管径不大于 100mm 时，泵基础的一侧可与墙面不留通道；而且两台同型号水泵可共用一个基础彼此不留通道，但该基础的侧边与墙面（或别的机组基础的侧边）应有不小于 0.7m 的通道；不留通道机组的突出部分与墙的净距或同基础相邻两个机组的突出部分间的净距不小于 0.2m。

③ 泵房的主要通道宽度不得小于 1.2m，检修场地尺寸宜按水泵或电机外形尺寸四周有不小于 0.7m 的通道确定。若考虑就地检修时，至少每个机组一侧留有大于水泵机组宽度 0.5m 的通道。

2）水泵机组的基础必须安全稳固，尺寸、标高准确。尺寸应按产品生产厂家提供的相关技术资料确定。基础一般采用 C20 混凝土浇筑。基础下面的土壤应夯实。基础浇捣后必须注意养护，达到强度后才能进行安装。

（3）水泵房内的管道布置：一般为明设；沿地面敷设的管道，在人行通道处应设置跨越阶梯；架空管道应不影响人行交通，并不得架在机组上部；暗敷管道不应直埋，应设管沟。泵房内的管道均应考虑维修条件，管道外底距地面或管沟底的距离，当管道 $DN \leqslant 150$ 时，不应小于 0.2m；当管道 $DN \geqslant 200$ 时，不应小于 0.25m。当管段中有法兰时，应满足拧紧法兰螺栓的要求。

（4）泵房内的阀门设置应符合下列规定：

1）阀门的布置应满足使用要求，并方便操作、检修；

2）选阀门、止回阀的工作压力要与水泵工作压力相匹配；

3）一般宜采用明杆闸阀或蝶阀，以便观察阀门开启程度，避免误操作而引发事故；

4）止回阀应采用密闭性能好，具有缓闭、消声功能的止回阀。

（5）水泵房的隔振和减振应符合下列规定：

1）乡村泵房的位置要布置恰当，独立设置的水泵房，其运行噪声应符合现行国家标准《声环境质量标准》GB 3096 的要求。

2）水泵机组应采取下列措施：

① 采用低噪声水泵机组，其运行的噪声应符合现行国家标准《民用建筑隔声设计规范》GB 50118 的规定；

② 泵机组应设隔振装置（如橡胶隔振垫、橡胶隔振器、阻尼弹簧隔振器等）；

③ 水泵吸水管和出水管上，应装设可曲挠橡胶接头或其他隔振管件；

④ 管道支架、吊架和管道穿墙、楼板处，应采取防止固体传声措施；管道支吊架宜采用弹性吊架或弹性托架和隔振支架；泵的出水管穿墙和楼板处，洞口与管外壁间填充弹性材料；

⑤ 水池的进水管压力不宜大于 0.15MPa；若大于，在满足供水量的前提下可采取减压措施；

⑥ 必要时，应要求建筑专业采取措施，如在墙面、顶棚加设多孔吸声板及安装双层门窗等隔声措施。水泵机组隔振应根据水泵型号规格、水泵机组转速、系统质量和安装位置、荷载值、频率比要求等因素选用隔振元件。卧式水泵宜采用橡胶隔振垫、橡胶隔振器、阻尼弹簧隔振器，当安装在楼板上宜采用橡胶隔振器或阻尼弹簧隔振器。立式水泵宜采用橡胶隔振器、阻尼弹簧隔振器。

3）水泵机组的隔振元件应符合下列规定：

① 弹性性能优良、刚度低；

② 承载力大，强度高、阻尼比适当；

③ 性能稳定，耐久性好；

④ 酸、碱、油的侵蚀能力良好；

⑤ 加工制作和维修方便。

4）水泵机组的隔振元件支承点数量应为偶数，且不少于 4 个。1 台水泵机组的各个支承点的隔振元件，其型号、规格、性能应一致。采取的隔振措施应使水泵运行扰动频率和固有频率的频率比（$\lambda = f/f_n$）大于 2，一般以 2～5 为佳。

5）隔振垫的选择：隔振垫由丁腈橡胶制成，基本单元尺寸长×宽×厚＝85mm×85mm×20mm。硬度有 40°、60°、80°三种规格，可采用单层或多层的设置方式，各层间设 6mm 厚钢板（每边比橡胶垫大 20mm）。性能：阻尼比 D 约为 0.08，工作温度−20℃～60℃，固有频率 $f_n = 5.0 \text{Hz} \sim 18.0 \text{Hz}$。

6）隔振器的选择：目前常用的有橡胶隔振器和阻尼弹簧隔振器。橡胶隔振器由金属框架和外包橡胶复合而成，阻尼比 D 约为 0.08，额定荷载下静态变形小于 5mm。阻尼弹簧隔振器由金属弹簧隔振器外包橡胶复合而成，它能消除弹簧隔振器存在的共振时振幅激增现象和解决橡胶隔振器固有频率较高应用范围狭窄的问题，是较好的隔振器，阻尼比 D 约为 0.07，工作温度为−30℃～100℃，固有频率为 2.0Hz～5.0Hz，荷载范围为 110N～35000N。

7）与水泵隔振配套安装在管道上的可曲挠橡胶接头、可曲挠橡胶异径管、可曲挠橡胶弯头等管道配件应符合下列规定：

① 用于生活饮用水管道上的可曲挠橡胶管道配件，应得到卫生部门的许可。

② 参照下列要求确定隔振配件的数量：

a）隔振配件的设置应满足隔振和位移补偿两方面要求，一般可按每个橡胶接头具有插入损失 15dB～25dB 的隔振效果来估算隔振管道配件的数量；

b）位移补偿一般考虑轴向位移和横向位移。管道隔振配件所允许的位移量应满足水泵隔振元件的变形量，并可由此来确定配件的数量。

③ 用于水泵出水管的可曲挠橡胶接头等隔振管道配件，应按工作压力选用，用于水泵吸水管时应按真空度选用。安装在水泵进出水管上的可曲挠橡胶接头，必须安装在靠近水泵处。

④ 可曲挠橡胶管道配件可明装也可暗装，但不得嵌装于墙内，并必须确保其处于不受力的自然状态下工作，其各个方向的位移不受环境的影响，用于埋地管道时，应设在管沟内或检查井内。一般宜安装在水平管上，在配件上严禁刷油漆。当管道需要保温时，保温做法不得影响配件的位移补偿和隔振要求，如保温层不与配件的橡胶体直接接触，保温材料采用软性材料等。

8）不能与水泵布置在一起的贮水池、水箱也应设置在单独的房间内，并尽量远离需要安静的房间。

9）管道系统的设计，应采取下列降低噪声的措施：

① 管内压力、流速均按规定选用，防止因压力过大、流速过快而引发噪声，当防噪

声要求高时，配水支管与卫生器具配水件的连接宜采用软管连接，配水管起端设置水锤吸纳装置；

②管道不宜穿过有较高安静要求的房间，如卧室、病房、录音室、阅览室等；当卫生间紧贴卧室等需要安静的房间时，其管道应布置在不靠卧室的墙角；旅馆客房的卫生间的立管应布置在门朝走廊的管井内；

③管道穿楼板和墙处，管道外壁与洞口之间填充弹性材料；

④敷设在墙槽内的管道，宜在管道外壁缠绕厚度不小于10mm的毛毡或沥青毡；

⑤管道的支吊架应考虑隔振要求，宜在管道外壁与卡环之间衬垫厚度不小于5mm的橡胶或其他弹性材料；对隔振要求高的地方应采用隔振支架。

7. 贮水池、水箱及水塔

贮水设施是乡村给水系统的调节构筑物，包括高位水池（箱）、水塔、埋地清水池（箱）等。贮水设施建造材料有混凝土、不锈钢、玻璃钢等类型。贮水量大的埋地贮水池或水塔一般采用混凝土建造，贮水量小的贮水池（箱）材质一般采用不锈钢和玻璃钢等材质。

（1）设置条件

1）当水源不可靠或只能定时供水，或只有1根供水管而乡村或建筑物又不能停水，或外部给水管网所提供的给水流量小于乡村住宅所需的设计流量时，应设贮水池。

2）当外部给水管网压力低，需要用水泵加压供水而又不允许直接从给水管网中抽水时应设贮水池；当外部给水管网虽然压力低但供水流量较大，可以供给居住乡村或建筑物的设计秒流量时，可只设吸水井。

3）在出现下列情况时应设高位水箱（或水塔）：

①外部给水管网压力周期性不足（白天压力不足，夜间水压恢复有保证）；

②外部给水管网压力经常不足，需要加压供水，而乡村建筑物内又不允许停水或某些用水点要求给水压力平稳。

（2）贮水池及水塔容积确定

乡村生活用水贮水池的有效容积应根据生活用水调节量和安全贮水量确定；其生活用水调节量应按流入量和供出量的变化曲线经计算确定，当资料不足时，可按最高日用水量的15%～20%确定。

1）乡村采用水塔作为生活用水的调节构筑物时，其有效容积应经计算确定，若资料不全时可参照表4-16选定。水泵-水塔联合供水时，宜采用前置方式。

水塔（高位水箱）生活用水调蓄贮水量　　　　　　表4-16

乡村最高日用水量（m³）	<100	101～300	301～500	501～1000	1001～2000	2001～4000
调蓄贮水量占最高日用水量的百分数（%）	30～20	20～15	15～12	12～8	8～6	6～4

2）吸水井的有效容积一般不得小于最大1台或多台同时工作水泵3min的设计流量，小型泵可按5min～15min的设计流量确定；吸水井的长、宽、深尺寸应满足吸水管的布置、安装、检修和水泵正常工作的要求。其防止水质污染变质和保证运行安全所采取的措施同贮水池。

3) 各种调节设施必须遵守有关防止水质污染的规定；并应根据城镇供水制度、供水可靠程度、乡村对给水的保证要求和引入管的数量、维护管理的水平和用水的要求，各种调节设施内应贮存一定的安全贮量。

4) 水池及水塔一般应设进水管、出水管、溢流管、泄水管、透气管、水位信号装置、人孔等。当水池因容积过大分设 2 个（或 2 格）时，应按每个（格）可单独使用来配置上述设施。

5) 乡村生活用水低位贮水池（箱），其外壁与建筑本体结构墙面或其他池壁之间的净距，应满足施工或装配的需要。无管道的侧面，净距不宜小于 0.7m；安装管道的侧面，净距不宜小于 1.0m，且管道外壁与建筑本体墙面之间的通道宽度不宜小于 0.6m；设有人孔的池顶，顶板面与建筑本体楼板的净空一般不宜小于 1.5m，因条件所限，最小不应小于 0.8m。

6) 贮水池一般宜分成容积基本相等的 2 格；生活水池容量超过 $500m^3$ 时，应分成 2 格或分设 2 个。

7) 水池（箱）的进出水管应按其服务范围、对象、进出水方式等经计算确定管径，其管道流速按不同工况的要求确定，在资料不全时一般可选用 0.6m/s～0.9m/s（不得小于 0.5m/s）。水池的进水管装设与进水管径相同的自动水位控制阀［包括杠杆式浮球阀（一般适用于 $DN \leqslant 50$）和液压式水位控制阀门］，并不得少于 2 个。2 个进水管管口标高应一致。生活给水的出水管管内底应高于池（箱）底 0.1m～0.15m。

8) 水池（箱）设置溢流管时，溢流管的管径应按排泄最大入流量确定，一般比进水管大一级；溢流管宜采用水平喇叭口集水，喇叭口下的垂直管段不宜小于 4 倍溢流管管径，溢水口应高出最高水位不小于 0.1m。溢流管上不得装阀门。

9) 水池（箱）泄水管的管径应按水池（箱）泄空时间和泄水受体的排泄能力确定，乡村或建筑物的低位水池（箱）一般可按 2h 内将池内存水全部泄空计算，也可按 1h 内放空池内 500mm 的贮水深度计算。但管径最小不得小于 100mm。泄水管上应设阀门，阀门后可与溢水管相连，并应采用间接排水方式。

泄水管一般宜从池（箱）底接出，若因条件不许可，泄水管必须从侧壁接出时，其管内底应和池（箱）底最低处相平。当贮水池的泄水管不可能自流完全泄空水池或无法设置泄水管时，应设置移动或固定的提升装置；当采用移动水泵抽吸排水时，在水池附近应有接泵电源；并在池底最低处的上方池顶上应有能进泵的带盖（密封型）孔口（可与人孔合用）。

10) 水池（箱）的通气管由最大进水量或出水量求得最大通气量，按通气量确定通气管道的直径和数量，通气管内空气流速可采用 5m/s；根据水池（箱）用途（贮饮用水还是非饮用水等）确定通气管的材质；一般不少于 2 根，并宜有高差。管道上不得装阀门，水箱的通气管管径一般宜为 100mm～150mm。

11) 水池（箱）顶部应设人孔，人孔的大小应按池（箱）内各种设备、管件的尺寸确定，并应确保人能顺利进出，一般孔径或边长宜为 800mm～1000mm，最小不得小于 600mm。方型人孔的一侧宜与池（箱）内壁相平，圆形人孔宜与池（箱）内壁相切。当受条件限制无法在室内池顶设置人孔，而必须设置在侧壁时，应按人孔最低处高于溢流水位的要求设置。水池宜设 2 个人孔，水池容量大于 $1000m^3$ 则应设 2 个。

2个人孔宜对角线布置，宜布置在进水管、出水管、溢流管和集水坑附近。当进水管上设有浮球阀时，人孔应尽量靠近它。人孔处的池壁内应有爬梯（当水池设在地面时，外壁也应设爬梯）。人孔附近应有电源插座以便接临时照明灯。埋地水池的池顶人孔口顶应高出池顶覆土层顶不小于300mm，室内水池（或水箱）的顶部人孔顶应高出池（箱）顶不小于100mm，并应保证雨水、污水等不流入池内。寒冷地区可根据当地气候条件选择是否采用保温型人孔。人孔的密封井盖须加锁。

12）当采用2个水池（箱）时，两水池（箱）之间应设连通管，连通管的管径应按供给的全部流量确定，管道上应有阀门，管内底与池（箱）底应尽量相平。管道不宜伸入池（箱）内。

13）水池（塔、箱）应根据管理的需要设置相应的自动控制设施。水池、水塔应设水位监视和溢流报警装置。信息应传至监控中心。室外埋地水池应设有水位指示装置并传至泵房或控制室；池顶的水位标尺应有照明设施。室内的水池（箱）一般可在侧壁安装玻璃液位计，并应有传送到监控中心的水位指示仪表。报警水位（溢流）高出最高水位0.05m左右。溢流水位高出报警水位约0.05m。如进水管径大，进水流量大，报警后需要人工关闭（或电动关闭）时，应给紧急关闭的时间，一般报警水位低于溢流水位0.25m～0.30m。当按水塔水位自动控制提升泵的启停时，启泵水位一般应高于最低水位不少于0.2m，停泵水位为最高水位。

14）水池、水箱一般宜采用玻璃钢、不锈钢、钢筋混凝土等材质，水塔采用钢筋混凝土结构。

15）设置贮水池（箱）的房间室内光线、通风应良好，并便于维护管理，室温不应低于5℃，当室温可能低于0℃时，应有防结冰措施。贮水池（箱）不宜毗邻电气用房和居住用房或在其上、下方。

16）管道穿越钢筋混凝土水池（箱）部位应预埋耐腐蚀金属材料套管，该套管为带有防水翼环的刚性或柔性套管（一般用于有振动的管道），管道与套管之间的缝隙应做可靠的防渗填堵。成品水箱的管道接口应预制好。

17）贮水池内应设有水泵吸水的吸水坑，吸水坑的大小和深度应满足水泵吸水管的安装要求，水池底应有不小于0.005的坡度坡向吸水坑。

18）水箱底应有不小于0.005的坡度坡向水箱泄水管口。

19）水池（箱、塔）内给水管道的设置要求：

① 浸水部分管道宜采用耐腐蚀金属管材或内外涂塑焊接钢管及管件（包括法兰、水泵吸水管、溢水管、吸水喇叭、溢水漏斗等）；

② 水池（箱）进出管及泄水管宜采用管内外壁及管口端涂塑钢管或球墨铸铁管（一般用于水塔）或塑料管（一般用水池、水箱）。当采用塑料进水管时，其安装杠杆式进水浮球阀端部的管段应采用耐腐蚀金属管及管件，并应有可靠的固定措施，浮球阀等进水附件的重量不得作用在管道上；

③ 一般进出水管为塑料管时，宜将从水池（箱）至第一个阀门的管段改为耐腐蚀的金属管；

④ 管道的支撑件、紧固件及池内爬梯等均应耐腐蚀处理。

20）室外贮水池周围的阀门井的结构不得与水池结构连在一起。室外贮水池可用覆土进行保温，覆土厚度可参考表 4-17。覆土厚度还应满足地下水抗浮要求。严寒地区应根据当地气温条件采取适当的保温措施。

贮水池覆土层厚度　　　　　　　　　　　　　　　　表 4-17

最冷月平均温度（℃）	覆土层厚度（m）
＞－10	0.5
－10～－30	0.7
＜－30	1.0

21）水塔的进出水管应按其服务范围、对象、进出水方式等，经计算确定管径。由城镇管网直供的进水管，其流速的确定应考虑充分利用城镇管网压力的经济流速（用泵提升时可按泵的出水管流速确定），水塔出水管的设计流速应为充分利用水塔高度并满足给水要求的经济流速，在资料缺乏时一般可采用 0.6m/s～0.9m/s（不得小于 0.5m/s）。溢流管管径一般比进水管大一级，泄水管管径一般按 2h 内放空水塔内余存水考虑，但不宜小于 DN100。水塔的所有竖管均应设伸缩接头，当环境温度低于 0℃时，进出水管应保温。泄溢水竖管一般不作保温，但对保温水塔的泄水管及泄水管上的阀门需采用电伴热防冻。

冬季供暖温度低于－8℃的地区，水塔需保温，一般按－9℃～－12℃、－13℃～－20℃、－21℃～－40℃ 3 种工况进行保温计算。

4.4.2　施工

（1）乡村给水系统供水设施、设备的施工应符合现行国家标准《给水排水管道工程施工及验收规范》GB 50268、《给水排水构筑物工程施工及验收规范》GB 50141 和《建筑给水排水及采暖工程施工质量验收规范》GB 50242 等的有关规定。

（2）供水设施、设备施工应按设计要求编制施工方案或施工组织设计。施工现场应具有相应的施工技术标准、施工质量管理体系和工程质量检验制度。

（3）供水设施、设备施工前应具备的条件同本书第 4.3.2 节第 1-(3) 款的有关规定。

（4）供水设施、设备施工所采用的主要设备、系统组件、管材管件及其他设备、材料进行进场检查，应符合国家现行相关产品标准的规定，并应具有出厂合格证或质量认证书；进场时应做现场检查，检查不合格者不得使用。

（5）水池和水塔（水箱）安装施工，应符合下列规定：

1）水池和水塔（水箱）的水位、出水量、有效容积、安装位置，应符合设计要求；

2）水池和水箱出水管或水泵吸水管应满足最低有效水位出水不掺气的技术要求；

3）钢筋混凝土制作的水池的进出水管等管道应设防水套管，钢板等制作的水箱的进出水管等管道宜采用法兰连接，对有振动的管道应设柔性接头，采用其他连接时应做防锈处理；

4）水池、水塔（水箱）的溢流管、泄水管不应与生产或生活用水的排水系统直接相连，应采用间接排水方式。

（6）深井泵安装

深井泵安装时，应使机轴与出水管的中心线对齐，不得稍有弯曲或倾斜。机轴与轴承间应保持良好的松紧程度，并应加好润滑剂。水泵的翼轮应装于动水位以下 2m～3m。电动机与水泵连接前，要详细检查其转动方向是否一致，如果反向连接，将造成损坏水泵事故。

深井泵在抽水试验时，因井的水位及含砂量变化较大，容易发生故障，应根据具体情况，立即加以调整。如果出水量突然减少，一般是因为动水位忽然下降或进水阀、进水管被砂堵塞所致，应立即改换抽水机的安装深度，以适应新的动水位，或清除进水管、阀的积砂。如果发现水泵振动，电动机电流突然增加，内部发生强烈杂声，说明水泵部分零件损坏，应立即停止工作，进行检修。如果水泵开始转动困难，电动机电流突然增高，一般是因为砂粒进入轴承间隙所致，如继续转动，必将发生机械事故，应立即检查清理。

（7）成品给水箱的安装应符合下列规定：

1）给水箱的材质应符合设计要求；

2）成品不锈钢水箱箱体宜采用食品级不锈钢板专用模具冲压成标准板块，经氩弧焊接成型，并通过卫生防疫部门的检验；

3）成品水箱标准版规格主要分为 1000mm×1000mm、1000mm×500mm、500mm×500mm 三种，水箱尺寸模数为 500mm，长、宽、高可按此模数任意组合，但高度超过 3000mm 时，应由生产厂家进行结构核算；

4）水箱内设置的不锈钢拉筋，应采用氩弧焊焊接。

（8）现场制作给水箱的安装应符合下列规定：

1）水箱及附件材料采用不同碳素钢板及型钢制作，采用 E43 系列焊条焊接，钢板及焊条应分别符合现行国家标准《碳素结构钢》GB/T 700 和《非合金钢及细晶粒钢焊条》GB/T 5117 的规定；

2）箱顶、箱壁、箱底的钢板拼接均采用对接焊接（顶板为Ⅰ形焊缝，底板板及侧壁为Ⅴ形焊缝），其他焊接为贴角焊缝，焊缝之间不允许有十字交叉现象，且不得与加强肋重合；

3）满水试验：水箱制作完毕后，将水箱完全充满水，静置 2h～3h 后，用重 0.5kg～1.5kg 的铁锤沿焊缝两侧约 150mm 的地方轻敲，不漏水为合格；若发现有漏水的地方，须重新焊接，再进行试验；

4）水箱防腐：满水试验合格后，内外表面先除锈，再打磨焊缝表面，采用喷砂除锈应达到 Sa2 级，采用人工除锈应达到 St3 级；水箱内表面层喷涂食品级 901 或 T-541 瓷釉涂料，外表面刷樟丹 2 遍，水箱不保温时再刷油性调和漆 2 遍；

5）当有抗震要求时，水箱及配水管应采取抗震措施；

6）水箱保温、防冻保温和防结露保温由设计确定。

（9）变频调速给水设备及管路安装应符合下列规定：

1）安装前应对变频调速给水设备及泵房管路系统安装所需的设备组件、配件、管材和管路配件进行核对和检查。设备型号、性能参数、品种和数量符合设计要求，外观检查合格，产品合格证、质量证明文件齐全，设备基础已浇筑，基础承载强度满足要求。

2）变频调速给水设备及系统管路、电气线路、电气设备的安装应符合现行国家标准《机械设备安装工程施工及验收通用规范》GB 50231、《建筑给水排水及采暖工程施工质量验收规范》GB 50242、《建筑电气工程施工质量验收规范》GB 50303 的有关规定。

3）泵房管道应设置支架、托架、吊架及抗振支吊架。固定支架、活动支架及抗振支吊架的设置位置、间距、形式、材质、规格尺寸等应符合设计要求。当设计无具体要求时，应符合国家现行有关标准的规定。

4）泵房内的金属及金属复合管、管道支吊架、抗振支吊架的防腐应符合设计要求。当设计无具体要求时，应符合现行国家标准《建筑给水排水及采暖工程施工质量验收规范》GB 50242 等的规定。

5）水箱应做满水试验。

6）变频调速给水设备安装完成后应按设计要求进行通电、通水调试。调试前应将设备和泵房管路上的阀门置于相应的通、断位置，并将电气控制装置逐级通电，电源的工作电压应符合要求。系统调试模拟运转时间不应低于 30min。

7）变频调速给水系统的冲洗、消毒应在泵房设备调试后进行，并应采用自来水进行冲洗；且不得利用自身变频调速给水设备进行系统冲洗。

8）生活给水系统冲洗合格后应采用消毒液对系统管网进行消毒。消毒液可采用含游离氯 20mg/L～30mg/L 的氯消毒剂或高锰酸钾及其他合适的消毒剂。

（10）二次供水消毒设备的安装应符合下列规定：

1）紫外线消毒器

安装注意事项和安装方法：消毒器一端需有大于 1.2m 的检修空间，另一端靠墙最近距离 0.6m。消毒器旁应有排水设施。注意接地等安全问题。安装在高位水箱生活出水管上，消毒器进水管与水箱最低水位高差不宜小于 0.5m。安装在水泵出水管上，有气压罐时其出水管上不设止回阀，无气压水罐时设缓闭止回阀。安装在泵组吸水管上，额定水量不小于泵组最大工作流量。

2）紫外线协同防污消毒器

设备应预留检修空间，检修空间在筒体清洗装置侧，不小于设备筒体长度，其他方向不小于 0.5m。设备旁应有排水设施。注意确保接地等安全问题。

安装在高位水箱生活出水管上时，消毒器进水管与水箱最低水位高差不宜小于 0.5m，额定水量不小于设计秒流量。安装在水泵出水管上，有气压水罐时其出水管上不设止回阀，额定水量不小于水泵组最大工作流量。可安装在水泵出水管上，无气压水罐时水泵出水管上设缓闭止回阀，额定水量不小于水泵组最大工作流量。当水泵出口压力大于消毒设备工作压力时，应向消毒设备厂家提出订制产品。安装在泵组吸水管上，额定水量不小于水泵组最大工作流量。水流通过消毒器的水头损失不大于 0.5m。

3）水箱臭氧自洁器

① 水箱臭氧自洁器控制器要安装在干燥通风处（有防雨、防水措施）；

② 安装期间根据用户高、中、低谷段的用水量，由厂家设定设备运行时段；

③ 臭氧发生器采用高频高电压电源，控制器地线必须牢靠接地，设备运行期间严禁打开控制器门；

④ 外置式水箱臭氧自洁器应安装于水箱旁，设备与水箱距离应小于 3m；吸水管中心线必须低于水箱工作最低水位且臭氧输出管线应从水箱顶部进入水箱，严禁封堵臭氧释能器出口；

⑤ 内置式水箱自洁器必须将臭氧释能器放于水箱底部；

⑥ 设备安装到位后确认所有电源线连接牢靠，各进出水阀门打开，确保将零散物件，

特别是金属屑、线头等，从机体中移除后再接通 220V 主电源；

⑦ 可选用的安装方法：条件许可时，应优先选用外置式水箱臭氧自洁器；可采用单台或多台安装。多台安装时注意各台消毒器需均匀布置。

4）紫外线催化二氧化钛（AOT）装置

① 设备安装前应对系统进行彻底清理；

② 设备进出口两边留有不小于 0.8m 的操作空间，且上方应留有不小于 1.2m 的检修空间，以方便设备的维修和保养；

③ 设备的进出水口应安装阀门，以便在维修和保养时切断水流；

④ 为了防止水中杂质进入设备内损坏设备或影响设备性能，建议在进口处安装过滤精度≤50 μm 的过滤器；

⑤ 触摸石英套管、紫外灯时应佩戴干净的手套；

⑥ AOT 后的管网安装完毕验收前应进行消毒处理，运行时应防止污染。

4.4.3 验收

（1）乡村给水系统供水设施、设备的验收应符合本书第 4.4.3 节第 2 款～第 7 款的规定。

（2）主要设备、系统组件、管材管件及其他设备、材料，应符合国家现行相关产品标准的规定，并应具有出厂合格证或质量认证书。水箱以及其附件等，应符合国家现行相关产品标准的规定。

（3）水箱验收

1）除 SMC 水箱外，目前没有其他水箱的国家或行业标准，本内容仅供参考，待相关标准发布后，应以相关标准的要求为准；

2）成品水箱到货时，应附有材料生产单位的质量证明书；

3）水箱表面应光洁、无明显划痕、无污垢，箱板之间的缝隙均匀、焊缝成型饱满；

4）水箱尺寸、接管及配件的位置、规格和连接应符合设计要求；

5）箱体和底架有连接板和连接螺栓连接；底架和基础应有固定螺栓连接；紧固件应连接牢固，无松动；

6）不锈钢水箱的焊接采用钨级氩弧焊，并应由具备焊接资质的人员完成；

7）用于贮存生活饮用水的水箱应按当地卫生防疫部门的要求进行卫生检验；

8）不锈钢水箱的材质检验：生产方应提供材质证明，有条件可采用便携式材料成分检查仪现场检测。

（4）变频调速给水设备验收

1）变频调速给水设备安装调试合格后，应进行工程竣工验收。给水排水部分应符合现行国家标准《建筑给水排水及采暖工程施工质量验收规范》GB 50242 的有关规定；电气部分应符合现行国家标准《电气装置安装工程　电气设备交接试验标准》GB 50150 和《建筑电气工程施工质量验收规范》GB 50303 的有关规定；

2）变频调速给水设备及泵房管路、供电系统的工程验收应重点检查下列内容：

① 供水设备型号、规格及相关技术参数是否符合设计要求；

② 泵房设备安装位置及管路布置、敷设是否符合设计要求；

③ 涉水产品的卫生许可；

④ 泵房供电可靠；

⑤ 供水设备泵组运行是否正常，设备供水流量、扬程等参数是否达到设计要求；

⑥ 设备接地、防雷等保护措施是否符合设计要求；

⑦ 泵房排水、通风设施完好；

⑧ 水池、水箱及管路系统中消毒器材的运行安全可靠；

⑨ 系统管道、管件及管路附件的规格、材质、连接方式符合设计要求。

（5）生活饮用水紫外线消毒器验收

1）消毒器应按技术管理规定程序批准的图纸及技术文件制造；

2）同一型号消毒器的零部件应保证其互换性；

3）消毒器受紫外线照射面应做抛光处理；

4）承压筒体的工作压力不应小于 0.60MPa，试验压力不应小于 0.90MPa；

5）在对环境有较高要求时，宜优先选用低臭氧型灯管，以减少臭氧对环境的污染；

6）灯管的布置应使受紫外线照射面上的紫外线强度分布均匀；

7）消毒器应设有灯管点燃指示、点燃累计时间指示或紫外线辐照强度的相对指示；

8）灯管应用石英玻璃套管与水隔开，石英套管 253.7nm 紫外线的透过率应大于 85%；

9）消毒器上应设有进出水管、泄水管、取样管，在消毒器不便安放泄水管时，也可以在与消毒器等同处的连接管上安装；

10）在额定消毒水量下工作，出水的细菌学指标应符合现行国家标准《生活饮用水卫生标准》GB 5749 要求；

11）消毒器材料应符合现行国家标准《生活饮用水输配水设备及防护材料的安全性评价标准》GB/T 17219 的要求。消毒器宜使用 S30403、S31608 不锈钢；

12）消毒器在额定消毒水量下工作的水头损失应小于 0.005MPa；

13）外观要求：设备表面应喷涂均匀，颜色一致，表面应无流痕、起泡、漏漆、剥落现象。设备外表整齐美观，无明显的锤痕和不平，盘面仪表、开关、指示灯、标牌应安装牢固端正。设备外壳及骨架的焊接应牢固，无明显变形或烧穿缺陷。

（6）紫外线协同防污消毒器验收

1）消毒器表面应平整、光滑，不得有明显的划痕、变形、裂纹等缺陷；

2）消毒器受紫外线照射的筒体表面粗糙度不大于 0.8μm；

3）消毒器应设有工作指示、累积时间指示和紫外线辐照强度指示、微电解工作电流指示，消毒器筒体应能通过 1.2MPa 的水压试验；

4）石英玻璃套管在波长为 253.7nm 的紫外线穿透率不应小于 90%；

5）消毒器出水水质微生物指标应符合现行国家标准《生活饮用水卫生标准》GB 5749 的要求，氧化物性质（以有效氯计）不低于 0.05mg/L；

6）微电解电极以金属钛为基材，表面须覆盖防腐涂层；

7）消毒器与水接触的材料和配件应符合现行国家标准《生活饮用水输配水设备及防护材料的安全性评价标准》GB/T 17219 的要求，消毒器筒体宜使用 S30403、S31608 牌号的不锈钢；

8）消毒器电气安全应符合现行国家标准《家用和类似用途电器的安全　第 1 部分：

通用要求》GB 4706.1 的有关规定。

（7）水箱臭氧自洁器验收

1）所有材料符合现行国家标准《生活饮用水输配水设备及防护材料的安全性评价标准》GB/T 17219 要求的卫生标准；

2）设备表面光滑，无凹坑，无剥脱，无缝隙，无死角，易于操作，避免形成死水层引起微生物污染；

3）臭氧发生器中电气绝缘零部件采用环氧玻璃布板，其绝缘性参数为 15kV/mm～30kV/mm；

4）加工后同一型号的零部件应保证其互换性；

5）电源入线与外壳绝缘电阻≥5MΩ，安全要求应满足《交流 1000V 和直流 1500V 以下低压配电系统电气安全　防护措施的试验、测量或监控设备　第 1 部分：通用要求》GB/T 18216.1 的规定；

6）定时器设定时间为臭氧发生器和循环水泵工作时间 30min，停止 5min；定时器设定时间可调；

7）循环水泵入库前，应通电、通水运行 12h，工作正常，不允许跳闸；管路连接处要牢靠，不得漏气，耐压 0.4MPa；

8）出水水质符合《生活饮用水消毒剂和消毒设备卫生安全评价规范（试行）》的要求。

4.4.4　运行和维护

（1）定期检查与供水设施、设备相接的管道上设置的软接头是否有开裂渗水现象。

（2）供水设备的维护管理应包括下列内容：

1）巡查供水设备的压力是否正常，每日至少 1 次，并做好记录；

2）水池、水箱定期清洗，至少每半年 1 次；

3）定期清洗管道过滤器滤网，至少每半年 1 次；

4）系统停水后恢复正常供水时，应及时检查供水设备的运行情况；

5）泵房内严禁存放易燃、易爆、易腐蚀及可能造成环境和水质污染的物品；

6）保持泵房清洁、通风；

7）供水设备出现故障时，应由经培训合格的技术人员进行维修。

（3）二次供水消毒设备的维护管理应包括下列内容：

1）紫外线消毒器

① 使用紫外线消毒设备消毒时，灯管点燃后需有 5min～10min 的稳定时间；

② 紫外线灯管达到使用寿命时应及时更换；工作人员在计时器累计时间接近灯管有效寿命时，应加强对出水水质的监测；

③ 应保证灯管的额定功率和稳定的电压，当功率不足时，将影响杀菌效果；

④ 消毒设备筒体内壁、灯管及石英玻璃管应经常清洗，清洗时先用棉布蘸酒精擦拭，然后用柔软干布擦净，勿用手直接接触已擦净的灯管表面；

⑤ 紫外线灯管有强烈的辐射，工作人员观察和接近灯管时，应戴有色眼镜和穿戴工作服与手套，防止灼伤眼睛和皮肤；

⑥ 因紫外线消毒没有余氯作用，需注意给水管网的施工质量并加强管理，并应有消毒后不再被污染的措施。

2）紫外线协同防污消毒器

① 消毒器开机后，灯管点燃需有 5min～10min 的稳定时间；

② 紫外线灯管和微电解电极应按照规定的使用寿命及时更换；工作人员在计时器累计时间接近灯管寿命时，应加强对出水水质的监测；

③ 应保证设备供电电压的稳定性，否则将影响设备安全；

④ 设备清洗装置为全自动工作，需要现场供应气源。气源压力 0.4MPa～0.7MPa，气量不低于 2L/min。

3）水箱臭氧自洁器

① 在系统正确安装完毕后，接通控制器电源，确认电压表为正常电压（210V～230V）；

② 按下启动按钮，确认电流表正常工作（180mA～220mA），水箱内部水有稍微涌动现象且有少许臭氧气味，说明设备已正常工作；水箱臭氧自洁器为间歇式工作，间歇工作时间根据实际工程用水情况设定；

③ 如遇停电，供电恢复后需要再次按下启动按钮。

4）紫外线催化二氧化钛（AOT）装置

① 如果水系统长时间不使用，应关闭设备电源，以避免系统过热；

② 设备禁止在系统没有水的情况下运行；

③ 电控柜的正面有运行时间显示器，当设备连续工作 1 年以后（大于 9000h），应当更换紫外线灯；

④ 设备反应器内壁、石英套管定期检查清洗，清洗时先用棉布蘸弱酸擦拭，然后用柔软干布擦净，勿用手直接接触已擦净的石英套管表面，具体周期按照实际处理的水质确定；

⑤ 紫外灯灯管伤害眼睛和皮肤，工作人员通过紫外灯观察孔观看光源时应保持一定距离，不可长时间观看。

第5章 乡村建设排水系统产品标准实施应用

我国幅员辽阔，乡村的地理环境、风俗习惯、经济发展有较大差异，排水系统的建设需求也不尽相同。需因地制宜地确定排水方式，合理收集雨污水，以改善乡村的卫生环境，建设美丽乡村。

5.1 相关标准

GB/T 5836.1—2018	建筑排水用硬聚氯乙烯（PVC-U）管材
GB/T 5836.2—2018	建筑排水用硬聚氯乙烯（PVC-U）管件
GB 6952—2015	卫生陶瓷
GB/T 12772—2016	排水用柔性接口铸铁管、管件及附件
GB/T 16800—2008	排水用芯层发泡硬聚氯乙烯（PVC-U）管材
GB/T 18477.1—2007	埋地排水用硬聚氯乙烯（PVC-U）结构壁管道系统 第1部分：双壁波纹管材
GB/T 18477.2—2011	埋地排水用硬聚氯乙烯（PVC-U）结构壁管道系统 第2部分：加筋管材
GB/T 18477.3—2019	埋地排水用硬聚氯乙烯（PVC-U）结构壁管道系统 第3部分：轴向中空壁管材
GB 19379—2012	农村户厕卫生标准
GB/T 20221—2006	无压埋地排污、排水用硬聚乙烯（PVC-U）管材
GB/T 23858—2009	检查井盖
GB/T 27710—2011	地漏
GB/T 28897—2012	钢塑复合管
GB/T 31436—2015	节水型卫生洁具
GB/T 31962—2015	污水排入城镇下水道水质标准
GB/T 33608—2017	建筑排水用硬聚氯乙烯（PVC-U）结构壁管材
GB 50014—2006	室外排水设计规范（2016年版）
GB 50015—2019	建筑给水排水设计标准
GB 50069—2002	给水排水工程构筑物结构设计规范
GB 50202—2018	建筑地基基础工程施工质量验收标准
GB 50242—2002	建筑给水排水及采暖工程施工质量验收规范
GB 50265—2010	泵站设计规范
GB 50268—2008	给水排水管道工程施工及验收规范
GB 50788—2012	城镇给水排水技术规范

CJ/T 164—2014	节水型生活用水器具
CJ/T 177—2002	建筑排水用卡箍式铸铁管及管件
CJ/T 178—2013	建筑排水用柔性接口承插式铸铁管及管件
CJ/T 186—2018	地漏
CJ/T 233—2016	建筑小区排水用塑料检查井
CJ/T 250—2018	建筑排水用高密度聚乙烯（HDPE）管材及管件
CJ/T 273—2012	聚丙烯静音排水管材及管件
CJ/T 278—2008	建筑排水用聚丙烯（PP）管材和管件
CJ/T 295—2015	餐饮废水隔油器
CJ/T 326—2010	市政排水用塑料检查井
CJ/T 380—2011	污水提升装置技术条件
CJ/T 410—2012	隔油提升一体化设备
CJ/T 442—2013	建筑排水低噪声硬聚氯乙烯（PVC-U）管材
CJ/T 472—2015	潜水排污泵
CJ/T 478—2015	餐厨废弃物油水自动分离设备
CJ/T 498—2016	自动搅匀潜水排污泵
CJ/T 511—2017	铸铁检查井盖
CJJ 6—2009	城镇排水管道维护安全技术规程
CJJ/T 29—2010	建筑排水塑料管道工程技术规程
CJJ 68—2016	城镇排水管渠与泵站运行、维护及安全技术规程
CJJ 124—2008	镇（乡）村排水工程技术规程
CJJ/T 165—2011	建筑排水复合管道工程技术规程
CJJ/T 209—2013	塑料排水检查井应用技术规程
CJJ/T 285—2018	一体化预制泵站工程技术标准

5.2 排水系统划分与选择

为适应建设美丽乡村的形势，需对乡村的生活排水、雨水进行收集排放，改善生活环境，可按照现行行业标准《镇（乡）村排水工程技术规程》CJJ 124 执行。

5.2.1 排水系统划分

乡村排水系统按排水的性质一般分为生活污水排水系统、生活废水排水系统和雨水排水系统。

5.2.2 排水系统选择

（1）乡村排水系统采用分流制、合流制或其他排水方式，要根据污水性质、污染程度、乡村建设标准，结合总体规划、排水体制和当地环保部门的要求确定；一般宜采用分流制排水，即将生活污水、生活废水和雨水分别由 2 个或 2 个以上的各自独立的管渠系统排出。具体可参照现行国家标准《室外排水设计规范》GB 50014 执行。

（2）村民住户内的生活排水系统应采用分流制，排水系统方式分为重力排水、压力排水和真空排水等。

（3）村民住户内的生活排水系统方式一般采用重力排水方式，当无条件重力排除时，或经技术经济论证可行时，可采用压力排水或真空排水方式。

（4）重力排水、压力排水、真空排水及雨水排水，必须分别设置独立的排水系统。

5.3 重力排水方式

5.3.1 系统组成

地面以上的建筑排水可通过排水管道重力排放，包括卫生间排水、厨房排水、雨水排水等。重力排水系统通常由卫生器具（或受水器）、排水管道（排水横支管、排水立管、排出管）、清通设备（检查口、清扫口、检查井）和通气系统等组成。

1. 卫生器具

（1）卫生器具是建筑内部排水系统的起点，是用来收集和排除污、废水的专用设备。因各种卫生器具的用途、设置地点、安装和维护条件不同，卫生器具的结构、形式和材料也各不相同。

（2）卫生器具应符合国家现行标准《卫生陶瓷》GB 6952、《节水型卫生洁具》GB/T 31436、《节水型生活用水器具》CJ/T 164 等标准。

（3）不同类型建筑卫生器具的设置及排水量等详见现行国家标准《建筑给水排水设计标准》GB 50015 的规定。

2. 排水管材

排水管排除生活、生产等污（废）水及雨水，是排水系统的重要组成部分。排水管常用的管材有混凝土管、金属排水管、塑料管、复合排水管等。

（1）选择排水管道管材时，应综合考虑建筑物的使用性质、建筑高度、抗震要求、防火要求及当地的管材供应条件，因地制宜选用。

（2）室外排水管道宜优先采用埋地排水塑料管，产品执行的现行国家标准包括：《埋地排水用硬聚氯乙烯（PVC-U）结构壁管道系统 第 1 部分：双壁波纹管材》GB/T 18477.1、《埋地排水用硬聚氯乙烯（PVC-U）结构壁管道系统 第 2 部分：加筋管材》GB/T 18477.2、《埋地排水用硬聚氯乙烯（PVC-U）结构壁管道系统 第 3 部分：轴向中空壁管材》GB/T 18477.3、《无压埋地排污、排水用硬聚乙烯（PVC-U）管材》GB/T 20221 等。建筑内部排水管道应采用建筑排水塑料管或柔性接口机制排水铸铁管及相应管件。

（3）混凝土排水管

混凝土排水管分为普通钢筋混凝土管、预应力混凝土管和钢筋混凝土管等三类。混凝土管管径一般小于 450mm，长度多为 1m，适用于管径较小的无压排水管；当管道埋深较大或敷设在土质条件不良地段以及管径大于 400mm 时，通常采用钢筋混凝土管。

混凝土管的特点：制造方便，可在专门工厂生产预制，也可在施工现场浇制；抗压能力强，使用时间长，价格便宜，性能稳定；能抵抗酸、碱浸蚀，但抗渗性能较差，管节短、接头多、施工复杂,地震强度大于 8 度的地区及饱和松砂、淤泥和淤泥土质、冲填土、杂填土的地区不宜敷设;大口径钢筋混凝土管自重大,搬运不便,综合投资高;与金属排水管和塑料排水管相比,混凝土管糙率系数较大,排水阻力大。

（4）柔性机制排水铸铁管

1）采用离心浇筑工艺生产的柔性接口排水铸铁管,接口一般为卡箍式或法兰承插式。适用于建筑室内 $DN50 \sim DN300$、内压不大于 0.3MPa 的生活排水管道、雨水管道等。

2）铸铁排水管的特点:韧性好,延伸率高,抗拉强度是普通灰铸铁管抗拉强度的 3 倍。维护方便快捷,铸铁管埋地后,可用金属探测器探测管道位置,这样在日后道路施工及管道维护时,可快速确定管道位置,并且铸铁管破损后的抢修速度快,维护方便。造价较普通灰铸铁管高,较钢管价格稍低。相较于钢管,还具有抗振动、抗冲击、抗腐蚀的特性。球墨铸铁管的管内糙率系数在 0.013 ～ 0.014。

3）柔性接口排水铸铁管管材、管件和连接件的材质、规格、尺寸和技术要求,应符合国家现行标准《排水用柔性接口铸铁管、管件及附件》GB/T 12772、《建筑排水用柔性接口承插式铸铁管及管件》CJ/T 178、《建筑排水用卡箍式铸铁管及管件》CJ/T 177 等的规定;管材、管件应配套使用。

（5）排水塑料管管材和管件

1）建筑排水聚氯乙烯（PVC）材料管道（包括硬聚氯乙烯管、芯层发泡管硬聚氯乙烯管、硬聚氯乙烯管双层轴向中空壁管、氯化聚氯乙烯管等）应符合国家现行标准《建筑排水用硬聚氯乙烯（PVC-U）管材》GB/T 5836.1、《建筑排水用硬聚氯乙烯（PVC-U）管件》GB/T 5836.2、《建筑排水用硬聚氯乙烯（PVC-U）结构壁管材》GB/T 33608、《排水用芯层发泡硬聚氯乙烯（PVC-U）管材》GB/T 16800、《建筑排水低噪声硬聚氯乙烯（PVC-U）管材》CJ/T 442 等的规定。

2）建筑排水聚烯烃（PO）材料管道（包括高密度聚乙烯管、聚丙烯复合管、聚丙烯管道等）应符合现行行业标准《建筑排水用高密度聚乙烯（HDPE）管材及管件》CJ/T 250、《聚丙烯静音排水管材及管件》CJ/T 273、《建筑排水用聚丙烯（PP）管材和管件》CJ/T 278 等的规定。

3）塑料排水管是近二十几年发展起来的新型管材,与传统管材相比,具有表面光滑、重量轻、耐腐蚀、水流阻力小、节约能源、安装简便迅速、综合工程造价低等显著优势。但塑料管强度低、质脆、抗外压和冲击性差,目前多用于小管径。常用的室外工程用排水管主要有硬质聚氯乙烯（PVC-U）排水管和高密度聚乙烯（HDPE）排水管,常见的高密度聚乙烯（HDPE）排水管有缠绕双壁中空肋壁管、双壁波纹管和缠绕中空肋壁管。

4）硬质聚氯乙烯（PVC-U）排水管的特点:

① 具有耐老化性好、质量轻、使用寿命长、耐腐蚀性好、阻燃性好、输送能力高等特点,管径一般都在 600mm 范围内,最大管径可达 1200mm;

② 除具有塑料管的一般特性外,还具有密度高、耐腐化、不易散热等特点;

③ 硬聚氯乙烯管材质相较于其他塑料管硬,在遭受外力的情况下容易发生断裂,所以在乡村排水管道建设过程中,如对管道抗压力有较高的要求时,谨慎使用。

5）高密度聚乙烯（HDPE）排水管的特点:

① 相对于金属管、混凝土管,具有较强的变形能力,能够适应各种恶劣的施工条件

和地理环境,特别在软性地基造成的管基不均匀沉降和错位的施工环境下具有较强的适应能力,同时接口密封性较好,且安装方便。双壁波纹管的最大管径可达 1200mm,缠绕工艺生产的结构壁管最大管径可达 3000mm。

② 除具有塑料管的一般特性外,还具有采用橡胶圈承插柔性接口、加工连接方便、对管道基础要求低等特点。执行的技术标准为现行行业标准《建筑排水塑料管道工程技术规程》CJJ/T 29。

(6)复合排水管

复合排水管是近年出现的新型排水管,主要是指钢塑复合管,执行的标准为国家现行标准《钢塑复合管》GB/T 28897 和《建筑排水复合管道工程技术规程》CJJ/T 165。钢塑复合管以无缝钢管、焊接钢管为基管,内壁涂装高附着力、防腐的聚乙烯粉末涂料或环氧树脂涂料。采用前处理、预热、内涂装、流平、后处理工艺制成的给水镀锌内涂塑复合钢管,是传统镀锌管的升级型产品,钢塑复合管一般用螺纹连接。

钢塑复合管有很多分类,可根据管材的结构分类:钢带增强钢塑复合管,无缝钢管增强钢塑复合管,孔网钢带钢塑复合管以及钢丝网骨架钢塑复合管。当前,市面上最为流行的是钢带增强钢塑复合管,也就是我们常说的钢塑复合压力管,这种管材中间层为高碳钢带通过卷曲成型对接焊接而成的钢带层,内外层均为高密度聚乙烯(HDPE)。

复合排水管主要特点:

1)流动性好:钢塑复合排水管的曼宁系数与其他结构壁塑料管材相同,因此在同等直径同等使用条件下,复合排水管的输送能力要比水泥管高 30%;

2)使用寿命长:在正常使用情况下,钢塑复合排水管道的使用寿命可达 50 年~100 年,大大高于水泥管或金属排水管的使用寿命,尤其是在相对恶劣的使用条件下,其使用寿命可能会相差 10 至数 10 年;

3)不渗漏:连接牢固,密封性好;

4)管道适应非开挖施工:钢塑复合排水管有刚柔兼具的性能,可以抵抗地层沉降,可以适应非开挖施工。

3. 排水附件

(1)在排水管道上,应按规定设置检查口和清扫口,见现行国家标准《建筑给水排水设计标准》GB 50015。

(2)为了防止排水管道中的有害气体通过排水管窜入室内,在直接和排水系统连接的各卫生器具上应设置水封装置,如 S 形、P 形存水弯;室外排水一般采用水封井。

(3)清扫口是排水管道中作疏通工具入口用的配件,由带有外螺纹的管堵和一段有内螺纹的短管组成。一般装设在排水横管的始端,尤其是各层横支管连接卫生器具较多时,横支管起点均应装置清扫口(有时可用地漏代替)。当连接 2 个及以上大便器或 3 个及以上卫生器具的铸铁横支管、连接 4 个及以上大便器的塑料横支管均应设置清扫口。

(4)检查口是带有可开启检查盖的配件,装设在排水立管及较长横管段上,作检查和清通之用。检查口一般装于立管上,供立管与横管连接处有异物堵塞时清掏用。铸铁排水立管上检查口间距不大于 10m,塑料排水立管宜每 6 层设置一个检查口。但在最底层和设有卫生器具的 2 层以上建筑物的最高层必须设置检查口,平顶建筑可用通气口代替检查口。另外,立管如装有乙字管,则应在乙字管上部设检查口。当排水横支管管段超过规定长度时，也应设置检查口。在水流偏转角大于 45°的排水横管上，应设检查口或清扫口。立管上设置检查口应在地（楼）面以上 1.0m，并应高于该层卫生器具上边缘 0.15m。

4. 地漏

（1）卫生间、盥洗室、淋浴间等需要经常从地面排水的位置应设置地漏，地漏产品应符合国家现行标准《地漏》CJ/T 186、《地漏》GB/T 27710 的相关要求。主要有铸铁、PVC、锌合金、陶瓷、铸铝、不锈钢、黄铜、铜合金等材质。

（2）地漏是连接排水管道系统与室内地面的重要接口，作为排水系统的重要部件，它的性能好坏直接影响室内空气的质量，对异味控制非常重要。

5. 检查井

（1）检查井一般设在排水管道交汇处、转弯处、管径或坡度改变处、跌水处等，用于定期检查、清洁、疏通或下井操作检查，由塑料一体注塑、塑料焊制、混凝土预制、混凝土块组装、玻璃钢或者砖砌成的井状构筑物。

（2）传统排水检查井

传统检查井为钢筋混凝土现浇检查井和砖砌检查井，主要由井盖、井盖座、井筒、井室等部分组成。井筒及井室壁设有供维修人员上下的踏步，井室设置进、出水支管接口。砖砌检查井施工方便、速度快，而现浇混凝土检查井施工难度较大，时间长，施工质量较难控制。

（3）塑料排水检查井

塑料排水检查井是随着塑料排水管道广泛应用，近十几年出现的新型检查井。

1）塑料检查井应符合现行行业标准《建筑小区排水用塑料检查井》CJ/T 233、《塑料排水检查井应用技术规程》CJJ/T 209、《市政排水用塑料检查井》CJ/T 326 等的规定。

2）塑料检查井按用途可分雨水塑料检查井和污水塑料检查井，按应用领域分为建筑小区排水用塑料检查井和市政排水用塑料检查井。塑料检查井由井座、井筒、井盖和零配件组成。检查井井筒可采用埋地排水管材，如 PVC-U 双层轴向中空管、HDPE 中空缠绕管等。

3）检查井井盖可采用铸铁检查井盖、复合材料检查井盖、钢纤混凝土检查井盖。质量符合国家现行标准《检查井盖》GB/T 23858、《铸铁检查井盖》CJ/T 511 的要求。

4）检查井接管安装

① 检查井井座与管道连接安装顺序，应先从接户管上游段开始安装，以井—管—井—管顺序安装，并逐渐向下游支管、干管延伸。由于施工现场条件限制、工程进度不同、支管较多等原因，为了赶进度，部分管道亦可下游向上游施工，但管的承口必须逆水流方向，插口顺水流方向。

② 井座接头与管道连接施工方法，应与同类型接头的管道连接的施工方法一致。

③ 井座与汇入管、排出管连接需要变径时，采用异径接头，并应管顶平接。

④ 附加接头的安装，应根据井筒尺寸和连接管道的直径，采用专用工具在井壁上开孔，孔洞圆周边缘应平整，安装附加接头不得倒坡。

⑤ 在地下水位较高或雨季施工期间，在管道（含检查井）安装完成（但尚未进行灌水试验）时，应采取防止井体上浮的技术措施。

⑥ 昼夜温差较大时要做好管道的防晒隔热工作，防止管道出现裂纹。

5）井筒安装

① 井筒的长度应为井座连接井筒的承口底部至设计地面的高度，再减去井筒顶至地面的净距。当地面或路面标高难以精确确定时，井筒长度可适当预留余量。

② 井筒插入井座应保持垂直。井筒插接时，不得使用重锤敲打，应采用专用收紧工具。

6）井盖安装

① 井盖安装前应精确测量井筒的长度，切割井筒的多余部分。

② 安装井盖应按检查井的输送介质性质确定，污水井盖和雨水井盖等不得混淆。

③ 有防护盖座的污水检查井的井筒上口还应安装内盖。

④ 采用C20细石混凝土现场浇捣；如需采用钢筋混凝土预制，需经结构专业另行设计。

7）塑料检查井维护

① 管道清通宜采用专用疏通机械实施水力保养。通常使用的维护工具有铲锹、铅桶、揽泥兜等普通工具；有时还需要使用一些专业工具，如污泥钳、高压水枪等。

② 当雨水检查井内有积泥、砂清理等，宜采用机械吸泥工具实施清理。如采用人工清理时，应采用专用清洁工具。

③ 污水管道因有沼气、毒气，清通管道必须人工下井处理时应有专业的防护设备和人员。

④ 在实施维护、保养时，应在检查井周围放置标有醒目警示用语的标志。

⑤ 实施维护保养后，应按原状及时盖好井盖，污水管道检查井还应盖好内盖。

⑥ 当检查井井盖受外部原因而损坏或丢失后，维修部门应按原种类规格及时更换补缺。

6. 隔油池

厨房的排水在排入室外下水管道前（住宅除外），应先排入隔油池。隔油池设计应符合现行国家标准《建筑给水排水设计标准》GB 50015 的要求。对于小型隔油池，可以选择成型的标准产品，可参考现行行业标准《餐饮废水隔油器》CJ/T 295。隔油池一般用于农家乐、村镇食堂等餐馆的厨房排水处理。

5.3.2 设计

（1）乡村排水设计应根据排水性质及污染程度，结合室外排水条件和有利于综合利用与处理的要求，并从节约能源、保护环境的角度进行综合设计，并符合现行国家标准《城镇给水排水技术规范》GB 50788 的规定。

（2）设计原则：维护室内卫生，防止污染；排水管道系统内气压稳定，保护水封不被破坏；分质排水，使污废水能迅速畅通地排至室外；维修方便，工程造价低。

（3）设计前应收集相关资料，以确定排水方案。基础资料包括：地形条件、市政排放条件或排水体系、排放标准。排水出路为天然水体，如河道、江湖时，还应收集河道的水文资料，如最高水位、最低水位、常水位、河床标高等。

（4）污水排入污水管网应满足现行国家标准《污水排入城镇下水道水质标准》GB/T 31962 的要求。

（5）室内排水管道的布置与敷设在保证排水畅通、安全可靠的前提下，还应兼顾经济、施工、管理、美观等因素。室外排水管道的布置应根据规划、地形标高、排水流向，按管线短、埋深小、尽可能自流排出的原则确定。具体要求见现行国家标准《建筑给水排水设计标准》GB 50015。

（6）布置排水管道时，应同时设置通气管，根据排水系统的规模和特点，通气管包括伸顶通气管、专用通气管、环形通气管、器具通气管、结合通气管、主通气立管等。

（7）通气管的管材，宜与排水管道相一致，可采用塑料排水管、柔性接口机制排水铸铁管等。

（8）确定排水方案及布置完排水管线后需要进行排水系统计算，以确定各管段的管径、管道坡度、通气管的管径和各控制点的标高。计算方法和布置见现行国家标准《建筑给水排水设计标准》GB 50015 及《室外排水设计规范》GB 50014。

5.3.3　施工

（1）卫生器具的安装应采用预埋螺栓或膨胀螺栓安装固定。卫生器具的支、托架必须防腐良好，安装平整、牢固，与器具接触紧密、平稳。

（2）卫生器具的安装高度如无设计要求时，应按现行国家标准《建筑给水排水设计标准》GB 50015、《建筑给水排水及采暖工程施工质量验收规范》GB 50242 的规定确定。

（3）排水栓和地漏的安装应平正、牢固，低于排水表面，周边无渗漏。地漏水封高度不得小于 50mm。

（4）有饰面的浴盆，应留有通向浴盆排水口的检修门。

（5）与排水横管连接的各卫生器具的受水口和立管均应采取妥善可靠的固定措施，管道与楼板的接合部位应采取牢固可靠的防渗、防漏措施。

（6）连接卫生器具的排水管道接口应紧密不漏，其固定支架、管卡等支撑位置应正确、牢固，与管道的接触应平整。

（7）排水管道与其他地下管线（或构筑物）水平垂直最小净距，应根据两者的类型、高程、施工先后和管线损坏的后果等因素，结合管道综合规划确定，可按现行国家标准《建筑给水排水设计标准》GB 50015 中规定的居住小区地下管线（构筑物）间最小净距采用。

（8）金属排水管道上的吊钩或卡箍应固定在承重结构上。固定件间距：横管不大于 2m，立管不大于 3m。楼层高度小于或等于 4m，立管可安装 1 个固定件。立管底部的弯管处应设支墩或采取固定措施。

（9）排水横管的安装坡度应按现行国家标准《建筑给水排水设计标准》GB 50015、《建筑给水排水及采暖工程施工质量验收规范》GB 50242 的规定确定。

5.3.4　验收

（1）为保证排水工程质量，排水管道检验批、分项工程、子分项工程质量验收记录表应符合现行国家标准《建筑给水排水及采暖工程施工质量验收规范》GB 50242 的规定。

（2）灌水检查。隐蔽或埋地的排水管道在隐蔽前，必须做灌水试验，其灌水高度应不低于底层卫生器具的上边缘或底层地面高度。

（3）通球检查。排水立管及排水横干管均应做通球试验，通球球径不小于排水管道管径的 2/3，通球率必须达到 100%。

（4）塑料排水管伸缩节的设置应符合设计要求。

（5）排水管坡度和通气管坡度检查。排水管坡度应满足设计要求。器具通气管、环形通气管应在最高层卫生器具上边缘 0.15m 或检查口以上，按不小于 0.01 的上升坡度敷设，与通气立管连接。

（6）卫生器具的满水和通水试验，满水后各连接处不渗不漏、排水畅通为合格。

（7）室外排水管道坡度必须符合设计要求，严禁无坡或倒坡。

（8）室外管道埋设前，必须做灌水和通水试验，排水应畅通，无堵塞，管道接口无渗漏。

（9）室外管道的标高应符合设计要求，检查井盖应有永久排水管种类标识，隐蔽在装饰广场和景观处的检查井，要有标识，便于日常维护保养。

5.4 压力排水方式

对于乡村一些分散的排水点，由于地形等原因，无法采用重力排水时，可以采用压力排水的方式。

5.4.1 设计

1. 系统组成

压力排水一般由污水池、污水泵、排水管道组成。

2. 污水泵

污水泵属于离心杂质泵的一种，具有多种形式：如潜水式和干式2种，最常用的潜水式为 QW 型潜水污水泵，最常见的干式污水泵为卧式污水泵和立式污水泵2种。主要用于输送污水、粪便或液体中含有纤维、纸屑等固体颗粒的介质，通常被输送介质的温度不大于80℃。

宜选用防堵塞潜水排污泵，可参见现行行业标准《自动搅匀潜水排污泵》CJ/T 498、《潜水排污泵》CJ/T 472。污水池内设置液位计，与潜水泵连锁，自动控制污水泵启动和停止。

目前污水提升集成设备大量应用，产品标准可参考现行行业标准《隔油提升一体化设备》CJ/T 410、《污水提升装置技术条件》CJ/T 380、《餐厨废弃物油水自动分离设备》CJ/T 478 等。

3. 压力排水管

可采用耐压塑料管、金属管或钢塑复合管等排水管道。

5.4.2 一体化预制泵站

一体化预制泵站是一种由潜水泵、泵站设备、除污格栅设备、控制系统及远程监控系统集成的一体化产品。其特点具有机动灵活，泵站建设周期极短，安装简便。目前在国内市政行业成为排水泵站建设一个新的发展趋势。

1. 设计

（1）预制泵站应符合国家现行标准《给水排水工程构筑物结构设计规范》GB 50069及《一体化预制泵站工程技术标准》CJJ/T 285 的规定，并应符合下列规定：

1）满足机电设备布置、安装、运行和检修要求；

2）满足结构布置要求；

3）满足通风、供暖和采光要求，并符合防潮、防火、防噪声、节能、劳动安全与公共卫生等技术规定；

4）满足交通运输要求；

5）做到布置美观，且与周围环境相协调。

（2）预制泵站底板高程应根据水泵安装高程和进水流道布置或管道安装要求等因素，并结合预制泵站所处的地形、地质条件综合确定。

（3）安装在预制泵站内水泵四周的辅助设备、电气设备及管道、电缆道等，其布置应避免交叉干扰。

（4）预制泵站运行过程中的噪声应符合现行国家标准《工业企业噪声控制设计规范》GB/T 50087 的规定。

（5）预制泵站的耐火等级不应低于二级。预制泵站附近应设消防设施，并应符合现行国家标准《建筑设计防火规范》GB 50016 的规定。

（6）预制泵站的设计应符合现行国家标准《泵站设计规范》GB 50265 的规定。

（7）预制泵站所配水泵采用自耦式湿式安装，水泵间和进水井集成在同一个井筒内，宜带内部维修平台和地面控制面板。

（8）预制泵站设计应考虑混合污水溢流排放的后果，泵站内外的噪声、振动和臭气，发生故障的后果，视觉影响等对环境的影响。

（9）预制泵站结构设计应考虑结构抗浮、承载能力及土壤的化学属性、建筑结构和入水管、出水管以及其他装置之间可能的沉降差异。

（10）潜水泵应具有相关生产许可证和产品合格证。潜水泵平均无故障运行时间不得少于 2500h。

（11）控制柜各部件的温升应符合现行国家标准《电气控制设备》GB/T 3797 的规定；控制柜带电电路之间、带电零部件或接地零部件之间的电气间隙和爬电距离应符合现行国家标准《电气控制设备》GB/T 3797 的规定；设备中带电回路之间、带电回路与导电部件之间测得的绝缘阻值按标称电压至少为 $1000\Omega/\mathrm{V}$；介电强度应符合现行国家标准《电气控制设备》GB/T 3797 的规定；安全接地保护控制柜的金属柜体上应有可靠的接地保护。

2. 施工

（1）施工准备

1）泵站安装前应做好相应的技术交底工作，完成施工组织设计并得到批准。

2）泵站施工区排水系统，应根据站区地形、气象、水文、地质条件、排水量大小进行施工规划布置，并与场外排水系统相适应。基坑外围应设置截水沟。

3）在泵站设备安装之前，必须根据机电设备安装图，确定机泵、电气设备所采用的施工工艺，在施工过程中，必须建立完整的施工质量检查程序和控制措施。

4）现场设备、工器具及施工材料应定点摆放整齐，场地保持整洁、通道畅通。

5）施工前应做好施工标志及观测仪器的埋没。施工中应做好现场观测和记录。

（2）泵坑开挖

1）应有泵坑开挖方案并且严格按方案开挖。

2）基坑的开挖断面应满足设计、施工和基坑边坡稳定性的要求。

3）泵坑底部应采取降水措施。

4）采取合适的基坑支护方式，避免泵坑坍塌。

5）泵坑开挖结束后，确认泵站进出水管、连接管以及电缆等具备现场条件，才能进行泵站安装。

（3）混凝土底板安装

1）坑底应平整，并宜铺上一层 10mm 厚碎石层。

2）混凝土安装地基可选择预置施工、直接浇筑在坑底或直接浇筑在压实层上。

3）安装在水泥底板上的地脚螺栓应先于泵体的安装。

4）水泥底板应水平。底板的上平面必须打磨光滑。

5）地脚螺栓在一圈内均匀分角度安装。

（4）泵站吊装

1）用升降套索把泵站从水平位置起吊到垂直位置。在工作阶段，壳体上的吊钩不允许使用。

2）垂直起吊预制泵站时，吊钩受力应均匀。宜用起吊套索或吊绳保护泵站和泵盖。

3）就位前，应用毛刷清洁水泥底板表面，确保安装面和水泵安装法兰之间没有泥土等杂物。

4）泵站吊装时，泵站的进出口方向应与进出水管方向一致。

5）泵站应垂直安装，并固定地脚螺栓。

（5）泵坑回填与压实

1）泵坑回填应在泵站筒体安装无误后进行。

2）回填材料宜为卵石、石沙、碎石类土、沙土，颗粒最大尺寸不宜超过 13mm～25mm。

3）回填宜分层逐一回填，每层高度不宜超过 30cm，回填土压实度应符合设计要求及现行国家标准《建筑地基基础工程施工质量验收标准》GB 50202 的规定。

4）坑内的进出水管处回填土应压实。回填层到泵筒体距离顶面 30cm 时，严禁使用夯土机等设备。

5）回填质量验收应符合现行国家标准《建筑地基基础工程施工质量验收标准》GB 50202 和《建筑工程施工质量验收统一标准》GB 50300 的规定。

3. 调试

（1）调试前应进行下列检查：设置、安装是否正确；可能产生真空的管路，真空破坏阀应有足够的过流面积，动作应准确可靠；进、出水管路上的阀应完全开启，其他装置均应处于正常工作状态。

（2）机电设备安装、调试必需的供电电源的容量、电压等级、电气保护装置应满足所安装的机电设备的要求。

（3）泵站调试按国家现行相关施工验收标准进行，分阶段进行调试。

（4）泵调试时应符合下列要求：各固定连接部位紧固；转子及各运动部件运转正常，无异常声响和摩擦现象；附属系统运转正常，管道连接牢固无渗漏；泵的安全保护和电控装置及各部分仪表均灵敏、正确、可靠。

（5）泵站采用快速闸门断流且其下游侧还设有事故闸门时，应调整其自动控制的联动配合时间满足机组保护的设计要求，现场操作和远程控制可靠。

4. 运行与维护

（1）经维修后的水泵，其流量不应低于设计流量的 90％；其机组效率不应低于原机组效率的 90％。泵站机组的完好率应达到 90％以上；汛期雨水泵站机组的可运行率应达到 98％以上。

（2）机电设备、管配件每 2 年应进行一次除锈、油漆等处理。

（3）泵站及附属设施应经常进行清洁保养，出现损坏，应立即修复。每隔 3 年应刷新一次。

（4）进入泵站井筒内维护时，应有安全保护措施。防毒用具使用前必须校验，合格后方可使用。

（5）应根据泵站检查结果，定期对泵站井筒清通及清淤。

（6）排水泵站应有完整的运行与维护记录。

（7）管道维护和检查的安全要求应符合现行行业标准《城镇排水管道维护安全技术规程》CJJ 6 的规定。

5.4.3　污水提升装置

污水提升装置是由污水泵、贮水箱、管道、阀门、液位计和电气控制器集成一体的污水提升专用设备。按污水储存调节和控制方式分为贮存型和即排型，按水泵的工作条件分为干式（污水泵和电机在贮水箱外）和湿式（污水泵和电机在贮水箱内）。污水提升装置应运行噪声低、振动小、结构封闭、尺寸紧凑、操作简便、运行安全可靠、安装方便和易于维护。

贮存型污水提升装置是具有一定污水贮存调节容积，污水泵有一定的启停次数限制（不超过 15 次/h）的污水提升装置。

即排型污水提升装置是无污水调节容积或调节容积很小，污水泵不受启停次数限制或允许启停次数较多的污水提升装置。

污水提升装置的工程设计、施工及验收，可参照现行团体标准《污水提升装置应用技术规程》T/CECS 463 执行。现行行业标准《污水提升装置技术条件》CJ/T 380 规定了污水提升装置的组成与使用条件、要求、产品检验、检验规则、标志、包装、运输和贮存等，适用于各类建筑物地下室污水提升所使用的装置。

1. 适用条件

适用于新建、改建和扩建的民用与工业建筑中地下室或半地下室等场所污、废水提升装置的选用与安装。不适用于消防排水及雨水的提升排除。

2. 优点

（1）采用的切割污水泵，能确保大颗粒的污水顺利排出，且水箱底部倒角设计，引导污水进入水泵吸入口，避免水箱内污废水残留，将沉淀减到最少，从而降低阻塞风险。

（2）进水口、压力出水口、通风口等位置通过专门的密封件密封，集水箱一体化成型，完全密闭，防水、防异味泄漏；同时，通过鸭颈管、逆流密封来避免排出的高水位而产生的倒流。

（3）将所有设备及仪表集成在一起，设计紧凑，体积较小，且集水箱体积远比传统集水坑所占的空间小，节省占地面积。

（4）与传统排水方式比较没有增加耗电，且不用冲洗、清掏，自控程度高，因此，降低了投资和运营成本。

（5）适应多样化安装，安装简单，易于拆卸移动，满足建筑使用功能变更的需求。

3. 技术参数

（1）流量范围：0m³/h～100m³/h；

（2）最大扬程：0m～60m；

（3）污、废水 pH：4～10；

（4）污、废水温度：4℃～40℃；

（5）电源：220V/380V，50Hz。

4. 设计

（1）污水提升装置的工程设计应满足建（构）筑物排水的安全、卫生以及施工方便、维修容易等要求。

（2）污水提升装置的性能应能满足用户的排水流量、提升扬程的需求。

（3）污水提升装置的四周、上方应预留不小于 600mm 的安装、检修空间；在坑内安装时，污水提升装置与四周坑壁、坑盖板的距离不宜小于 200mm。

（4）污水提升装置设置场所应设通风设施，通风次数不宜小于 3 次/h～5 次/h。

（5）污水提升装置附近低处宜设集水坑，集水坑有效容积宜大于或等于 0.1m³，坑深大于或等于 0.3m。

（6）建筑排水系统与污水提升装置的进水管、出水管相连接时，宜采用相同的管材。

（7）污水提升装置的压力排水管不得与建筑物内重力污水管合并排出。

（8）污水提升装置的每台污水泵出水管上应设止回阀和检修阀。

（9）污水提升装置通气管宜采用建筑排水用塑料管、热浸镀锌钢管或柔性接口铸铁排水管。

（10）当位于建筑物地下的污水提升装置不能设重力事故排出管时，应有不间断电源供应。

（11）污水提升装置的供配电设计应符合现行国家标准《供配电系统设计规范》GB 50052、《低压配电设计规范》GB 50054、《电力工程电缆设计标准》GB 50217 和《建筑物电气装置　第5-51 部分：电气设备的选择和安装　通用规则》GB/T 16895.18 的有关规定。

（12）供电系统的防雷与接地应符合现行国家标准《建筑物防雷设计规范》GB 50057 和《建筑物电子信息系统防雷技术规范》GB 50343 的有关规定。

（13）控制器（盘）的金属外壳和金属支架、金属管道等均应做等电位联结，就近连接到等电位联结端子板上或接地干线上。

（14）交流电动机应装设短路和接地故障保护，并应根据具体情况分别装设过载、缺相和低电压保护。各项保护措施均应符合现行国家标准《通用用电设备配电设计规范》GB 50055 的有关规定。

（15）控制器（盘）的金属外壳防护应符合现行国家标准《外壳防护等级（IP 代码）》GB/T 4208 的有关规定，且防护等级不低于 IP44。

（16）自动控制器应设置在不被水淹没的地方。

5. 设备安装

（1）污水提升装置施工安装前应具备下列条件：

1）施工图纸及其他技术文件齐全，并已进行技术交底；

2）与污水提升装置连接的污水进水管、出水管接口已经定位；

3）装置的进水管已完成灌水试验，出水管已经完成试压；

4）已按设计要求预留装置外集水坑；

5）污水提升装置整体已到现场，安装所需的组件、配件和附件齐备，已核对装置、质量保证书，装置的规格型号、品种和数量与设计相符，并检查外观合格；

6）固定装置用预埋件、固定螺栓已经到位；

7）施工现场的用水、供电满足要求；

8）施工用机具及工具已到场。

（2）施工人员应熟悉污水提升装置的性能和管道安装、电气接线，掌握基本操作技能。

（3）装置安装时，安装环境温度不应低于5℃。

（4）污水提升装置的安装除应符合本书外，尚应符合现行国家标准《建筑给水排水及采暖工程施工质量验收规范》GB 50242 和《建筑电气工程施工质量验收规范》GB 50303 的有关规定。

（5）污水提升装置的安装应按下列步骤进行：

1）装置就位、固定。固定方式不应破坏结构本体及防水层。装置有减振措施时，就位前应放好减振器件。

2）装置与进、出水管进行连接，并进行通水试验且无渗漏。

3）冲洗装置及进、出水管道。

4）当装置外集水坑内装有辅助排水泵时，做好辅助排水泵出水管的连接。

（6）检查污水提升装置的安装和就位应满足正常运行、操作和维护管理的需要，并应符合现行国家标准《建筑给水排水及采暖工程施工质量验收规范》GB 50242 的有关规定。

（7）管道安装时，管道内和接口处应清洁无污物，施工中断和结束后应对敞口部位采取临时封堵措施。

（8）对于不能参与灌水试验与试压的阀门、止回阀及附件应以临时盲板隔离或拆除，并做明显标志和记录。

（9）污水提升装置外的金属管道和支吊架等金属构件均应做防腐处理。当不锈钢管和管件与碳钢管材与管件连接时，应采取防止电化学腐蚀的措施。

（10）污水提升装置进水管的灌水试验和出水管的试压应按现行国家标准《建筑给水排水及采暖工程施工质量验收规范》GB 50242 的有关规定进行。

（11）污水提升装置不得利用本身污水泵产生的水压进行进、出水管的试压和冲洗。

6. 设备调试

污水提升装置安装完毕投入使用前，应进行调试。调试工作应由专业人员操作。

（1）污水提升装置调试应包括下列内容：

1）调试前进、出水管路上的阀门应完全开启，其他装置附件均应处于正确位置和正常工作状态。

2）按设计要求进行装置的通电、通水，并做下列检查：

① 电机旋转方向应正确，污水泵功能应正常；

② 闸阀的操作、开启和关闭功能应正常；

③ 止回阀的功能应正常；

④ 按设计要求自动和手动启动每台污水泵，污水泵应随液位的变化自动启停；

⑤ 调试当发生故障时，备用泵的自动投入功能；

⑥ 当装置外集水坑配备辅助排水泵，其功能应正常；

⑦ 贮水箱（腔）安装有手动隔膜泵时，泵的功能应正常；

⑧ 贮水箱体、管路、阀门和污水泵的连接部位应无渗漏。

3）当装置设置两台及以上污水泵时，应进行多泵联合运行试验。多台污水泵自动切换和轮换运行应正常。

4）按照设计要求通过调节贮水箱内水位，控制污水泵的启停时间和多泵之间的启停泵衔接。

5）检查控制器（盘）应具有下列功能：

① 就地正确显示电动机的运行工况参数；

② 完成就地控制、应急停车和远距离遥控功能；

③ 具有远传电源、电机和污水泵的运行状态显示和报警功能；

④ 根据贮水箱（腔）液位自动启停污水泵和污水泵互投、轮换功能；

⑤ 故障时备用泵的自动投入功能；

⑥ 启停辅助排水泵功能。

（2）污水提升装置调试时，污水泵至少连续运行 2 个周期，且累计运行时间不应少于 30min。

（3）调试过程相应的资料和文字记录应立即归档。

5.4.4 施工

（1）城乡排水管道施工应见现行国家标准《给水排水管道工程施工及验收规范》GB 50268。

（2）施工图纸及有关技术文件齐全，已进行图纸技术交底，施工要求明确；施工单位应编制施工组织方案；施工方案和管材、管件、专用电热熔机具供应等施工条件应提前具备；施工用地、材料贮放场地等临时设施，施工用电、用水等，应满足施工需要。

（3）设备及管道安装前的准备工作

所有设备在安装前，应进行必要的外部检验工作，确保没有明显的损坏，按照厂家提供的设备清单，清点设备数量。所有设备及管道等设施在安装前，应清除其内部的污垢和杂物。管道安装过程中的开口处，应及时封闭，并做好现场保护工作，如有损坏，应及时更换。

（4）防护措施

所有设备安装到位后，应采取安全可靠的防护措施，并有明显的标记。

（5）管道及附件安装，可参见 S4《给水排水标准图集 室内给水排水管道及附件安装》。

5.4.5 验收

潜污泵验收需进行运行调试，污水泵应能与液位计连锁。

城乡排水管道验收应见现行国家标准《给水排水管道工程施工及验收规范》GB 50268。

5.4.6　运行和维护

压力排水及设备需作好定期维护及巡检，具体按现行行业标准《城镇排水管渠与泵站运行、维护及安全技术规程》CJJ 68 执行。

污水池要设置通风管，并定期检查，以防产生沼气，发生爆炸。

5.5　真空排水方式

5.5.1　系统原理、特点

真空排水系统，是有别于重力排水系统的一种新型压力排水系统。系统利用真空设备，使管道内产生一定的真空度（负压），利用空气作为输送介质，从而实现污水收集、排放的一种排水方式。

真空排水系统与重力排水系统相比，其收集污水的真空管道，具备"管径小、流速高、埋深浅、无坡度限制、防冻、不堵塞"等特点，还具备"没有污水渗漏、施工周期较短、工程成本较低"等特点。

真空排水系统的特点，决定了它能适用于广泛的领域，尤其适用于地形、地势、地貌、地质复杂情况下的乡村生活排水系统。

5.5.2　系统分类

真空排水系统，一般分为真空源分离污水收集排放系统和真空源混合污水收集排放系统 2 种。

1. 真空源分离污水收集排放系统

该系统用户内使用真空便器（或器具），污、废水分流。系统主要包括室内外 2 套真空排水收集装置、室外污水收集箱、室外的真空污水和废水管网等。真空厕所用于收集住户的粪便污水；室外污水收集箱用于收集住户的生活废水。系统示意图见 5-1。

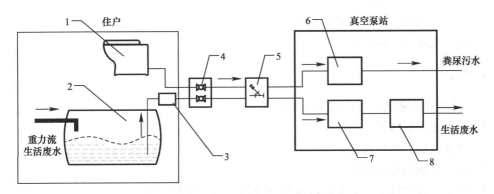

图 5-1　真空源分离污水收集排放系统示意

1—真空便器（或器具）；2—污水收集箱；3—真空界面阀；4—阀门井；

5—检修井；6—真空工作站（粪尿污水）；7—真空工作站（生活废水）；8—排污工作站

2. 真空源混合污水收集排放系统

该系统用户内使用普通排水器具，污、废水合流。系统主要有室外 1 套真空排水收集装置、室外污水收集箱、室外的真空污、废水管网等。室外污水收集箱用于收集住户的生活污、废水。系统示意图见 5-2。

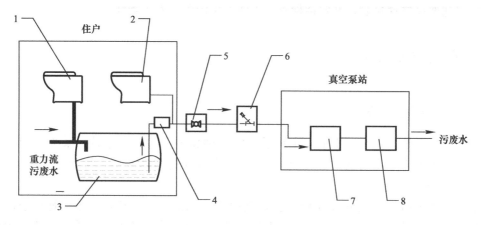

图 5-2　真空源混合污水收集排放系统示意

1—水冲便器（或器具）；2—真空便器（可选）；3—真空污水箱；
4—真空界面阀；5—阀门井；6—检修井；7—真空工作站；8—排污工作站

5.5.3　系统组成

（1）真空排水系统一般由污废水收集箱、真空界面阀、真空管道、真空罐、真空泵及污水泵等组成。

（2）真空排水系统宜设置在线监测系统，监测系统应包含下列功能：

1）污、废水收集箱液位超高报警；

2）真空界面阀故障报警；

3）真空泵故障报警；

4）污水泵故障报警；

5）真空罐内液位报警（超低和超高）；

6）真空度超高、超低报警。

5.5.4　设计

（1）真空排水系统设计应收集下列资料：

1）总平面等高线图；

2）服务区域的人口总量；

3）服务区域的排水当量；

4）服务区域的排水最大小时流量和秒流量、小时变化系数；

5）大量用水用户的位置和用水量；

6）服务区域和今后扩建区域；

7）污水接纳点的位置、管径和标高。

（2）真空排水系统排水定额和小时变化系数应按现行国家标准《室外排水设计规范》GB5 0014、《建筑给水排水设计标准》GB 50015 等执行。生活排水量可按乡村所在地统计的每人最大时平均秒流量资料进行计算；当缺少污水量统计资料时，可按 0.0067L/（人·s）进行计算。

5.5.5　施工

1. 施工安装前应具备件

施工图纸及有关技术文件齐全，已进行图纸技术交底，施工要求明确；施工单位应编制施工组织方案；施工方案和管材、管件、专用电热熔机具供应等施工条件应具备；施工用地、材料贮放场地等临时设施、施工用电、用水等，应满足施工需要。

2. 设备及管道安装前的准备工作

所有设备在安装前，应进行必要的外部检验工作，确保没有明显的损坏，按照设备供应商提供的设备清单，清点设备数量。所有设备及管道等设施在安装前，应清除其内部的污垢和杂物。真空管道在安装过程中的开口处，应及时封闭，并做好现场保护工作，如有损坏，应及时更换。

3. 培训

施工承包方应委托设备供应商，在开始施工前，对施工人员进行必要的关于"真空管道铺设、真空收集终端、真空泵站设备"安装的相关指导和培训工作。

4. 施工安装及防护措施

所有设备安装到位后，应采取安全可靠的防护措施，并有明显的标记。

5.5.6　调试与验收

（1）真空排水系统安装完成后应进行测试、调试和验收。

（2）设备和系统的测试应进行单机测试、清水测试和负荷测试。

（3）真空排水系统的测试应先划分成若干个区域进行测试，再进行总体调试，直至合格后验收。

5.5.7　维护与保养

1. 定期维护及巡检

真空排水系统应定期维护，使其保持良好的工作状态，按以下规定操作，并应有运行记录：

（1）每周巡视并记录真空泵和其他设备的运行小时数；如果有远程网络监控设备的系统，应每天通过该监控系统检查设备的运行情况，并根据真空设备的启动频率判断真空管路及真空收集终端是否存在漏气现象；

（2）每月定期 1 次巡视并记录真空泵及其他设备日常的运行维护和电器维护；

（3）每半年对真空管道进行 1 次集中清洗，并巡视检查末端传输设备和配套设备；

（4）每年检查清洗真空工作站、排污工作站等核心设备，根据泵类设备的运行时间以及机械密封的寿命，更换机械密封。

2. 维护保养

真空排水系统的维护保养说明，应包括设备的维护保养说明、管路系统的维护管理规定、预防措施等。系统的维护和保养寿命，应由设备供应商根据采购的设备和管路，结合当地具体实际情况，提供一整套完整的维修和保养方法。

3. 培训及配件

设备供应商应对本地化的维保人员，进行常规维护保养和管理操作的知识培训；对于特定设备，应提供必需的简易工装；应提供较充足的易损易耗件以确保及时更换，保证所有设备的正常运行。

5.6 雨水排水系统

乡村雨水收集排放宜采用明渠和排水管相结合的方式。

5.6.1 线性排水系统

线性排水系统是通过线状进水方式替代传统点式进水方式，场地汇水找坡长度小，场地具有更好的平整度，且进水断面大，具有更大的排水量、不宜堵塞等优点。线性排水沟沟体采用树脂混凝土和 PE 材质，沟体断面采用 U 形构造，排水沟底部易形成较大的流速，具有良好的自净能力。配以球墨铸铁、镀锌钢板、不锈钢等盖板。

1. 树脂混凝土排水沟

应用场合：树脂混凝土排水沟适用于欧洲标准 EN1433 所规定的 A15～D400 各种荷载等级，广泛应用于人行道、公共交通路面、公共广场、停车场，以及允许各种车辆进入的区域。

功能特点：树脂混凝土排水沟沟体由树脂和石英砂填料组成，它具有寿命长、抗腐蚀性能好、表面光滑、强度高、重量轻、耐严寒及融雪盐溶液等优点。

技术参数：弯曲抗拉强度：$\geq 22\text{N/mm}^2$；抗压强度：$> 90\text{N/mm}^2$；弹性模量：$> 22\text{kN/mm}^2$；密度：$2.1\text{g/cm}^3 \sim 2.3\text{g/cm}^3$；渗水深度：0mm。

2. HDPE 排水地沟

HDPE 缝隙式排水沟是由不锈钢缝隙式盖板、HDPE 线性排水沟沟体、塑料缝隙盖板和金属护边组成。缝隙式排水沟具有良好的排水能力，非常适于安装在对铺装要求比较高的场所，不影响地面铺装效果，如广场、步行街都可适用。产品外观美观大方，符合现代设计师实用简约的要求。

5.6.2 弧形渗透渠排放系统

渗透渠是模块化的产品，主要用于雨水的滞留和渗透，也可替代塑料模块做渗透渠。产品具有重量轻、储水量大、安装快捷等特点。采用拱形结构，强度高，侧面设计有较大面积的渗透条缝，能将收集的雨水快速分散。

由于产品特殊的结构设计，产品能够堆叠在一起，大大降低储存和运输费用。100%的储水容积，最大安装深度达到 4m。

产品使用条件、用途：渗渠适用于有渗透需求的区域，可用于绿地下面、透水铺装下面、小型停车场下面、工业区、住宅区等区域。

5.6.3　渗排一体化系统

雨水渗透是合理利用和管理雨水资源、改善生态环境的有效方法之一，与传统的城区雨水直接排放和雨水集中收集、储存、处理与利用的技术相比，它具有技术简单、设计灵活、易于施工、运行方便、投资少、效益显著等优点。

雨水通过埋设于地下的多孔管材或多孔雨水检查井向四周土壤渗透，其优点是占地面积少，管道四周填充粒径 20mm～30mm 的碎石，有较好的透水能力。为防止系统堵塞或渗透能力下降，在雨水口或集水检查井最好设置过滤处理，减少进入渗透管网的悬浮固体量。

1. PE 排水沟

PE 排水沟沟体内由 PE 材料滚塑而成，沟体侧面设有加强肋，具有较高的承压能力。底部和侧面根据需要，可开设渗透孔，并通过每段沟体之间的隔板将初期径流雨水滞留在沟体内。PE 地沟使用于公园、工业园区、建筑与小区及广场等区域。

适用范围：常置于低势绿地边沿处，也可置于路肩，也适用于公园及人行广场。

2. PE 渗透式雨水口/集水渗透井

适用范围：常置于雨水入渗管路的分段连接处，通常设置在绿地内，也可置于行人路面、公园和人行广场。

材质及功能：树脂井盖，LDPE 整体井筒。带算井盖，井壁井底开孔，井内有截污筐，检查井有集水、截污、渗透功能。

3. 聚乙烯穿孔渗透管

适用范围：常与渗透式雨水井及渗透式弃流井等结合使用，也可单独使用，通常置于绿地下，也可置于人行道下。

材质及功能：选用 HDPE 材质的穿孔管道，可以承受较大的荷载。不仅有良好的渗透效果，同时与雨水渗透井、弃流井的连接方式更加简便牢固。雨水渗透管的使用可以达到回补地下水的功能。是雨水工程及雨水入渗工程的首选产品。

4. 软式透水管

适用范围：多采用小直径的软式透水管以比较小的间隙密布在土层中，用于收集和排出土壤中的滞水。

材质及功能：以外覆聚氯乙烯的弹簧为架，以渗透性土工布及聚合纤维编织物为管壁的复合型管材。埋设于土壤中，常作为集水毛细管使用。

5. 雨水渗透产品安装

雨水渗透排放是一种非常有效的截污、渗透减排措施，它不但减轻了雨水管网的压力，而且对园区绿化环境起到良好的保护效果。雨水渗排一体化是将屋面、路面、绿地的雨水通过环保型雨水口收集到雨水渗透井，并通过雨水渗透井、雨水渗透管进行渗透。通过渗排系统的储存、渗透可以有效地减少流向雨水管网的雨水径流量（图 5-3）。设计雨水渗透排放系统的基本原则如下：

（1）雨水渗透排放系统，起点第一个检查井至最后一个检查井间的管道直径和敷设坡度，应满足雨水排放流量的要求。计算所得的各井点的标高，为井的出水管管内底标高。

（2）井间的渗透管敷设坡度宜采用 0.01～0.02。在下游检查井处，进水渗透管的管顶应在出水渗透管的管内底以下。

（3）渗透排放系统的检查井间距，不大于渗透管管径的150倍。

（4）渗透管的管径不小于200mm。塑料渗透管的开孔率不小于2.0％。

（5）雨水渗透排放系统的检查井使用渗透检查井或集水渗透检查井，渗透检查井应有0.3m深的沉砂室。

（6）雨水渗透排放系统的末端应设溢流井，溢流水排入雨水管道。

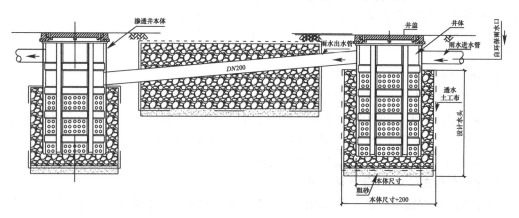

图5-3 雨水渗透排放系统的渗透管和渗透井

5.7 不具备建设污水收集管网条件的乡村污水系统

5.7.1 选择实施无管网排水系统的前提

我国幅员辽阔，地域广泛，不仅分布着多种乡村区域类型，而且还存在着各种复杂的地域性、气候性、经济性等差异，并存在突出的"人口密度稀少、地形条件复杂、污水不易集中"的特点。如果要对这些农户的分散排放污水也采用有管网的污水收集模式，再去集中处理，则无论是从建设角度，还是从投资运营成本角度，都存在很大难度。因此，对于这些乡村地区，可以看成是"不具备建设污水收集管网条件"的地区，允许这些特殊的乡村地区，因地制宜地采用分散式污水处理模式。

5.7.2 分散式污水处理模式指导原则

在不具备建设污水收集管网条件的地区，因地制宜地对农户污水的分散式处理实施指导，通常有以下方式：

（1）在农户自身庭院内及周边，或者多户就近的相连位置，因地制宜地实施自然处理形式、小型化污水处理形式或设备等。如：粪尿分集厕所、小型净化槽、小型污水处理设备、局部人工湿地、藻类塘、氧化沟、生态滤池等等。

（2）通过吸污车，将这些分散农户产生的生活污水，先进入简易的污水收集装置，再统一转储，输送至就近的污水处理站进行处理。

对于上述两种方式的实施，需结合当地的实际条件，采取"一地一策"方式，在当地政府的引导、组织、规划下，进行针对性的设计及实施。对于实施分散式污水处理模式的乡村生活污水的出水排放去向，各地区可结合上述分散式污水处理的处理规模、当地水环境现状等实际情况，合理制定本地的地方排放标准，并明确监测、实施与监督等要求。

本节仅介绍粪尿分集式厕所的相关内容，其他如小型污水处理设备、局部人工湿地等内容详见本书第6章的相关内容。

5.7.3 粪尿分集式厕所的原理及设计

粪尿分集式厕所，是指采用粪、尿不混合的便器，分别进入贮粪装置、贮尿装置，把粪便和尿液分别进行收集、处理利用的厕所。尿液的数量较多、富含养分且基本无害，经发酵兑水后可直接做肥料使用；粪便可采用干燥脱水的方法，对其含有的致病微生物和肠道寄生虫进行无害化处理，处理后的粪便可用于农家肥、土壤改良剂等，用于农业或绿化。

粪尿分集式厕所，作为一种非水冲厕所，是乡村厕所改造的一种补充模式，适用于水源地保护区、生态保护区、山区散户、江河沿岸散户、不宜开挖等地区。

粪尿分集式厕所，应符合现行国家标准《农村户厕卫生规范》GB 19379 的要求，满足室内建造、稳定牢固、通风通向室外的飞出物达标等要求。

主要优点：免冲、节水，减少排污，节省相关储运和处理设备花费；设计施工简单，可塑性强，成本较低；抗冻能力增强，适合寒冷、高纬度、高海拔地区；粪与尿采用不同资源化方式进入自然界的再循环，有利于生态农业建设。

主要缺点：必须要有覆盖料；必须要有使用尿、粪肥的农业环境条件；使用及维护较为烦琐。

1. 基本设计要求

将粪便和尿液分开收集，尿不要流入贮粪池，粪尿分别处理、分别利用，是设计粪尿分集式厕所的基本要求。富含养分且基本无害的尿液，经过短期发酵直接用作肥料。含有寄生虫卵和肠道致病菌的粪便，采用干燥脱水、自然降解的方法进行无害化处理，形成腐熟的腐殖质回收利用。在掌握该基本原理后，设计可以有很大的灵活性，以适应不同的需要。

粪尿分集式生态卫生厕所的建筑结构，与其他卫生厕所相同，由维护结构（厕屋）、贮粪结构和一个粪尿分流的便器组成，如图5-4所示。有条件时，可单独再建一个男士小便池，与尿液收集管接通。贮粪结构可建在半地面或地面上。

2. 覆盖料的选择及无害化效果

覆盖料的选择，要依照因地制宜的

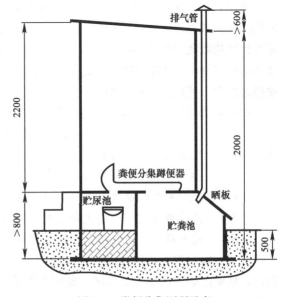

图 5-4 粪便分集厕所示意

原则。推荐下列物资作为覆盖料：草木灰、生石灰、生石灰/炉灰、生石灰/沙土、锯末/黄土、谷壳/黄土等，各地可依据自己的资源进行筛选。不同覆盖料粪便无害化效果：

(1) 草木灰：粪便无害化需要 2 个月～3 个月；

(2) 细黄（沙）土：粪便无害化需要 9 个月；

(3) 细炉灰：粪便无害化需要 9 个月；

(4) 细锯末：粪便无害化需要 9 个月；

(5) 石灰复合覆盖物：粪便无害化需要 3 个月～6 个月。

5.7.4 粪尿分集式厕所的建筑施工及结构要求

1. 建筑施工

（1）建设选址

依地理气候条件、农户的具体情况与要求，以及方便使用与维护管理等进行选址，一般建于室外的院内，尽量利用房屋原有结构修建。如选择的地址能接受阳光日照 4h～5h，尽可能建成太阳能式厕所。利用的部分越多，厕所的造价就越低，同时使用也越方便。建于室外者，在做好排水的前提下，也可以考虑建在坡地，方便粪尿的清运。

（2）基本结构

粪尿分集式厕所的建筑结构与其他卫生厕所相同，由维护结构（厕屋）、储粪结构和一个粪尿分流的便器组成。具备条件时可单建一个男士小便池，与尿收集器接通。从建筑坑位数量角度，允许有单坑、双坑、多坑；从粪便升温的角度，可以用太阳能装置升温，也可以用晒粪方式升温；从排气管安装角度，可安装排气管，也可不安装排气管；从建设场地角度，可建于室外，也可建于室内；从结构形式角度，可有独立卫生间形式、固定形式、移动形式、儿童专用形式等。因地制宜，满足不同群体与场所的需求。

2. 结构要求

（1）粪尿分集式便器及蹲位

粪尿分集式便器，分别有粪、尿 2 个收集口，这是该类厕所的核心部分与技术。推荐采用工业制成品蹲便器。该蹲便器主要有塑料、陶瓷、玻璃钢 3 种类型。对于室外厕所，寒冷地区尿收集口内径不小于 5cm，潮湿闷热地区尿收集口内径在 3cm 为宜；粪收集口内径 16cm～18cm。粪收集口（落粪孔）平时盖有滑板式盖子，盖子通过一个轴和底座相连，使用时拨开，使用后再推上即可。

（2）贮粪池有效容积按下式计算确定：

$$V = F \times P \times T \times S \times 0.001 \qquad (5-1)$$

式中：V——贮粪池的有效容积（m³）；

$\quad\quad F$——每人每天排粪量（0.3L 计算）＋覆盖物体积（0.7L 计算）；

$\quad\quad P$——人口系数，家庭人数 1～4 人均乘以 3，4 人以上，每增 1 人，储粪池加 0.2m³；

$\quad\quad T$——贮存粪便时间，南方单池按 180d 计，北方单池按 360d 计；

$\quad\quad S$——地区系数，南方按 1.6 计，北方按 1.2 计。

贮粪结构以建于半地面为宜。户厕单坑长 1.2m、宽 1m、高 0.8m，由于晒板有一定斜度，故单贮粪池不小于 0.8m³。砌筑贮粪池时，池底平放一层砖头并灌水泥沙浆；用单砖形式砌筑贮粪池墙体，东西两头及中间隔墙（将粪池一分为二）需承重，采用 24 砖墙，整个用水泥沙浆挂面，做好防水处理；贮粪池各角结合部要求为圆角，处理要达到不渗不漏。

户厕也可以直接用塑料桶（50L）贮粪，比较干净，但翻堆、晒粪会有些困难。贮粪桶放在一预先砌筑好的存贮间，存贮间安活动门。因为粪便的发酵腐熟需要一定时间，所以最好用 2 个桶轮流替换，使新、旧粪便分开。

结合农户院舍灰土、少量厨余垃圾和牲畜粪便的覆盖堆肥处理，可以在贮粪池专门留一庭院垃圾入口，使有机垃圾由过去随意丢弃转变为自主收集、科学处理，改善庭院环境卫生。

（3）贮尿池

在寒冷与使用尿肥的乡村地区，可在厕所背阴处、冻层下建造一贮尿池。户厕贮尿池的容积约 $0.2m^3 \sim 0.5m^3$，单砖砌筑并用水泥砂浆挂面，平日盖上水泥盖板。或者直接利用水缸或塑料桶（20L）作为贮尿池，尿的排入口需要埋于地下以防冻。厕所内和男士小便处的尿液全部汇集到尿池集中收集。

为使新旧尿液分开，可将尿池分两池，交替作为贮尿池和发酵池。发酵好的尿液作为肥料可人工取出兑水浇灌庄稼；在第二个池子贮满之前，要取完第一个池子的尿液；通过这样的方法，新旧尿液分离，两个池子交替贮尿和发酵，就可以保证所有尿液全部充分发酵，方便利用。

（4）导尿管道系统

导尿管道系统的铺设，特别要注意防止管道渗漏。一般使用陶管、PVC 管或砖砌水泥槽作为导尿管道，将蹲位及男士小便处的尿液统一送至贮尿池，方便管理和尿液利用。

（5）排气管

贮粪池内一般要安装一根通天的排气管道（DN100 的 PVC 塑料管），将粪便臭气和发酵产生的有害气体排出，并加速粪池水分蒸发，加速无害化。排气管的底部应该与贮粪池顶部相通，顶端要高于厕屋 60cm，中间不要有死角和过多的拐弯；注意顶端通风口方向需与当地盛行风向平行，或直接安装风帽。建好后可通过烟气在贮粪池排放是否有力、通畅，直到满意为止。

（6）晒板

有条件的可做成太阳能式，利用太阳辐射热，可大大加快粪便的脱水干燥，迅速达到无害化效果。晒板可用铁板（金属板），并将其正反两面用沥青涂黑，有利于吸热和防腐。晒板与贮粪池的结合要严密，防止漏雨、漏风与蚊蝇出入。也可以直接使用水泥钢筋预制板作为贮粪池盖板，但基本没有吸热晒粪的功能。

5.7.5　粪尿分集式厕所的使用与管理

粪尿分流、便后加灰是该型厕所应用管理的关键，厕所使用与管理要求如下：

（1）用前在厕坑内加 5cm～10cm 厚的灰土；

（2）粪尿分别收集，尿不要流入贮粪池；

（3）厕纸一律入篓，满后焚烧处理；

（4）便后加灰（草木灰、干炉灰、细沙土、锯末或稻壳等），其量约为粪便量的 2 倍～3 倍；

（5）厕所内的坑位平日用盖板封住，使用时才拿开，防止产生蛆虫；

（6）男士小便时到专设的小便处；

（7）与贮粪坑的结合要严密，防止漏雨水、倒风，如果粪坑过湿，则加入适量干灰或少量生石灰；粪便在厕坑内堆存时间，依地区不同而应有所差异，一般 0.5 年～1 年（单坑新旧粪便不可混合）；

（8）尿贮存在较密闭、低温的桶（池）内，存放 7d～10d 后用 5 倍水稀释后可直接用于农作物施肥，夏天放置时间适当缩短；

（9）便器沾染粪便可用灰土擦拭，尽量不用水；

（10）利用太阳能加热的金属晒板要用沥青涂黑，有利于吸热和防腐。

5.7.6 粪尿分集式厕所的无害化处理与利用

1. 粪便的无害化处理与利用

每人每年粪便的排泄量约 25kg～50kg，粪便可转化成腐殖质施肥改良土壤。厕所方位最好是坐南向北，粪池可直接接受太阳光照射，加速粪便的干燥；每次上完厕所，使用者须将一勺干土或灰撒入粪池，加速分解并平衡碳氮比（干土和锯末为佳）。

粪尿分离之后粪便的处理主要靠干燥，把尿分开也是为了能让粪便尽快干燥，粪便干燥后体积缩小，方便清理运输和利用。

粪便在粪池一直保持半干燥状态，在干热环境下发酵、干燥 3 个月～9 个月后，待收集到一定数量可人工取出直接施到田地或与其他堆肥混合使用。因为设计、使用的缘故，新旧粪便往往同时分层存在于同一贮粪池，建议取出后再堆放 3 个月后利用。

2. 尿液的无害化处理与利用

每人每年尿的排泄量约 400kg～500kg，尿中的氮、磷、钾是以尿素、磷酸盐、钾离子的形式存在，十分有利于植物吸收，尿中的重金属浓度比多数化肥低，是理想的速效肥料。

尿液发酵需在阴暗、低温、封闭环境下静置 7d～10d（在南方则时间更短），发酵好的尿液作为速效肥料，用至少 5 倍的水稀释后浇灌庄稼。

第6章 乡村建设污水处理及回用系统产品标准实施应用

我国幅员辽阔，各地经济发展水平和环境条件差异大，乡村污水处理应根据乡村城镇化进程的规划，在完善各区县的乡村村庄保护和布点规划的基础上，结合不同地区乡村的经济发展水平和环境条件，合理确定污水处理形式，对污水管道和处理站等布局和规格进行合理选择，做好近远期建设方案的统筹，并符合现行国家标准《城镇给水排水技术规范》GB 50788 的规定。有条件的地区，宜与资源化利用相结合，对生活污水进行处理回用。

6.1 相关标准

GB 5084—2005	农田灌溉水质标准
GB 8978—1996	污水综合排放标准
GB 11607—1989	渔业水质标准
GB 18918—2002	城镇污水处理厂污染物排放标准
GB/T 18920—2002	城市污水再生利用　城市杂用水水质
GB/T 18921—2019	城市污水再生利用　景观环境用水水质
GB 19379—2012	农村户厕卫生规范
GB 20922—2007	城市污水再生利用　农田灌溉用水水质
GB/T 28742—2012	污水处理设备安全技术规范
GB/T 37071—2018	农村生活污水处理导则
GB 50014—2006	室外排水设计规范（2016 年版）
GB 50334—2017	城镇污水处理厂工程质量验收规范
GB 50788—2012	城镇给水排水技术规范
GB 51221—2017	城镇污水处理厂工程施工规范
GB/T 51347—2019	农村生活污水处理工程技术标准
CJ/T 355—2010	小型生活污水处理成套设备
CJ/T 409—2012	玻璃钢化粪池技术要求
CJ/T 441—2013	户用生活污水处理装置
CJJ/T 54—2017	污水自然处理工程技术规程
CJJ 60—2011	城镇污水处理厂运行、维护及安全技术规程
CJJ 131—2009	城镇污水处理厂污泥处理技术规程

6.2 污水处理技术选择及排放要求

6.2.1 处理技术选择

乡村污水处理设施建设应以批准的当地水污染治理规划、国家有关乡村治理及美丽乡村建设的政策为主要依据,根据各地乡村的具体情况和要求,综合考虑经济发展与环境保护、排放与利用等关系,充分利用现有条件和设施。乡村生活污水处理主要有纳入城镇污水管网、村庄集中污水处理、分户污水处理三种模式。本书只对后两种模式进行说明,不再对纳入城镇污水管网的污水处理技术进行阐述。

对于人口规模较小、居住分散、采用管网收集不经济的乡村,宜采用分户(单户或联户)污水处理方式。分户污水处理设施宜采用一体化装置,装置标准参考现行行业标准《户用生活污水处理装置》CJ/T 441。农户居住比较集中,且污水收集管道易于铺设情况下,经环境影响评价和技术比较后,宜采用集中处理模式,统一修建污水处理站,对污水进行集中处理。污水处理站可采用设备化或工程化。对于具备将污水纳入城镇污水管网的村庄,优先考虑将居民生活污水接入城镇污水管网,由城镇污水处理厂统一处理。

污水处理设施应因地制宜,结合当地环境条件,尽可能选用荒地、洼地等,少占良田,缩短排水管道,降低管道埋深,减少土方工程量。应根据污水特点、处理规模和处理水质要求,选用适合当地乡村特征并与当地经济技术相适应的污水处理技术及工艺。乡村污水处理技术不仅出水水质要满足相关排放要求,还要注重景观美化、环境协调、无二次污染、易于维护管理。

乡村污水处理工艺应根据下列不同处理要求选择:

(1) 针对以村容村貌整治或以农用为目的的乡村污水处理宜以去除 COD 为主,出水满足排放到附近水体或农用要求;

(2) 对位于饮用水水源地保护区、风景或人文旅游区、自然保护区、黄河、淮河、海河等重点流域或环境敏感区的村庄,其污水处理设施要求同时具备 COD、TN 和 TP 的去除能力,以防止区域内水体富营养化,保护当地水环境。出水满足排放到附近水体、农用或回用要求。

6.2.2 处理技术适用条件

乡村生活污水处理主要技术经济指标包括:处理单位水量投资、处理单位水量电耗和成本、运行可靠性、管理维护难易程度、占地面积和总体环境效益等。乡村生活污水处理技术适用条件详见表6-1、表6-2。

乡村生活污水处理技术适用条件——单元处理工艺 表 6-1

技术名称	技术优缺点	适用条件
化粪池	结构简单、易施工、造价低、维护管理简便、无能耗、运行费用省、卫生效果好等优点。沉积污泥多,需定期进行清理;污水易泄漏。化粪池处理效果有限,出水水质差,不能直接排放水体,需经后续好氧生物处理单元或生态净水单元进一步处理	广泛应用于各地区乡村污水的初级处理,特别适用于旱厕改造后,水冲式厕所粪便与尿液的预处理
厌氧生物膜池	投资省、施工简单、无动力运行、维护简便;池体可埋于地下,其上方可覆土种植植物,美化环境。对氮磷基本无去除效果,出水水质较差,须接后续处理单元进一步处理后排放	广泛应用于各地区各区域污水经化粪池处理后,人工湿地或土地渗滤处理前的处理单元

技术名称	技术优缺点	适用条件
沼气池	与化粪池相比，污泥减量效果明显，有机物降解率较高，处理效果好；可以有效利用沼气。处理污水效果有限，出水水质差，一般不能直接排放，需经后续技术进一步处理；需有专人管理，与化粪池比较，管理较为复杂	可应用于一家一户或联户乡村污水的初级处理。如果有畜禽养殖、蔬菜种植和果林种植等产业，可形成适合不同产业结构的沼气、沼液与沼渣利用模式
生物接触氧化池	结构简单，占地面积小；污泥产量少，无污泥回流、膨胀；生物膜内微生物量稳定，生物相丰富，对水质、水量波动的适应性强；较活性污泥法的动力消耗少，对污染物去除效果好。加入生物填料会导致建设费用增高；可调控性较差；对磷的处理效果较差，对总磷指标要求较高的乡村地区应配套建设出水的深度除磷设施	适用于有一定经济承受能力的乡村。处理规模为单户、多户污水处理设施或村落的污水处理站
生物滤池	具有降解负荷高、占地面积小（是普通活性污泥法的1/3）、投资少（节约30%）、不会产生污泥膨胀、氧传输效率高、不设二沉池、出水水质好等优点	广泛用于村镇污水、市政污水、提标改造处理、污水深度处理领域
泥膜耦合脱氮除磷一体化装置	工艺稳定性高，微生物膜自动更新保持高活性，无污泥膨胀和填料堵塞问题；出水水质优质稳定，通过载体填料的设置和精确的曝气系统设计，实现了泥膜充分混合状态，提高系统内的微生物量，同时脱氮除磷效率高；泥膜耦合系统污泥指数小，污泥龄长，系统产生的污泥量小，减少污泥处理成本；动力设备少，维护工作量小；采用智慧水务远程管理系统，实现无人值守，大幅降低人工成本	适用于村落、小城镇、旅游风景区等污水处理站
序批式生物反应器（SBR）	具有工艺流程简单，运转灵活，基建费用低等优点，能承受较大的水质水量的波动，具有较强的耐冲击负荷的能力，较为适合乡村地区应用。SBR对自控系统的要求较高；间歇排水，池容的利用率不理想；在实际运行中，废水排放规律与SBR间歇进水的要求存在不匹配问题，特别是水量较大时，需多套反应池并联运行，增加了控制系统的复杂性	适用于污水量小、间歇排放、出水水质要求较高的地方，如民俗旅游村、湖泊、河流周边地区等，不但要去除有机物，还要求除磷脱氮，防止河湖富营养化。也适用于大部分水资源紧缺、用地紧张的地区
氧化沟	一般不设初沉池、结构和设备简单、运行维护简单、投资较省；采用低负荷运行，剩余污泥量少，处理效果好。长污泥龄运行有时出水中悬浮物较高，影响出水水质；相对其他好氧生物处理工艺，传统氧化沟的占地面积大、耗电高于曝气池。污水经过乡村适用的氧化沟工艺的处理后，出水通常达到或优于《城镇污水处理厂污染物排放标准》GB 18918—2002中的二级标准。如果受纳水体有更严格的要求，则需要进一步处理	适用于处理污染物浓度相对较高的污水；处理规模宜大不宜小，适合村落污水处理
普通曝气池	工艺变化多且设计方法成熟，设计参数容易获得；可控性强，可根据处理目的的不同灵活选择工艺流程及运行方式，取得满意处理效果。构筑物数量多，流程长，运行管理难度大，运行费用高，不适合小水量处理	适应较大污水量情况，可用于对污水中有机物、氮和磷的净化处理

技术名称	技术优缺点	适用条件
生态滤池	投资费用省，运行时无能耗，运行费用很低，维护管理简便，水生植物可以美化环境，增加生物多样性。污染负荷低，占地面积大，设计不当容易堵塞，处理效果受季节影响，随着运行时间延长除磷能力逐渐下降	适用于资金短缺、土地面积相对丰富的乡村地区。在南方地区，生态滤池主要适用于单户或几户规模的分散型乡村生活污水处理
人工湿地	投资费用省，运行费用低，维护管理简便，水生植物可以美化环境，调节气候，增加生物多样性。污染负荷低，占地面积大，设计不当容易堵塞，处理效果受季节影响，随着运行时间延长除磷能力逐渐下降	适合在资金短缺、土地面积相对丰富的乡村地区应用，不仅可以治理乡村水污染、保护水环境，而且可以美化环境，节约水资源
土地处理	处理效果较好，投资费用省，无能耗，运行费用很低，维护管理简便。污染负荷低，占地面积大，设计不当容易堵塞，易污染地下水	适合资金短缺、土地面积相对丰富的乡村地区，与农业或生态用水相结合，不仅可以治理乡村水污染、美化环境，而且可以节约水资源
稳定塘	结构简单，出水水质好，投资成本低，无能耗或低能耗，运行费用省，维护管理简便。负荷低，污水进入前需进行预处理，占地面积大，处理效果随季节波动大，塘中水体污染物浓度过高时会产生臭气和滋生蚊虫。适于中低污染物浓度的生活污水处理	适用于有山沟、水沟、低洼地或池塘，土地面积相对丰富的乡村地区
生物浮岛	投资成本低，维护费用省，不受水体深度和透光度的限制，能为鱼鸟和鸟类提供良好的栖息空间，兼具环境效益、经济效益和生态景观效益。浮岛植物残体腐烂，会引起新的水质污染问题；发泡塑料易老化，造成环境二次污染；植物的越冬问题	适用于湖网发达、气候温暖的乡村地区

乡村生活污水处理技术适用条件——组合处理工艺　　　表 6-2

技术名称		技术优缺点、适用范围
COD去除工艺	散分户	污水→化粪池→农用 本技术在我国乡村厕所改造过程中使用较多，比较适合我国目前乡村的技术经济水平。经过化粪池或沼气池处理后的污水作为农用，但化粪池或强化厌氧池出水中污染物浓度高，因此不宜直接排入村落周边水系。 采用本模式处理污水时，应防止雨水进入化粪池或沼气池造成池体内的污水溢出。 适用范围：粪便作为农肥的农户
		污水→化粪池→厌氧生物膜单元→生态处理单元→排放 污水经化粪池去除粗质后利用土地处理，或流入人工湿地进行处理，其中在化粪池的停留时间应大于48h。该工艺投资和运行费用低、管理方便，适合有可利用土地的农户。由于化粪池或沼气池出水浓度较高，宜在生态单元前增设厌氧生物处理单元，如厌氧生物膜单元，以降低生态处理单元的负荷；生态处理单元技术宜采用人工湿地或土地渗滤等。 适用范围：适合有可利用土地的农户

续表

技术名称		技术优缺点、适用范围
COD 去除工艺	散分户	污水 → 调节池 → 生物接触氧化池 → 排放 针对没有可利用土地的散户或对排水水质要求较高时，可采用生物处理单元处理污水。生物处理单元宜采用生物接触氧化池的一体化设备。在丘陵或山地，可利用地形高差，采用跌水曝气，节省部分运行能耗。 适用范围：没有可利用土地的散户或对排水水质要求较高的地区，经济较发达地区 农户 → 黑水 → 收集池 → 农用 农户 → 灰水 → 收集或沉淀 → 人工湿地/土地渗滤 → 排放或景观用水 针对黑水农用的农户，可采用黑灰分离的模式处理污水。黑水收集后农用。灰水收集沉淀后进入人工湿地和土地渗滤单元，出水可直接排放或作为景观用水利用。 适用范围：适用于黑水农用的农户
COD 去除工艺	村落集中	污水 → 化粪池 → 调节池 → 生物处理单元 → 排放或消毒排放 可采用一体化设备或工程。生物处理单元技术应采用好氧生物接触氧化池。为保证处理效果，应好氧处理，好氧池溶解氧宜保持在 2.0mg/L 以上。 适用范围：针对主要以去除 COD 为目的的地区 污水 → 化粪池 → 调节池 → 厌氧生物膜单元 → 生态处理单元 → 排放或消毒排放 生态处理单元技术宜采用人工湿地、土地渗滤或其他技术。调节池可与厌氧生物膜单元合建。 适用范围：针对 COD 浓度较高，可生化性较差的地区
氮磷去除工艺	村落集中	污水 → 化粪池 → 调节池 → 厌氧/缺氧生物处理单元 → 好氧生物处理单元 → 生态处理单元 → 排放或消毒排放（硝化液回流） 以去除 COD、TN 和 TP 为目的的地区，可采用生物与生态技术相结合的组合工艺。 根据当地情况，可采用以下两种工艺： (1) 具有缺氧和好氧生物反应器的组合工艺，或单一反应器缺氧和好氧交替运行，除了能有效去除废水中的有机物，使出水 COD、BOD、SS 达标外，还能有效去除污水中的氨氮； (2) 好氧/厌氧生物反应器及人工湿地组合工艺：村庄农户污水经过化粪池或沼气池的初级处理后，进入生物接触氧化池处理。采用交替的好氧/厌氧工艺脱氮后通过人工湿地处理达到除磷效果。同时，人工湿地也可作为村庄景观。 适用范围：饮用水水源地保护区、风景或人文旅游区、自然保护区、重点流域等环境敏感区，污水处理不仅需要去除 COD 和悬浮物，还需要对氮、磷进行控制，防止区域内水体富营养化，出水直接排放到附近水体或回用

6.2.3 排放要求

乡村生活污水的排放要满足国家和地方的现行排放标准。不同区域对出水水质要求有差异，已制定污水排放标准的地区参照表 6-3，未制定污水排放标准的乡村地区，建议参考表 6-4 执行，根据排水去向确定排放要求。

乡村污水排放地方标准 表 6-3

排水用途	标准名称	省份	标准号
直接排放	农村生活污水处理设施水污染物排放标准	北京	DB 11/1612—2019
	农村生活污水处理设施水污染物排放标准	天津	DB 12/889—2019
	农村生活污水处理设施水污染物排放标准	福建	DB 35/1869—2019
	农村生活污水处理设施水污染物排放标准	山西	DB 14/726—2019
	农村生活污水处理设施水污染物排放标准	安徽	DB 34/3527—2019
	巢湖流域城镇污水处理厂和工业行业主要水污染物排放限值		DB 34/2710—2016
	农村生活污水处理设施水污染物排放标准	四川	DB 51/2626—2019
	农村生活污水处理设施水污染物排放标准	湖南	DB 43/1665—2019
	农村生活污水处理排放标准	广东	DB 44/2208—2019
	农村生活污水处理设施水污染物排放标准	黑龙江	DB 23/2456—2019
	农村生活污水处理处置设施水污染物排放标准	山东	DB 37/3693—2019
	农村生活污水处理设施水污染物排放标准	辽宁	DB 21/3176—2019
	农村生活污水处理设施水污染物排放标准	海南	DB 46/483—2019
	农村生活污水处理设施水污染物排放标准	湖北	DB 42/1537—2019
	湖北省汉江中下游流域污水综合排放标准		DB 42/1318—2017
	农村生活污水处理排放标准	新疆	DB 65/4275—2019
	农村生活污水处理设施水污染物排放标准	云南	DB 53/T 953—2019
	农村生活污水处理设施水污染物排放标准	贵州	DB 52/1424—2019
	农村生活污水处理设施水污染物排放标准	甘肃	DB 62/T 4014—2019
	农村生活污水处理设施水污染物排放标准	江西	DB 36/1102—2019
	农村生活污水处理设施水污染物排放标准	上海	DB 31/T 1163—2019
	农村生活污水处理设施水污染物排放标准	河南	DB 41/1820—2019
	农村生活污水处理设施水污染物排放标准	陕西	DB 61/1227—2018
	黄河流域（陕西段）污水综合排放标准		DB 61/224—2011
	村庄生活污水治理水污染物排放标准	江苏	DB 32/T 3462—2018
	太湖地区城镇污水处理厂及重点工业行业主要水污染物排放限值		DB 32/1072—2018
	农村生活污水集中处理设施水污染物排放标准	重庆	DB 50/848—2018
	农村生活污水排放标准	河北	DB 13/2171—2015
	农村生活污水排放标准	宁夏	DB 64/T700—2011
	农村生活污水处理设施水污染物排放标准（征求意见稿）修订		—
	农村生活污水处理设施水污染物排放标准	浙江	DB 33/973—2015
处理回用	太原市城市污水再生利用　总则	山西	DB14/T 1102—2015
	太原市城市污水再生利用　城市杂用水水质	山西	DB14/T 1103—2015
	太原市城市污水再生利用　工业用水水质	山西	DB14/T 1104—2015
	太原市城市污水再生利用　景观环境用水水质	山西	DB14/T 1105—2015

乡村污水排放参照标准　　　　　　　　　　　　　表 6-4

排水用途	参照标准	备注
直接排放	《污水综合排放标准》GB 8978	根据排放区域实际情况选用参考标准
	《城镇污水处理厂污染物排放标准》GB 18918	
生活杂用	《城市污水再生利用　城市杂用水水质》GB/T 18920	根据回用区域实际情况选用参考标准
灌溉用水	《农田灌溉水质标准》GB 5084	
	《城市污水再生利用　农田灌溉用水水质》GB 20922	
渔业用水	《渔业水质标准》GB 11607	
景观环境用水	《城市污水再生利用　景观环境用水水质》GB/T 18921	

6.3　污水处理技术

乡村生活污水处理主要包括初级处理设施、生物处理设施和自然处理设施。初级处理设施主要有化粪池，厌氧生物膜池；生物处理设施主要包括生物接触氧化池、曝气生物滤池、自然跌水曝气下水道处理工艺、A³O 泥膜耦合工艺、序批式生物反应器（SBR）和氧化沟等；自然处理设施主要有人工湿地、微生态滤床、土地处理和稳定塘。其他与当地乡村特点相适应的技术也可以采用。处理构筑物可按相关国家现行标准的技术参数采用钢筋混凝土进行设计施工，也可直接采用一体化处理设备。

6.3.1　化粪池

化粪池是一种利用沉淀和厌氧微生物发酵的原理，以去除粪便污水或其他生活污水中悬浮物、有机物和病原微生物为主要目的的小型污水初级处理构筑物。乡村户厕是村民家庭不可缺少的基础卫生设施，包括水冲式厕所和非水冲式厕所。化粪池宜用于使用水冲厕所的场所，并宜设置在接户管下游且便于清掏的位置。对非水冲厕所的贮粪池等构筑物可参考本书第 5.7 节并结合现行国家标准《农村户厕卫生规范》GB 19379 实施。

1. 类型和结构

化粪池根据建筑材料和结构的不同，主要分为砖砌化粪池、现浇钢筋混凝土化粪池、预制钢筋混凝土化粪池、玻璃钢化粪池等，玻璃钢化粪池应符合现行行业标准《玻璃钢化粪池技术要求》CJ/T 409 的规定。

根据池子形状可以分为矩形化粪池和圆形化粪池。乡村化粪池可根据使用人数分为双格化粪池和三格化粪池，如图 6-1 所示。

2. 设计

化粪池容积宜按下式计算，并参考下列事项：

$$V = A \times X \times D / 1000 \qquad (6\text{-}1)$$

式中：V——化粪池有效容积（m^3）；

　　　A——每人每天粪尿排泄量和冲水量之和 [L/（人·d）]；

　　　X——使用人数；

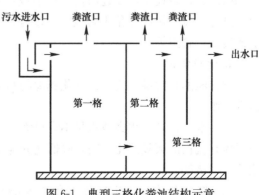

图 6-1　典型三格化粪池结构示意

D——每池贮留粪便的有效时间（d）。

注：A——非水冲式户厕按 3.5L/（人·d）计算，水冲式户厕（指节水型）按 6L/（人·d）计算；

D——第一池贮留粪便的有效时间不少于 20d；第二池贮留粪便的有效时间不少于 10d；第三池贮留粪便的时间需根据当地用肥习惯而定，一般为一池、二池有效时间之和。

（1）为防止污染地下水，化粪池须进行防水、防渗设计；

（2）化粪池的设计应与村庄排污和污水处理系统统一考虑设计，使之与排污或污水处理系统形成一个有机整体，以便充分发挥化粪池的功能；

（3）化粪池选址应充分考虑当地地质、水文情况和基底处理方法，以免施工过程中出现基坑护坡塌方、地下水过多而无法清底等问题；

（4）化粪池距地下给水构筑物距离应不小于 30m，距其他建筑物距离应不小于 5m，化粪池的位置应便于清掏池底污泥；

（5）乡村化粪池的水力停留时间宜选 24h 或以上；

（6）当化粪池污水量不大于 10m³/d，首选两格化粪池，第一格容积占总容积 75%，第二格容积占 25%；若化粪池污水量大于 10m³/d，一般设计为三格化粪池，第一格容积占总容积的 60%，第二格容积占 20%，第三格容积占 20%；若化粪池污水量超过 50m³/d，宜设 2 个并联的化粪池；化粪池容积最小不宜小于 2.0m³，且此时最好设计为圆形化粪池（又称化粪井），采取大小相同的双格连通方式，每格有效直径应大于或等于 1.0m；

（7）化粪池水面到池底深度不应小于 1.3m，池长不应小于 1m，宽度不应小于 0.75m。

3. 施工

可根据当地气候和工期要求，购买预制成品化粪池安装，或现场建造化粪池。预制成品化粪池有效容积从 2.0m³ 至 100m³ 不等，应根据当地处理水量、地下水位、地质条件等具体情况，参照相关的现行国家标准设计图集，选择相应型号并进行施工。成品化粪池的加工在生产厂家完成，其现场安装和施工工序主要包括：开挖坑槽、安装化粪池、分层回填土、砌清掏孔和砌连接井。

由于化粪池易产生臭味，现场建造化粪池最好建成地埋式，并采取密封防臭措施。若周围环境允许溢出，且地质条件较好，土壤渗滤系数很小，则可采取砖砌化粪池，其内外墙可采用 1:3 水泥砂浆打底，1:2 水泥砂浆粉面，厚度 20mm。若当地地质条件较差，比如山区、丘陵地带、临近河流、湖泊或道路，则建议采取钢筋混凝土化粪池，对池底、池壁进行混凝土抹面避免化粪池污水渗滤污染周边土壤和地下水，同时配套安装 PVC 管道或混凝土管道等。

4. 运行管理

化粪池的日常维护检查包括化粪池的水量控制、防漏、防臭、清理格栅杂物、清理池渣等工作。

（1）水量控制：化粪池水量不宜过大，过大的水量会稀释池内粪便等固体有机物，缩短固体有机物的厌氧消化时间，降低化粪池的处理效果；且大水量易带走悬浮固体，易造成管道的堵塞。

（2）防漏检查：应定期检查化粪池的防渗设施，以免粪液渗漏污染地下水和周边环境。

（3）防臭检查：化粪池的密封性也应进行定期检查，要注意化粪池的池盖是否盖好，避免池内恶臭气体溢出污染周边空气。

（4）清理格栅杂物：若化粪池第一格安置有格栅时，应注意检查格栅，发现有大量杂物时应及时清理，防止格栅堵塞。

（5）清理池渣：化粪池建成投入使用初期，可不进行污泥和池渣的清理，运行 1 年后，可采用专用的槽罐车，对化粪池池渣按设计清掏周期进行清抽。

（6）其他注意事项：在清渣或取粪水时，不得在池边点灯、吸烟等，以防粪便发酵产生的沼气遇火爆炸；检查或清理池渣后，井盖要盖好，以免对人畜造成危害。

6.3.2　厌氧生物膜池

厌氧生物膜池是通过在厌氧池内填充生物填料强化厌氧处理效果的一种厌氧生物膜技术。污水中大分子有机物在厌氧池中被分解为小分子有机物，能有效降低后续处理单元的有机污染负荷，有利于提高污染物的去除效果。正常运行时，厌氧生物膜池对 COD 和 SS 的去除效果可达到 40%～60%。

1. 类型和结构

厌氧生物膜池典型结构如图 6-2 所示。其中填充的填料应有利于微生物生长，易挂膜，且不易堵塞，从而提高厌氧池对 BOD_5 和悬浮物的去除效果。

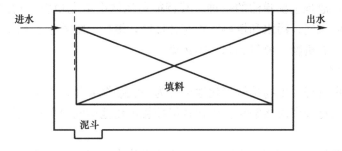

图 6-2　厌氧生物膜池结构示意

2. 设计

厌氧生物膜池的设计参数主要包括：水力停留时间（HRT）、池体有效容积、污泥排泥时间、污泥斗有效容积、填料类型及规格、填料安装高度和间距等。

厌氧池水力停留时间（HRT）一般取 2d～5d。

由于增加了填料，使微生物附着生长于填料上，脱落的生物膜污泥定期排放，其排泥时间可为 3 个月～1 年，具体可视污泥斗的容积和处理量而定。污泥斗的有效容积可取上层反应池有效容积的 1/8～1/4。

厌氧池中的填料特征需满足下列条件：

（1）具有高比表面积，有利于微生物生长；

（2）材料抗腐蚀性，在厌氧酸化条件下稳定可靠；

（3）不易堵塞，质量轻，易于安装或悬挂；

（4）价格低廉，运输方便。

常用的填料有纤维填料、软性填料、弹性填料或其组合。

3. 施工

厌氧生物膜池通常可位于化粪池后，建为地下式或半地下式，但应注意冬季保温。反应区装填填料，以强化厌氧处理效果，兼具厌氧反应和沉淀双重功能；也可对现有三格式化粪池的第三格进行改造，在其中安装填料，形成厌氧生物膜池。

其施工中应注意下列事项：

（1）防水：防止地下水渗入，应注意地下水位对池体的影响；应防雨水落入或流入，特别是在本区降雨量大的地方，因此需做封顶处理，并预留人孔；

（2）防漏：防止厌氧池污水渗漏污染周边池塘和河流等水体或者地下水，因此厌氧池底和池壁需做防渗处理，其渗漏系数应达到相关国家现行标准；

（3）防臭：微生物厌氧分解有机物，会产生氨气和硫化氢等臭味气体，因此需对厌氧池进行密封，必要时可增加除臭装置，对厌氧池产生的臭味气体进行原位除臭。

4. 运行管理

厌氧池的运行管理主要为污泥的定期排放与处置，污泥排放后不能随意堆置，否则易生蚊蝇，渗漏水会对周边水体环境造成二次污染。排放污泥量少，建议返回化粪池，进行循环处理。

6.3.3 生物接触氧化池

生物接触氧化池是生物膜法的一种。其特征是池体中填充填料，污水浸没全部填料，通过曝气充氧，使氧气、污水和填料三相充分接触，填料上附着生长的微生物可有效去除污水中的悬浮物、有机物、氨氮和总氮等污染物。

1. 类型和结构

根据污水处理流程，生物接触氧化池可分为一级接触氧化、二级接触氧化和多级接触氧化。二级接触氧化和多级接触氧化可在各级接触氧化池中间设置中间沉淀池，提高出水水质。

根据曝气装置位置的不同，生物接触氧化池可分为分流式和直流式。分流式接触氧化池污水先在单独的隔间内充氧后，再缓缓流入装有填料的反应区；直流式接触氧化池是直接在填料底部曝气。

按水流特征，生物接触氧化池可分为内循环式和外循环式。内循环指单独在填料装填区进行循环；外循环指在填料体内外形成循环。

生物接触氧化池主要由池体、填料、支架及曝气装置、进出水装置以及排泥管道等部件组成，内循环直流式接触氧化池的基本结构如图 6-3 所示。

2. 设计

生物接触氧化池前应设置沉淀池等预处理设施，以防止堵塞。沉淀单元可以是单独的沉淀池或一体化设备中的沉淀单元，已建符合防水要求的化粪池也可作为沉淀池。此外，需要合理布置生物接触氧化池的曝气系统，实现均匀曝气。填料装填要合理，以防止堵塞。

（1）池体及内部构筑体

1）处理规模在 200 人以下的设计参数

针对乡村的特征以及国内外的经验，用于处理乡村污水的生物接触氧化池的负荷宜小

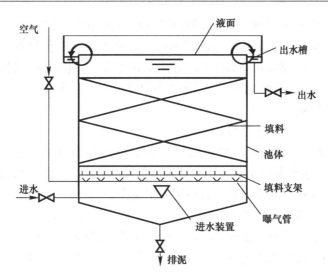

图 6-3　内循环直流式接触氧化池结构示意

于城市污水处理厂，处理规模 200 人以下的生物接触氧化池有效容积宜按下式计算：

$$V = nQ(La - 20)/M \tag{6-2}$$

式中：V——生物接触氧化池的有效容积（m^3）；

　　　Q——每人每天污水量 $[m^3/(人·d)]$；

　　　n——人数；

　　　La——进水 BOD_5 浓度（mg/L）；

　　　M——BOD_5 负荷 $[gBOD_5/(m^3·d)]$，宜按照表 6-5 选取。

生物接触氧化 BOD_5 负荷参数 $[gBOD_5/(m^3·d)]$　　　　表 6-5

接触氧化池类型	处理对象人数（n）	
	$1 \leqslant n \leqslant 50$	$50 < n \leqslant 200$
好氧式（1）	180	225
好氧式（2）	120	140
兼氧式（2）	80	140

注：好氧式（1）为去除 COD 和 BOD_5 的处理方法；有脱氮需求时将好氧式（2）与兼氧式（2）联合使用，反应池顺序为兼氧式（2）、好氧式（2），并设置污水回流装置。

此外，还应满足下列要求：

① 好氧式生物接触氧化池（1）的曝气时间为 1.5h～3h，停留时间为 1.5d 左右，池内溶解氧含量维持 2.0mg/L～3.5mg/L。

② 池体底面多采用矩形或方形，长与宽之比应该在 1∶2～1∶1。

③ 处理规模超过 30 人，分格数不少于 2，并按同时工作设计。每格面积不宜大于 25m²；处理规模超过 40 人，有效水深宜大于 1.5m。

④ 单户或多户规模的池体可用热塑性复合材料、PVC 塑料和玻璃钢等；村落集中处理规模的接触氧化池池体应采用钢板焊接制成或用钢筋混凝土浇筑砌成。生物接触氧化池进水端应设置导流槽，导流槽与生物接触氧化池应采用导流板分隔，导流板下缘至填料底

面的距离推荐为 0.15m～0.4m。出水一侧斜板与水平方向的夹角应在 50°～60°。

⑤ 生物接触氧化池应在填料下方满平面曝气，推荐采用穿孔管曝气，每根穿孔管的水平长度不宜大于 5m，材质可选择 PVC 塑料或不锈钢，用电钻打孔制成。为防止堵塞，曝气时应保证开孔朝下。最好配置调节气量的气体流量计和方便维修的设施。生物接触氧化池底部应设置放空阀。

2）处理规模在 200 人以上的设计参数

处理规模 200 人以上的村落污水处理站如采用生物接触氧化池，在能按照城市污水厂运行管理的前提下，可参照城市生活污水处理生物接触氧化池的设计和运行参数：

① 池体底面多采用矩形或方形，长与宽之比应在 1：2～1：1；

② 池子个数或分格数一般不少于 2 个，每格面积不宜大于 25m²；

③ 容积负荷一般采用 1000g BOD$_5$/(m³·d)～1500g BOD$_5$/(m³·d)；

④ 溶解氧一般维持在 2.5mg/L～3.5mg/L，气水比 15：1～20：1。

（2）填料

填料是决定生物接触氧化池处理效果的关键，需满足下列要求：

1）水力特性：比表面积大、空隙率高、水流通畅、阻力小、流速均一；

2）生物膜附着性：良好的挂膜效果，外观形状规则、尺寸均一、表面粗糙程度大；

3）化学与生物稳定性强：经久耐用，不溶出有害物质，不产生二次污染；

4）货源稳定充足，价格低廉，便于运输与安装等；

5）填料分层装填，装填高度一般不超过 3m，填充率大于 55%；

6）填料下端与池体底部保持合适的距离。

（3）设计尺寸

不同处理规模的生物接触氧化池的设计参数可参考表 6-6。其中村落集中处理规模的生物接触氧化池可设计成二段式。

不同处理规模的生物接触氧化池设计参数　　　　表 6-6

规模	池体尺寸	适宜填料	施工材料	备注
单户	底面积 0.3m²～0.5m²，池高 1.0m～1.5m，填料层高度 0.6m～1.0m	软性半软性	热塑性复合材料、PVC 塑料材料、玻璃钢	均匀曝气
多户	底面积 2.0m²～4.0m²，池高 1.2m～1.8m，填料层高度 0.8m～1.3m	半软性软性	热塑性复合材料、PVC 塑料材料、玻璃钢	均匀曝气
村落	底面积 10m²～15m²，池高 2.5m～3.0m，填料层高度 1.8m～2.2m	球形蜂窝	钢板或钢筋混凝土	可采取二段式

3. 施工

生物接触氧化池的施工包括池体的建造、填料的安装和曝气装置的布设等。

（1）池体建造

散户或多户污水处理时，池体容积小，可采用热塑性复合材料、PVC 塑料材料和玻璃钢等材质。板的厚度应大于 10mm，若板较高，较长，则板中间需进行加固处理，以防池体装满水后池体中央向外凸出导致最终破裂。

村落污水集中处理时，池体容积大，为安全考虑，宜采用现场钢筋混凝土浇筑，也可采用设备现场安装。

（2）填料安装

填料安装需搭建支架，支架材料要能抗腐蚀，支架应根据待安装的填料的体积和重量进行结构设计，保证其结构可靠性和稳定的承载能力。填料的安装有一定的要求，需疏密适中。单户或多户污水处理时，其具体安装参数可咨询填料供货方；村落污水集中处理时，其安装的参数应由有资质的设计院进行专业计算设计方可施工。

（3）曝气装置布设

单户或多户小型接触氧化池的曝气装置较为简单，可采取市售养鱼缸的曝气泵和曝气头进行充氧即可；村落集中污水处理接触氧化池池体较大时，其曝气装置的安装应在专业设计后请专门的施工队进行，其安装既要考虑曝气量，又要考虑曝气的均匀性。此外，曝气设备如鼓风机或曝气泵需考虑其噪声对环境的影响，若建设在环境要求很安静的地方，需对其进行降噪处理。

4. 运行管理

（1）系统启动

系统启动时，通过投加活性好氧污泥或粪水，闷曝 3d～7d 后开始少量进水，并观察检测出水水质，逐渐增大进水流量至设计值，同时调整曝气量，保持气水比在 15:1～20:1，如果有条件应测定反应池内溶解氧浓度，最好维持在 2.0mg/L～3.5mg/L。

（2）日常维护

正常运行时，需观察填料载体上生物膜生长与脱落情况，并通过调节气量防止生物膜的整体大规模脱落。确定有无曝气死角，调整曝气头位置，保证均匀曝气。定期察看有无填料结块堵塞现象发生，如有应予以及时疏通。

定期排放二沉池污泥，可由市政槽车抽吸外运处理，也可经卫生处理达到相关要求后用于农田施肥。

6.3.4　自然跌水曝气下水道处理工艺

自然跌水曝气下水道处理工艺是一种充分利用下水道巨大空间及管、渠中的微生物，并利用地形高差跌水自然曝气充氧，使污水在输送过程中得到净化的处理工艺，该技术集污水收集、输送及处理为一体，是一种简易经济型的污水处理新技术。适用于污水处理设施用地受限、地形坡度较大的小城镇或乡村。适用规模 50m³/d 以上，出水水质达《城镇污水处理厂污染物排放标准》GB 18918—2002 的二级标准，COD、BOD$_5$、氨氮等部分指标可以达到一级 B 标准。

1. 类型和结构

自然跌水曝气下水道处理系统主要由预处理单元和自然曝气下水道系统组成，工艺流程见图 6-4 所示。

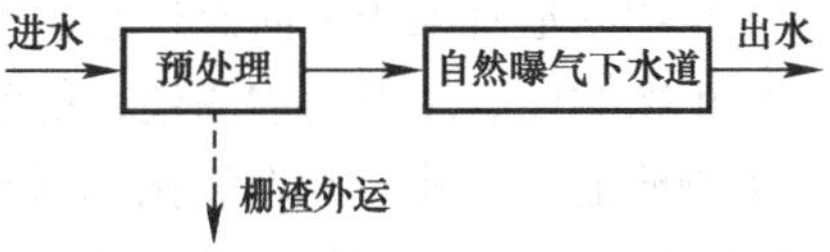

图 6-4　自然跌水曝气下水道处理工艺流程

污水首先经过格栅去除部分漂浮物及大颗粒悬浮物后，在预处理池内进一步去除漂浮物、悬浮物及无机砂，防止出现淤塞等问题，为后续渠道处理系统的稳定正常运行提供保障。

自然跌水曝气下水道系统充分利用山地小城镇的地形坡度及落差，强化渠道处理系统内的自然复氧过程，实现无能耗强化充氧效果；同时投加高效生物填料，利用填料巨大的表面，为微生物的生存提供载体，在空间上构建多级生物膜系统，利用各级生物膜表面形成的不同优势微生物菌群去除污水中的污染物，微生物系统的构建能够显著提高对各种不利因素的抗冲击能力，以确保出水水质。

2. 设计

预处理池：钢筋混凝土结构，设计水力停留时间为 4h～5h。

自然跌水曝气下水道：砖混结构，下水道宽 0.7m，深度 0.7m～1.5m，下水道渠底坡度 1%，设计水力停留时间为 3h～5h。

3. 施工

自然跌水曝气下水道处理系统的预处理池一般推荐采用钢筋混凝土结构，土建施工应重点控制池体的抗浮处理、地基处理、池体抗渗处理，满足设备安装对土建施工的要求。

为了节省投资，自然曝气下水道推荐采用砖混结构，并做好防水、防漏措施。

（1）防水：应防雨水落入或流入，特别是在本区降雨量大的地方，因此需做封顶处理，并预留人孔。

（2）防漏：防止下水道渗漏污染周边池塘和河流等水体或者地下水，因此自然曝气下水道渠底和渠壁需做防渗处理，其渗漏系数应达到相关国家现行标准。

4. 运行管理

系统管理维护简单，不需要专业人员，预处理池中的浮渣及污泥仅需定期清理（2 个月左右）。

6.3.5 生物滤池

生物滤池（Biological Aerated Filter，简称 BAF）是一种新型生物膜法污水处理工艺。池内填装粒状滤料作为载体形成固定床，微生物群附着于载体表面形成生物膜，污水通过粒状滤料层时，依靠附着于载体表面的生物膜对污染物的吸附、氧化和分解，可使污水净化，粒状滤料层同时具有物理截留过滤作用。生物滤池分为好氧生物滤池和缺氧生物滤池；根据去除目标不同，好氧生物滤池和缺氧生物滤池可组合成多种工艺，包括单级除碳/硝化生物滤池工艺、两级除碳/硝化生物滤池工艺、前置反硝化脱氮生物滤池工艺、后置反硝化脱氮生物滤池工艺、高滤速反硝化脱氮生物滤池工艺、中置硝化三级生物滤池工艺。

1. 类型和结构

生物滤池宜采用上向流进水，也可采用下向流进水。根据生物滤池的功能不同，分为好氧生物滤池、缺氧生物滤池；好氧生物滤池包括碳氧化曝气生物滤池（C 池）、硝化曝气生物滤池（N 池）和碳氧化/部分硝化曝气生物滤池（CN 池），缺氧生物滤池主要指反硝化生物滤池（DN 池）；生物填料主要包括陶粒生物滤料、轻质生物滤料。池型选择应综合考虑进水方式、反冲洗方式、单格面积、滤料种类、滤池构造和平面布置等因素，一般可选用矩形或圆形。

（1）好氧生物滤池

好氧生物滤池结构可分为缓冲配水区、承托层及滤料层、出水区。主体可由滤池池体、承托层、布水及反冲洗系统、供氧系统、生物系统、防堵塞系统、电气自控系统组成。好氧生物滤池结构示意，如图 6-5 所示。

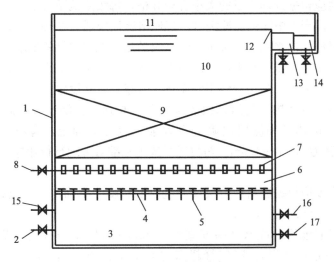

图 6-5　好氧生物滤池结构示意

1—滤池池体；2—进水管；3—缓冲配水区；4—滤板；5—抗堵塞长柄滤头；6—承托层；

7—单孔膜空气扩散器；8—进气管；9—生物滤料层；10—清水区；11—超高区；12—出水堰；

13—反冲洗排水槽（渠）；14—出水槽（渠）；15—反冲洗进水管；16—反冲洗进气管；17—降水位管

（2）缺氧生物滤池

缺氧生物滤池结构可分为缓冲配水区、承托层及滤料层、出水区。主体可由滤池池体、承托层、布水及反冲洗系统、生物系统、防堵塞系统、电气自控系统组成。缺氧生物滤池结构示意，如图 6-6 所示。

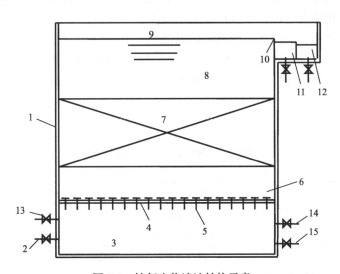

图 6-6　缺氧生物滤池结构示意

1—滤池池体；2—进水管；3—缓冲配水区；4—滤板；5—抗堵塞长柄滤头；

6—承托层；7—生物滤料层；8—清水区；9—超高区；10—出水堰；11—反冲洗排水槽（渠）；

12—出水槽（渠）；13—反冲洗进水管；14—反冲洗进气管；15—降水位管

2. 设计

设计的一般规定可参考下列事项：

（1）生物滤池应根据处理水量的大小合理分格，每级滤池不应少于 2 格，单格滤池面积不宜大于 100m²。当单格滤池反冲洗时，其他格滤池应通过全部流量；同时当单格滤池反冲洗时，其他格滤池出水和反清洗水池储水应满足冲洗用水量的要求。

（2）生物滤池多格并联时宜采用渠道和溢流堰配水，不宜采用压力管道直接配水。

（3）生物滤池工艺曝气与反冲洗用气设备、管路宜分开设置。

（4）生物滤池的池体构造与所选用的滤料类型相适应。滤料装填高度宜结合占地面积、处理负荷、风机选型和滤料层阻力等因素综合考虑确定，陶粒滤料宜为 2.5m～4.5m，轻质滤料宜为 2.0m～4.0m；陶粒滤料选用标准参考现行行业标准《水处理用人工陶粒滤料》CJ/T 299。

（5）清水区高度应根据滤料性能及反冲洗时滤料膨胀率确定，陶粒滤料宜为 0.8m～1.5m，轻质滤料宜为 0.6m～1.0m。

（6）陶粒滤料滤池缓冲配水区高度宜为 1.35m～1.5m，配水区池壁应设检修人孔，池底宜设置放空集水坑（渠）。曝气管超高宜为 1.5m～2.0m，反冲洗进气管超高宜为 1.8m～2.2m。滤池进、出水液位差应根据配水形式、滤速和滤料层水头损失确定，其差值不宜小于 1.8m～2.3m。

（7）轻质滤料滤池滤料层下部配水排泥区高度宜为 2.0m～2.5m，滤池超高宜为 0.3m～0.5m。滤池进、出水液位差应根据滤速和滤料层水头损失确定，其差值不宜小于 1.2m～1.5m。

（8）好氧生物滤池处理时溶解氧宜为 4mg/L～6mg/L。

（9）单孔膜空气扩散器布置密度应根据需氧量需求通过计算确定；单个曝气器设计额定通气量宜为 0.2m³/h～0.3m³/h，每平方米滤池截面积的单孔膜空气扩散器布置数量不宜少于 36 个；采用穿孔管时孔口设计滤速不宜小于 30m/s。

（10）安装在滤板上的滤头布置密度，反硝化生物滤池不宜小于 49 个/m²，其他曝气生物滤池不宜小于 36 个/m²，并应考虑滤头水头损失及堵塞率。

（11）生物滤池的设计流量宜按现行国家标准《室外排水设计规范》GB 50014 的有关规定执行，主要设计参数宜根据试验资料确定，无试验资料时，可采用经验数据或按表 6-7 的规定取值。

生物滤池处理城镇污水主要设计参数 表 6-7

类型	功能	参数	取值
碳氧化曝气生物滤池（C池）	降解污水中含碳有机物	滤池表面水力负荷（滤速）[m³/(m²·h)]	3.0～6.0
		BOD 负荷 [kgBOD/(m³·d)]	2.5～6.0
		空床水力停留时间（min）	40.0～60.0
碳氧化/部分硝化曝气生物滤池（C/N池）	降解污水中含碳有机物并对氨氮进行部分硝化	滤池表面水力负荷（滤速）[m³/(m²·h)]	2.5～4.0
		BOD 负荷 [kgBOD/(m³·d)]	1.2～2.0
		硝化负荷 [kgNH₄-N/(m³·d)]	0.4～0.6
		空床水力停留时间（min）	70.0～80.0

续表

类型	功能	参数	取值
硝化曝气生物滤池（N池）	对污水中的氨氮进行硝化	滤池表面水力负荷（滤速）[m³/(m²·h)]	3.0～12.0
		硝化负荷 [kgNH₄-N/(m³·d)]	0.6～1.0
		空床水力停留时间（min）	30.0～45.0
前置反硝化生物滤池（per-DN池）	利用污水中的碳源对硝态氮进行反硝化	滤池表面水力负荷（滤速）[m³/(m²·h)]	8.0～15.0（含回流）
		反硝化负荷 [kgNO₃-N/(m³·d)]	0.8～1.2
		空床水力停留时间（min）	20.0～30.0
后置反硝化生物滤池（post-DN池）	利用外加碳源对硝态氮进行反硝化	滤池表面水力负荷（滤速）[m³/(m²·h)]	8.0～20.0
		反硝化负荷 [kgNO₃-N/(m³·d)]	1.5～3.0
		空床水力停留时间（min）	10.0～25.0
精处理曝气生物滤池	对污水进行含碳有机物降解及氨氮硝化的深度处理	滤池表面水力负荷（滤速）[m³/(m²·h)]	3.0～5.0
		硝化负荷 [kgNH₄-N/(m³·d)]	0.3～0.6
		空床水力停留时间（min）	35.0～45.0

3. 施工

生物滤池的施工包括反冲洗配气管施工、滤板施工、滤头施工、曝气系统施工和滤池卵石和生物滤料填装等。施工前应组织施工人员熟悉图纸，核对图纸尺寸；施工人员应按设计要求对预留、预埋件复核。一体化污水处理设备宜采用钢筋混凝土浇筑、碳钢焊接制成。

（1）反冲洗配气管施工

1）混凝土施工时，滤池滤梁浇筑前应将反冲洗配气管吊入池内，浇筑滤梁时必须对反冲洗配气管进行保护。滤梁浇筑完成后，可安装反冲洗配气管，并应水平、牢固。各配气支管顶面应在同一水平面上，距滤板底面距离不宜大于50mm。

2）钢结构焊接时，工作应按现行国家标准《钢结构焊接规范》GB 50661执行。

（2）滤板施工

1）滤板安装或焊接前，应对滤梁进行检查，整池滤梁顶面水平度误差应小于±5mm、直线度误差±10mm、平行度误差±5mm、宽度误差±5mm、垂直度误差±5mm。

2）对滤梁上预埋或预制焊接螺栓宜采用不锈钢304及以上材质，露头尺寸一般宜为150mm～160mm，直线度、平行度、垂直度要求可按滤梁设计技术要求确定。螺栓的露头尺寸、直线度、平行度、垂直度应满足设计要求。

3）滤池滤板安装完成后，滤头固定板的上表面应平整，每块板的误差不得大于±2mm，整个池内板面的水平误差不得大于±5mm。

4）滤板找平后应采用不锈钢固定件固定，一般宜采用不锈钢压板。

5）钢筋混凝土施工时，滤板接缝密封材料应灌注均匀、严谨、可靠，不得漏气漏水；密封完成后应按规定进行养护，养护期间严禁池内其他作业。滤板接缝养护或补焊防腐完成后应进行滤板气密性能试验，不得漏气漏水。

6）试验压力一般宜采用0.02MPa～0.03MPa，试验时间一般选取3min～5min。

（3）滤头施工

滤头安装前应检查滤板预埋套管内有无杂物堵塞，如有应清理干净，但不得损坏套管内螺纹。滤头安装完成后,应进行布水、布气均匀性及气密性检查。

(4) 曝气系统施工

1) 曝气系统安装前,应检查和清扫曝气管路及空气扩散器。

2) 单孔膜空气扩散器膜孔安装方向应竖直对向滤板,曝气支管与主管的连接应牢密封。

3) 安装曝气系统时应避免损坏滤头,曝气系统安装完成后应进行曝气均匀性试验,合格后方可进行卵石和滤料填装。

(5) 滤池卵石和生物滤料填装

1) 铺设卵石应采取滤池注水填装,并按设计级配自下而上从大到小分层填装。

2) 填装时应避免损坏滤头和曝气系统,填装完成后应将料面均匀平整。

3) 卵石填装完成后,应按设计级配和高度填装生物滤料。填装时应注水填装,形成自然级配。填装完成后应将料面均匀平整。

4. 运行和维护

(1) 曝气生物滤池调试过程可分为单机调试、清水调试、系统联动调试、生物膜培养、试运行。调试前应编制调试方案、运营维护方案。

(2) 设备单机调试必须做好应急预案。

(3) 清水调试过程应在设计要求下检查单体构筑物的运行状况。

(4) 系统联动调试应在设计条件下检查设备和各自控系统性能,并模拟设计工况试运行。

(5) 生物膜培养可根据不同进水水质采用接种微生物或自然挂膜,培养过程宜选择在合适的水温条件下进行。

(6) 试运行前应对进出水各项指标以及各工况参数进行检测、统计、分析。

6.3.6 泥膜耦合脱氮除磷一体化装置

泥膜耦合脱氮除磷一体化装置是在活性污泥法的基础上耦合生物膜法,在各生化池中投加高效生物填料,增加池中微生物量,同时提供更广的微生物的停留时间阈值,实现短泥龄的反硝化细菌、聚磷菌和长泥龄的硝化细菌的区别化,提高脱氮除磷效率。以高效经济设计理念开发的集梯度优势菌种竖向分层生物净化、澄清、涡轮循环处理技术、往复充氧技术、微动力精准控制技术、泥膜耦合技术等于一体的新型一体化污水处理装置。

1. 类型和结构

泥膜耦合脱氮除磷一体化装置有多种工艺装置,根据乡村污水处理特点,主要采用AO泥膜耦合脱氮除磷一体化装置和A^3O泥膜耦合脱氮除磷一体化装置,其中:针对人口规模较小、居住分散的乡村地区,宜采用分散式处理模式,选用AO泥膜耦合脱氮除磷一体化装置,单台设备处理水量为$1m^3/d$~$5m^3/d$,组合处理水量$3m^3/d$~$10m^3/d$;针对人口居住较为集中的村镇地区,易采用集中式处理模式的A^3O泥膜耦合脱氮除磷一体化装置,单台设备处理水量为$15m^3/d$~$200m^3/d$,组合处理水量$15m^3/d$~$3000m^3/d$。

(1) AO泥膜耦合脱氮除磷一体化装置为圆形,包括进水管、出水管、曝气系统、排泥系统和反应池及沉淀池,其典型构造如图6-7所示。污水经化粪池自流入AO泥膜耦合脱氮除磷一体化装置,在设备内经缺氧反硝化、好氧硝化反应及好氧吸磷、厌氧释磷反应后进入沉淀池，泥水分离后达标排放。

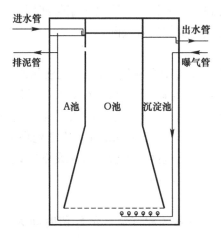

图 6-7　AO 泥膜耦合脱氮除磷一体化装置结构

（2）A^3O 泥膜耦合脱氮除磷一体化装置为矩形，包括进水管、出水管、曝气系统、池体搅拌系统、回流系统、排泥系统和反应池、沉淀池及设备间，其典型构造示意如图 6-8 所示。

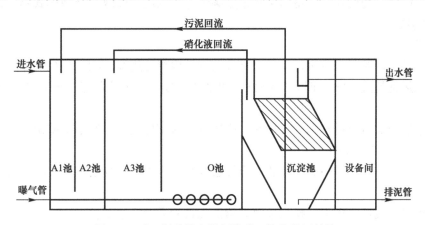

图 6-8　A^3O 泥膜耦合脱氮除磷一体化装置结构

（3）泥膜耦合脱氮除磷一体化装置工艺原理

1）AO 泥膜耦合脱氮除磷一体化装置：污水经布水器均布至涡轮反应器的 A 池内，与斜切回流的硝化液、梯度缺氧菌及厌氧菌群充分混合，处理后混合液进入 O 池内，进行涡轮内循环往复处理，处理后的污水部分涡流至 A 池，部分流至沉淀池进行澄清，经消毒达标排放；A 池、O 池分别设有不同的特定固定菌种的强化填料，通过优化的泥膜耦合工艺、优选优质微生物载体来强化生物脱氮除碳除磷效果，O 池完成生物硝化、除碳和吸磷过程，A 池完成生物脱氮和释磷过程，沉淀的吸磷污泥则定期通过气提外排至储泥池，达到生物除磷目的。

2）A^3O 泥膜耦合脱氮除磷一体化装置：包括预缺氧 A1、厌氧 A2、缺氧 A3 和好氧 O 几个部分，是经典脱氮除磷工艺 A^2O 法的优化变形工艺；该工艺在 A^2O 前端增设了预缺氧池，并通过设置仿生水草填料载体和巧妙的水力流态设计实现泥膜耦合，将活性污泥法和生物膜法的优势耦合于一体；A1 预缺氧区充分去除回流污泥中的硝酸盐和氧气，保证 A2 厌氧区的严格厌氧环境，使得聚磷菌在厌氧区中释放磷的效率大大提高，确保其在 O 好氧区的吸磷效率相应得到了充分提升，通过将硝化液回流至 A3 缺氧池强化反应器脱氮能力，进一步实现系统对氮、磷的高效去除。

2. 设计

设计参考现行行业标准《厌氧-缺氧-好氧活性污泥法污水处理工程技术规范》HJ 576 和 2013 年版《生物膜反应器设计与运行手册》。针对人口居住较为集中的村镇地区，为便于不同规模进行有机组合，单台一体化设备的设计处理水量宜为 15m³/d、30m³/d、50m³/d、60m³/d、100m³/d、150m³/d、200m³/d，组合处理水量 15m³/d～3000m³/d；针对人口规模较小、居住分散的乡村地区，单台一体化设备的设计处理水量设计为 1m³/d～5m³/d，组合处理水量 3m³/d～10m³/d。

此外还应满足下列要求：

（1）预缺氧区、厌氧区、缺氧区和好氧区的停留时间为 0.2h～1.0h、0.5h～2.0h、1.5h～4.0h、3.0h～12.0h；

（2）好氧区溶解氧维持在 2.0mg/L～3.5mg/L；

（3）仿生水草填料载体的填充比为 5%～65%；

（4）集中式处理模式，设备结构宜采用碳钢焊接制成；分散式处理模式易采用热塑性 PE 材料滚塑制成。

3. 施工

（1）钢结构焊接时，应按现行国家标准《钢结构焊接规范》GB 50661 执行。

（2）当风速超过 10m/s 时，须停止一切吊装工作；当风速超过 15m/s 时，须停止所有工作。

（3）吊装前需对设备基础进行检测，应按现行国家标准《建筑地基基础工程施工质量验收标准》GB 50202 执行。

（4）组对箱体焊接需根据设计要求全焊透焊缝，全焊透焊缝坡口形式应采用 V 形坡口加衬垫。

（5）组对焊接后需用 UT 探伤检测，检测无误后需做闭水试验。

（6）完成闭水试验后需根据设计要求，对焊接处进行型钢加固。

（7）当天工作结束时，须对已安装的设备正确地进行支撑，以免发生意外事故。

（8）焊接工作完成后须根据设计要求对设备进行防腐处理。

（9）所有工作完成后，应对焊接现场进行清理、清扫。设备钢结构部分验收应按现行国家标准《钢结构工程施工质量验收标准》GB 50205 执行。

（10）由于配套管网和配套设施需要土建配合，在施工前应认真阅读设计图纸和设备安装使用说明书，了解预留预埋件的准确位置和做法，对基层进行水平平整度复核和二次找平，设备基础严格控制在误差范围内。当地基下有软弱下卧层时，应考虑其沉降的影响，应采取适当的措施对地基进行处理，必要时可采用桩基等处理措施。

4. 运行管理

泥膜耦合脱氮除磷一体化设备应实现无人值守、远程维护，并配备适量的专业人员，其应做到：

（1）定期检测进出水水质，检查设备运行情况，并定期对检测仪器、仪表进行校验；

（2）定期观察活性污泥和生物膜相关关键指标；

（3）定期对关键设备进行维护保养；

（4）根据数据分析，及时调整曝气量、污泥回流量、剩余污泥排放量等，保证出水稳定达标。

6.3.7　序批式生物反应器（SBR）

SBR 集进水、曝气、沉淀、出水于一池中完成，间歇运行，其特点是工艺简单。由于只有一个反应池，不需二沉池、回流污泥及设备，一般情况下不设调节池，多数情况下可省去初沉池，故节省占地和投资，耐冲击负荷且运行方式灵活，可从时间上安排曝气、缺氧和厌氧的不同状态，实现除磷脱氮的目的。

1. 类型和结构

SBR 有多种工艺，包括普通 SBR 和多种变形，图 6-9 所示为普通 SBR 结构示意图。普通 SBR 反应池池型为矩形，主要包括进出水管、剩余污泥排除管、曝气器和滗水器等几部分。曝气方式可以采用鼓风曝气或射流曝气。滗水器是一类专用排水设备，其实质是一种可以随水位高度变化而调节的出水堰，排水口淹没在水面以下一定深度，可防止浮渣进入。

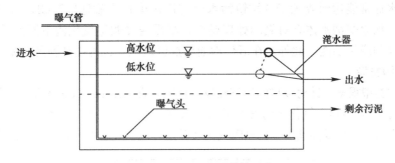

图 6-9　SBR 反应池结构示意

2. 设计

SBR 水处理工艺应用于小型污水处理设施，为适应流量的变化，反应池的容积应留有余量或采用设定运行周期等方法。但是，对于民俗旅游村等流量变化很大的场合，应根据维护管理和经济条件，考虑设置流量调节池。具体设计方法选择参见《给水排水设计手册》第五册，用于乡村生活污水处理设计时，应充分考虑下列设计要点：

（1）运行周期的确定：SBR 的运行周期由充水、反应、沉淀、排水排泥和闲置五段时间组成，应根据实际情况予以考虑。

（2）反应池容积的计算：反应池内水力流态为完全混合式，反应池十分紧凑，占地很少。形状以矩形为准，池宽与池长之比大约为 1∶1～1∶2，水深 4m～6m。要全面考虑周期数（周期，d）、每一系列的反应池数、每一系列的污水进水量（设计最大日污水量，m^3/d）等因素。

（3）曝气系统：曝气装置的能力是指在规定的曝气时间内能供给的需氧量。曝气装置应不易堵塞，同时考虑反应池的搅拌性能等。

（4）排水系统：上清液排出装置应能在设定的排水时间内，活性污泥不发生上浮的情况下排出上清液，同时设置事故用排水和防浮渣流出装置。

（5）排泥设备：可不设初沉池，易流入较多的杂物，污泥泵应采用不易堵塞的泵型。

3. 运行管理

SBR 运行管理中要保证每个池充水的顺序连续性，运行过程中避免 2 个或 2 个以上的池子同时进水或第一个池子和最后一个池子进水脱节的现象。同时通过改变曝气时间和排水时间，对污水进行不同的反应测试，确定最佳的运行模式，达到最佳的出水水质、最经济的运行方式。

在污泥沉降性能控制中，实际操作过程时往往会因充水时间或曝气方式选择的不适当或操作不当而使基质的积累过量，致使发生污泥的高黏性膨胀。为使污泥具有良好的沉降性能，应注意每个运行周期内污泥的污泥容积指数（SVI）变化趋势，及时调整运行方式以确保良好的处理效果。

6.3.8　氧化沟

氧化沟是普通曝气池法的一种变形，因污水和活性污泥在沟中不断循环流动，也称其为"循环曝气池"。氧化沟通常按延时曝气条件运行，以延长污水和生物固体的停留时间和降低有机污染负荷。氧化沟通常使用卧式或立式的曝气和推动装置。污水经过氧化沟工艺处理，出水通常能达到或优于《城镇污水处理厂污染物排放标准》GB 18918—2002 中的二级标准。如果受纳水体有对氮的处理要求，则需通过调整氧化沟不同区域的供氧量，使其具有较高的脱氮功能。此外，在氧化沟前增加厌氧池，也可提高除磷效率。

1. 结构和类型

氧化沟的类型很多，针对乡村的经济和技术特征，宜采用 passever 氧化沟（图 6-10）和一体化氧化沟（图 6-11）。氧化沟沟渠的平面形状有圆形、椭圆形、直沟道或其组合；沟道横断面可为矩形、梯形或椭圆形；转刷曝气机和转盘曝气机适合在乡村污水处理中使用。

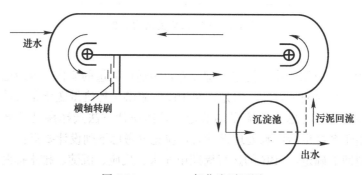

图 6-10　passever 氧化沟平面图

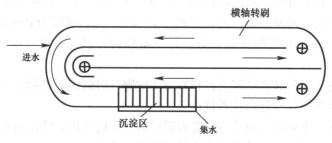

图 6-11　一体式合建氧化沟平面图

2. 设计

冬季温度在 0℃以下的寒冷地区，需要地埋保暖措施或建设于室内。氧化沟机械曝气设备除具有良好的充氧性能外，还具有混合和推流作用，设备选型时要注意充氧和混合推流之间的协调。氧化沟转刷曝气的技术参数可参照现行行业标准《环境保护产品技术要求　转刷曝气装置》HJ/T 259。在有条件的地区，也可自行加工，以降低成本。

为保证活性污泥呈悬浮状态，沟内平均流速应在 0.3m/s 以上。混合液在沉淀池进行泥水分离，污泥回流到氧化沟中。因乡村管理水平有限，剩余污泥宜定期排放并作适当处理。

设于氧化沟后的二沉池可以采用常用的辐流沉淀池或平流沉淀池。

氧化沟的参数宜根据试验资料确定，在无试验资料时，可参照类似工程选择，或参考下列参数：

(1) 污水停留时间：8h～24h；

(2) 污泥停留时间：15d～30d；

(3) 氧化沟内好氧区溶解氧：2.0mg/L～4.0mg/L；

(4) 沟内流速：0.25m/s～0.35m/s；

(5) 沟内污泥浓度：2000mg/L～6000mg/L

(6) 缺氧区溶解氧：0.0mg/L～0.5mg/L；

(7) Passever 氧化沟二沉池的表面负荷 20m³/(m²·d)，一体化氧化沟固液分离器表面负荷 30m³/(m²·d)。

3. 施工

氧化沟沟渠边壁一般推荐采用钢筋混凝土结构，土建施工应重点控制池体的抗浮处理、地基处理、池体抗渗处理，满足设备安装对土建施工的要求。为了节省投资，可以考虑采用黏土夯实并铺设防水层，亦可以采用钢结构和玻璃钢结构现场安装或定制。

4. 运行管理

主要是氧化沟设备的维护。

6.3.9　人工湿地

人工湿地是人对自然湿地系统的模拟，利用生态的方法来去除污染物，以达到净化污水的目的，主要由土壤基质、水生植物和微生物三部分组成。与其他污水处理技术相比，人工湿地具有低操作和少维护等特点，并且性能稳定。

1. 类型和结构

人工湿地按其内部的水位状态可以分为表流湿地（图 6-12）和潜流湿地，而潜流湿地又可以按水流方向分为水平潜流湿地（图 6-13）和垂直潜流湿地（图 6-14）。

表流湿地处理系统的优点是投资及运行费用低，建造、运行和维护简单，但占地面积大，冬季表流湿地表面易结冰，夏季易繁殖蚊虫，并有臭味。潜流湿地的优点在于占地面积小，且卫生条件好，但建设费用较高。各地区应当根据实际情况因地制宜进行设计和运行。

2. 设计

在实际应用中，应当根据实际情况因地制宜进行设计和运行。设计时首先确定污水的

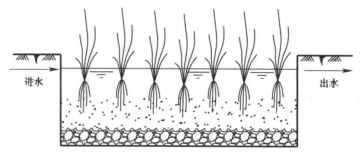

图 6-12　表流人工湿地示意

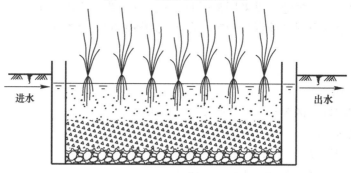

图 6-13　水平潜流人工湿地示意

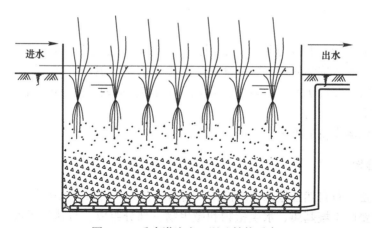

图 6-14　垂直潜流人工湿地结构示意

水量和水质，并根据当地的地质、地貌、气候等自然条件选择合适的人工湿地类型，然后根据相应的湿地类型进行设计。不同类型的湿地可通过串联或并联的方式进行组合应用，以达到逐级削减水中污染物负荷的目的。多级湿地组合不仅可以充分发挥各种类型湿地的优点，而且具有较稳定的去除率，抗干扰能力强，受季节影响不大。常见的组合方式有表流与水平潜流湿地的串联、并联组合；水平潜流与垂直潜流湿地的串联组合等。

人工湿地设计主要涉及以下几个方面：污染负荷、湿地面积、湿地床结构、基质材料选择、植被选择、水力状况、进水和排水周期等。

（1）污染负荷

相对生物接触氧化池和氧化沟等好氧生物技术，人工湿地污染负荷低，其进水污染物浓度特别是悬浮物 SS 浓度不能太高，建议不超过 50mg/L，否则容易堵塞。不同类型人工湿地污染负荷取值范围变化较大。

（2）湿地面积

人工湿地的设计面积根据拟处理的水量确定，包括污水量和汇流区域内的暴雨径流量，可按下式近似估算：

$$A = (Q_{污水量} + Q_{径流量})/q \tag{6-3}$$

式中：A——湿地的最大占地面积（m^2）；

$\quad\quad q$——水力负荷 $[m^3/(m^2 \cdot d)]$。

（3）湿地床结构

湿地床的构型对湿地系统的水力状况有着重要影响，构型参数包括长宽比、坡度、深度等。据工程经验，人工湿地系统的坡度宜为 0.5%～1%，长宽比应大于 2，深度的波动范围为 0.2m～1.2m。

人工湿地设计时应尽量采用重力流的布水方式，以保证排水顺畅，节省能源。另外，湿地的出水口高程应可调节，以便使整个湿地床体的水位可以人为调控。

人工湿地的水力负荷根据污水量和湿地类型的不同差异比较大，一般来说潜流湿地的水力负荷大于表面流湿地的水力负荷。国内外人工湿地最常见的水力负荷为 10cm/d～20cm/d，水力停留时间为 0.5d～7d。

（4）基质材料选择

人工湿地系统多采用碎石、砂子、矿渣等基质材料作为填料。对于缺乏养分供给的基质或者孔隙过大不利于植物固定生长的基质，需在基质上方覆盖 15cm～25cm 厚的土壤，作为植物生长的基质。

不同类型的基质对湿地的影响不同。中性基质对生物处理影响不大，但矿渣等偏碱性的基质则在一定程度上会影响微生物和植物的生长活动，因此，应用时需采用一定的预处理，如充分浸泡等措施。

基质对废水中磷和重金属离子的净化影响最大，含钙、铁、铝等成分的填料有利于离子交换。钙、镁等成分和污水中的磷、重金属相互作用形成沉淀；铁、铝等离子通过离子交换等作用将磷、重金属吸附于基质上。但随着时间的推移，基质对磷和重金属的吸附会达到饱和，湿地除磷和重金属能力便有明显下降。

在确定基质材料种类后，还应确定基质粒径，以调整湿地的水力传导率和孔隙率。一般来说，小粒径基质具有比表面积大、孔隙率小、植物根及根区的发展相协调、水流条件接近层流等优点。但目前人工湿地的基质一般倾向于选择较大粒径的介质，以便具有较大的空隙和好的水力传导，从而尽量克服湿地堵塞问题。

此外，选择基质时还应考虑便于取材、经济适用等因素。

（5）植被选择

湿地水生植物主要包括挺水植物、沉水植物和浮水植物。不同的区域，不同的生长环境，适宜生长的湿地植物种类是不同的。人工湿地一般选取处理性能好、成活率高、抗污能力强且具有一定美学和经济价值的水生植物。这些水生植物通常应具有下列特性：能忍受较大变化范围内的水位、含盐量、温度和 pH；对本地适应性好，最好是本土植物。植物种类一般 3 种～7 种，其中至少 3 种为优势物种；对污染物具有较好的去除效果；成活率高，种苗易得，繁殖能力强；有广泛用途或经济价值高。

人工湿地中使用最多的水生植物为香蒲、芦苇和灯芯草，这些植物都广泛存在并能忍受冰冻。不同种类的水生植物适宜生长的水深不同，香蒲在水深 0.15m 的环境中生存占优势；灯芯草为 0.05m～0.25m；芦苇适宜生长在岸边和浅水区，最深可生长于 1.5m 的深水区域。香蒲和灯芯草的根系主要在 0.3m 以内的区域，芦苇的根系达 0.6m，宽叶香蒲则达到 0.8m。

在潜流型湿地中，一般选用芦苇和香蒲，它们较深的根系可扩大污水的处理空间。而对于处理暴雨径流污染为主的人工湿地，要求湿地植物有很强的适应能力，既能抗干旱又能耐湿，而且还应具有抗病灾和昆虫的能力，一般选用芦苇和蔗草。

（6）水力状况

表流人工湿地水位一般为 200mm～800mm，潜流人工湿地水位则一般保持在土壤表面下方 100mm～300mm，并根据待处理的污水水量等情况进行调节。

需重点考虑造成湿地堵塞的各种影响因素。湿地堵塞多发生在系统床体前端25％左右的部分，造成堵塞的物质大部分为无机物，这表明污水中的颗粒物在湿地床中的沉淀是造成湿地堵塞的主要原因。此外，植物根系及其附着物等也是湿地堵塞的一大诱因。

3. 施工

人工湿地在建设过程中涉及的建筑材料主要包括砖、水泥、砂子、碎石、土壤等。人工湿地的施工主要包括土方的挖掘、前处理系统的修建、土工防渗膜的铺装、布水管道的铺设、基质材料的填装、土壤的回填和植物的种植。在施工过程中要合理安排施工顺序，严格按照湿地设计中配水区、处理区和出水集水区中各种基质材料的粒径大小，分层进行施工，人工湿地基质材料组成剖面图，如图 6-15 所示。

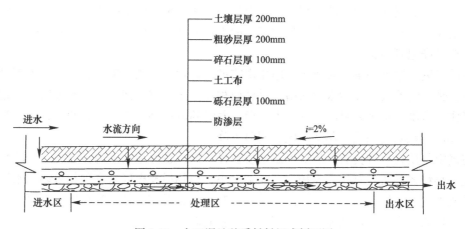

图 6-15　人工湿地基质材料组成剖面图

人工湿地表层一般种植喜阳的水生植物，因此应建设在能被阳光直射的空旷地方。在山区或丘陵可建成多级呈阶梯状的人工湿地，采取多级跌水充氧，与植物复氧一起，共同为湿地补充溶解氧。

4. 运行管理

人工湿地的维护包括三个主要方面：水生植物的重新种植、杂草的去除和沉积物的挖掘。当水生植物不适应生活环境时，需调整植物的种类，并重新种植。植物种类的调整需要变换水位。如果水位低于理想高度，可调整出水装置；杂草的过度生长也给湿地植物的生长带来许多问题。在春天，杂草比湿地植物生长的早，遮住了阳光，阻碍了水生植株幼苗的生长。杂草的去除将会增强湿地的净化功能和经济价值。实践证明，人工湿地的植被种植完成以后，就开始建立良好的植物覆盖，并进行杂草控制是最理想的管理方式。在春季或夏季，建立植物床的前 3 个月，用高于床表面 50mm 的水深淹没湿地床可控制湿地中的杂草生长，当植物经过 3 个生长季节，就可以与杂草竞争。由于污水中含有大量的悬浮物，在湿地床的进水区易产生沉积物堆积，运行一段时间，需挖掘沉积物，以保持稳定的湿地水文水力及净化效果。

6.3.10　微生态滤床

微生态滤床是垂直潜流人工湿地的改良版，主要由生态基质、水生植物和微生物三部分组成。利用生态基质和水生植物两大系统共同为微生物营造一个生态净化空间，综合物理、化学、生物等处理因素，使水净化工艺达到最大化。其核心是对有氧区域的尺寸和数量的管理。通过选择不同的基质和根系，处理过程中的有氧或无氧反应会得到合理利用，提高处理效率。

微生态滤床在污水处理过程中，不投加化学药剂、不产生二次污染，不需要鼓风曝气、不需要反冲洗，只有一台提升水泵，自动控制运行、严格控制进水量。

微生态滤床与传统垂直流人工湿地区别如下：

（1）细化了生态基质的材料和粒径，对材料进行筛选、清洗，控制粉尘含量。增加多孔材料配比；

（2）筛选水生植物，选择挺水植物，根系发达、景观效果好、污染物去除率高；

（3）投加筛选脱氮除磷效果较好的微生物；

（4）根据污水水质，严格控制进水量，调节好水力停留时间；

（5）构建微生态滤床的有氧和无氧反应区域。

微生态滤床的适用范围：适合在人口居住分散的乡村，处理规模可大可小，可以几十户人家集中处理，也可一家一户单独处理。

1. 类型和结构

微生态滤床内部结构类似于垂直潜流人工湿地。生态基质填料厚度 1m。外形美观，表面不积水，干燥，不滋生蚊蝇，没有臭味，不会引起儿童溺水等安全隐患。详见图 6-16、图 6-17。

图 6-16　微生态滤床剖面结构示意

2. 设计

微生态滤床设计主要涉及以下几个方面：污染负荷、滤床面积、滤床深度、进水量、基质材料选择、植被选择等。

（1）污染负荷

常规乡村生活污水水质差异较小，污染负荷比较稳定。处理 $1m^3/d$ 生活污水，需要微生态滤床的面积 $4m^2 \sim 6m^2$。

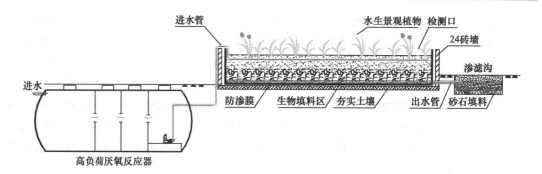

图 6-17　微生态滤床结构示意

（2）微生态滤床面积

微生态滤床的设计面积根据拟处理的污水量确定，可按下式近似估算：

$$A = Q/q \qquad (6\text{-}4)$$

式中：Q——污水量（m³/d）；

　　　A——滤床的最大占地面积（m²）；

　　　q——水力负荷［m³/(m²·d)］。

（3）微生态滤床结构

微生态滤床采用布水管均匀分布，满足面积即可，长宽比可以灵活调整。微生态滤床设计时应采用提升泵的动力布水方式，保证布水均匀。滤床的出水口高程应可调节，以便可以营造好氧区和厌氧区。

微生态滤床的水力停留时间为 10h～15h。

（4）基质材料选择

微生态滤床主要采用砾石、粗砂、矿渣、火山岩等基质材料作为填料。材料需要筛选、清洗，严格控制粉尘含量，不能铺设土壤。

（5）植被选择

滤床水生植物主要是指挺水植物。不同的区域，不同的生长环境，适宜生长的滤床植物种类是不同的。考虑污染去除效率以及景观效果，微生态滤床常规选择植物有芦苇、美人蕉、花叶芦竹、旱伞草、黄菖蒲、西伯利亚鸢尾。

3. 施工

微生态滤床在建设过程中涉及的建筑材料主要包括砖、水泥、砂子、砾石、矿渣、火山岩等。微生态滤床的施工主要包括土方的挖掘、前处理系统的修建、土工防渗膜的铺装、集水管道的铺设、基质材料的填装、布水管道的铺设、植物的种植。在施工过程中要合理安排施工顺序。

微生态滤床工艺在乡村污水处理应用中主要包含下列部分：

（1）污水管网

乡村污水管网建设考虑建设成本，铺设 DN200 排水管即可，每户人家厨房、洗衣、洗澡、厕所等生活污水接入污水管网。根据乡村实际地形，分散收集污水，不需要集中收集，不需要建设污水提升泵站。

（2）调节池

调节池主要用途收集污水，隔离大颗粒悬浮物以及泥沙。结构分四格，第四格安装提升水泵，详见图 6-18。

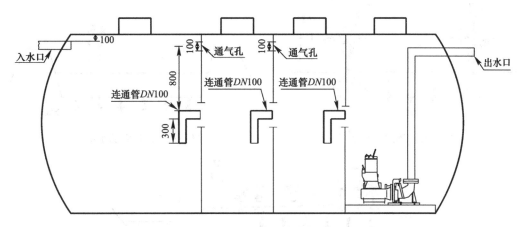

图 6-18　四格调节池结构示意

（3）微生态滤床

微生态滤床的土建结构主要是素土夯实，铺设 100mm 混凝土垫层，周围砌 1m 高砖墙。滤床底部需要确保水平。通常是半地下结构，即滤床一部分在地面下，一部分在地面上，确保至少 200mm 砖墙高度在地面上，避免雨季泥水流入滤床，详见图 6-19。

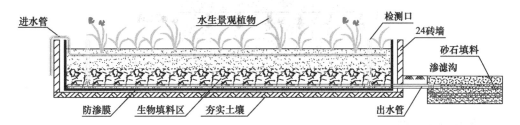

图 6-19　微生态滤床结构示意

4. 运行管理

微生态滤床的维护包括下列主要方面：

（1）水泵和电控系统的维护，主要是维修或更换水泵，更换电器元件；

（2）水生植物的修剪和杂草的去除；

（3）滤床表面布水管道的维护，主要是喷水孔清理以及脱落或损坏管道维修；

（4）每半年清理一次调节池浮渣及泥沙，具体根据实际使用情况确定。

6.3.11　土地处理

污水土地处理是在人工控制条件下将污水投配在土地上，通过土壤-植物系统，经物理、化学和生物等一系列的净化过程，使污水得到净化的污水处理方法。

1. 类型和结构

土地处理根据污水的投配方式及处理过程的不同，可以分为慢速渗滤系统（图 6-20）、快速渗滤系统（图 6-21）、地表漫流系统（图 6-22）和地下渗滤系统（图 6-23）四种类型。

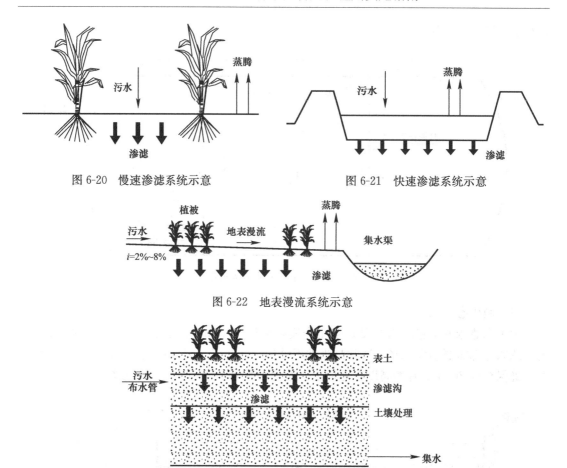

图 6-20　慢速渗滤系统示意　　　　图 6-21　快速渗滤系统示意

图 6-22　地表漫流系统示意

图 6-23　地下渗滤系统示意

（1）慢速渗滤系统

慢速渗滤系统适用于渗水性能良好的土壤、砂质土壤，用来处理少量污水，通过蒸发、作物吸收、入渗过程后，不产生径流排放，即污水完全被系统所净化吸纳。

慢速渗滤系统可设计为两种基本类型：一是以处理污水、再生水为主要目的，适用于土地资源紧张地区，设计时应尽可能少占地，选用的作物要有较高耐水性、对氮磷吸附降解能力强；二是以污水资源化利用为目的，根据土质、气候和污水特点选择经济作物为主，以获得经济效益，广泛适用于缺水地区，在土地面积相对充裕的情况下可充分利用污水进行生产活动，以水处理为目的兼用水肥资源。

慢速渗滤系统的具体场地设计参数包括：土壤渗透系数为 0.036m/d～0.36m/d，地面坡度小于 30%，土层深大于 0.6m，地下水位大于 1.2m。

（2）快速渗滤系统

快速渗滤系统适用于渗滤性能极好的土壤，如砂土、砾石性砂土等，可处理较大量污水。快速渗滤可用于两类目的：地下水补给和污水再生利用。用于前者时不需要设计集水系统，而用于后者则需要设地下水集水措施以收集再生水，在地下水敏感区域还必须设计防渗层，防止地下水受到污染。可选择距居民区有一定距离的河滩地、砂荒地。

出水方式可采取地下暗管或竖井方式，如果地形条件合适，可使再生水从地下自流进入地表水体。最优设计参数：土壤渗透系数 0.45m/d～0.6m/d，地面坡度小于 15％，以防止污水下渗不足，土层厚大于 1.5m，渗透性能好；地下水深 2.5m 以上，地面坡度小于 10％。

（3）地表漫流系统

地表漫流适用于土质渗透性差的黏土或亚黏土的地区，或场地 0.3m～0.6m 处有弱透水层的土地；地面最佳坡度为 2％～8％，经人工建造形成均匀、缓和的坡面。废水以喷灌法和漫灌（淹灌）法有控制得在地面上均匀漫流，流向坡脚的集水渠，地面上种牧草或其他作物供微生物栖息并防止土壤流失，大部分出水以地表径流汇集，可回用或排放水体。

（4）地下渗滤系统

地下渗滤系统是将污水投配到距地表一定距离，有良好渗透性的土层中，利用土壤毛细管浸润和渗透作用，使污水在向四周扩散的过程中经过沉淀、过滤、吸附和生物降解达到处理要求。地下渗滤的处理水量较少，停留时间较长，水质净化效果比较好，且出水的水量和水质都比较稳定，适用于污水的深度处理。地下布水管最大埋深不超过 1.5m，污水投配到距地面约 0.5m 深，投配的土壤、介质要有良好的渗透性，通常需要对原土进行再改良提高渗透率至 0.15cm/h～5.0cm/h。土层厚大于 0.6m，地面坡度小于 15％，地下水埋深大于 1.0m，地下渗滤的土壤表面可种植景观性的花草。

2. 设计

土地处理技术的工艺类型选择，主要根据处理水量、出水要求、土壤性质、地形条件等确定。各类型土地处理系统的具体设计参数与工艺特点，如表 6-8 所示。

土壤渗滤系统的典型设计参数与工艺特点　　　　　表 6-8

设计事项	土地处理类型			
	慢速渗滤	快速渗滤	地表漫流	地下渗滤
废水投配方式	地面投配（面灌、沟灌、畦灌、淹灌、滴灌等）	通常采用地面投配	地面投配	地下布水
水力负荷（m/a）	0.5～6.0	6.0～125.0	3～20	0.4～3
周负荷率（典型值）（cm/周）	1.3～10.0	10.0～240.0	6.0～40.0	—
最低预处理要求	通常沉淀预处理	通常沉淀预处理	沉砂、拦杂物和粉碎	化粪池一级处理
要求灌水面积 $[100m^2/(m^3 \cdot d)]$	6.1～74.0	0.8～6.1	1.7～11.1	—
投配废水的去向	蒸发、下渗	下渗	地面径流，蒸发，少量下渗	下渗、蒸发
是否需要种植植物	谷物、牧草、林木	有无均可	牧草	草皮、花卉等
适用于土壤	具有适当渗水性土壤	亚砂土，砂质土	亚黏土等	—
地下水位最小深度/(m)	−1.5	−4.5	无规定	—
对地下水水质的影响	一般有影响	一般有影响	有轻微影响	—
BOD_5 负荷率 $[kg/(10^4 m^2 \cdot a)]$	$2 \times 10^3 \sim 2 \times 10^4$	$3.6 \times 10^4 \sim 4.7 \times 10^4$	1.5×10^4	1.8×10^4
$[kg/(10^4 m^2 \cdot d)]$	50～500	150～1000	40～120	18～140
场地条件坡度	种作物不超过 20％，不种作物不超过 40％	不受限制	2％～8％	—
土地渗滤速率	中等	高	低	—

设计事项		土地处理类型			
		慢速渗滤	快速渗滤	地表漫流	地下渗滤
地下水埋深/(m)		—	布水期：≥0.9 干化期：1.5～3.0	不受限制	—
气候		寒冷季节需蓄水	一般不受限制	冬季需蓄水	—
系统特点	运行管理	种作物时管理严格	简单	比较严格	
	系统寿命	长	磷去除率可能限制系统使用寿命	长	
	对土壤的影响	较小	可改良砂荒地	小	

3. 施工

（1）慢速渗滤并不需要特殊的收集系统，施工较简便。但为了达到最佳处理效果，要求布水尽量均匀一致。

（2）快速渗滤系统施工过程中应减少对池体土壤的压实，围堤高度根据接纳污水水量而定。

（3）地表漫流系统污水投配方向以自然坡度为主要方向，缓慢均匀流经植被覆盖区。种植作物适宜当地环境气候，密集种植，防止水流冲刷，使地表漫流系统有效运行。集水渠在华北地区冬季地表漫流系统停止运行时应满足贮存污水的需要，雨季应满足当地分次排放雨污合流污水所要求的容量。

（4）地下渗滤系统需要铺设地下布水管网，系统构筑相对较复杂。普通地下渗滤系统施工时先开挖明渠，渠底填入碎石或砂，碎石层以上布设穿孔管，再以砂砾将穿孔管淹埋，最后覆盖表土。穿孔管以埋于地表下 50cm 为宜，也可采用地下渗滤沟进行布水。强化型地下渗滤系统在普通型的基础上利用无纺布增加了毛管垫层，它高出进水管向两侧铺展外垂，穿孔管下为不透水沟，污水在沟中的毛管浸润作用面积要明显高于普通型，布水也更均匀，因而净化效果更好。

4. 运行管理

土地处理系统是一种无动力或微动力的利用自然土壤净化能力的污水处理技术，其运行维护方便，管理简单，仅需定时对格栅进行清渣，对植物进行收割，通过收割植物去除吸附在植物体中的营养物质。土壤对污染物的吸附是有一定限度的，污水中有机质含量较高时，土壤层中生物会快速生长，易引起布水系统和填料的堵塞。因此要考虑土壤的自净能力及植物对污染物的吸收、降解能力，防止因水力负荷过大使土壤污染及出水不达标。维护时如检查到土壤表层有浸泡的现象，说明有堵塞现象或水力负荷过大，此时应停止布水，作进一步的检查。收割植物时应注意用轻型收割机或人工进行，防止重物压实填料层。

慢速渗滤系统和快速渗滤系统的主要维护工作是布水系统和作物管理，投配的水量要合适，不能出现持续淹没状态。快速渗滤系统通常采用淹水、干化间歇式运行，以便渗滤区处于干湿交替状态，有益于硝化和反硝化，加强脱氮功能。

快速渗滤系统表面应定期松土、割除表面杂草，使其表面疏松。北方冬季时，地表结冰会引起以上两个系统的效果下降，运行时要特别注意寒冷气候对系统的影响。

地表漫流系统需定期维护布水系统、割除表面杂草和检查虫害，保障系统在运行期处理效果。

地下渗滤系统对进水的要求要比慢速渗滤系统和快速渗滤系统高一些。如果进水中颗粒物较多，应定期监测系统中不同埋深的土壤性质，防止填料层堵塞，造成雍水，处理效率下降。地下渗滤系统表面可种植绿化草皮和植被，但具有较长根系的植物不宜采用，因为长根系可能会引起土壤结构的破坏。

6.3.12　稳定塘

稳定塘又名氧化塘或生物塘，是一种利用水体自然净化能力处理污水的生物处理设施，主要借助水体的自净过程来进行污水的净化。

1. 类型和结构

稳定塘有多种类型，可按照塘的使用功能、塘内生物种类和供氧途径等进行分类，一般可分为好氧塘、兼性塘、厌氧塘、曝气塘和生态塘。

好氧塘的深度较浅，一般在 0.5m，阳光能直接照射到塘底。塘内有许多藻类生长，释放出大量氧气，再加上大气的自然充氧作用，好氧塘的全部塘水都含有溶解氧。

兼性塘同时具有好氧区、缺氧区和厌氧区。它的深度比好氧塘大，通常在 1.2m～1.5m。

厌氧塘的深度相比于兼性塘更大，一般在 2.0m 以上。塘内一般不种植植物，也不存在供氧的藻类，全部塘水都处于厌氧状态，主要由厌氧微生物起净化作用。多用于高浓度污水的厌氧分解。

曝气塘的设计深度多在 2.0m 以上，但与厌氧塘不同，曝气塘采用机械装置曝气，使塘水有充足的氧气，主要由好氧微生物起净化作用。由于有高浓度的氧气，反应速率较快，污水所需要的停留时间较短，可用于净化较高污染物浓度的污水。

生态塘（深度处理塘）适用于进水污染物浓度低的深度处理，塘中可种植芦苇、茭白等水生植物，以提高污水处理能力。

2. 设计

稳定塘的设计可参考国家现行标准《污水自然处理工程技术规程》CJJ/T 54 和《室外排水设计规范》GB 50014。

稳定塘可根据有机污染负荷、塘深和水力停留时间等参数进行设计。当进水污染物浓度较低时，一般设计为好氧塘或生态塘；当进水污染物浓度较高时，可设计为厌氧塘或曝气塘；污水水质介于这两者之间时，通常设计为兼性塘。好氧塘和生态塘中水生植物应多取用当地野生品种，适应性强，成活率较高，从而减少造价。

污水进入稳定塘前应经过化粪池、厌氧、好氧生物接触氧化等预处理，以保证处理效果达到设计要求。稳定塘设置点应尽量远离村民居住点，而且应该位于村民居住点长年风向的下方，防止水体散发臭气和滋生蚊虫的侵扰。

3. 施工

稳定塘应防止暴雨时期产生溢流，在稳定塘周围要修建导流明渠将降雨时的雨水引开。暴雨较多的地方，衬砌应做到塘的堤顶以防雨水反复冲刷。塘堤为减少费用可以修建为土堤。

塘的底部和四周可作防渗处理，预防塘水下渗污染地下水。防渗处理有黏土夯实、土工膜、塑料薄膜衬面等。

4. 运行管理

稳定塘设计简单、施工简便，所需要的维护工作较少。日常维护中要注意保护塘内水生生物的生长，但也不能让水生生物过度生长，特别是藻类的快速繁殖会使出水水质下降。

塘是否出现渗漏是检查的重点，要注意对塘的出入水量进行定期测量，以查看有无渗漏。如果周边有地下井，也可抽取地下水进行检测，查看是否受到塘水的下渗污染。

6.4 污水处理配套设施

6.4.1 污泥处理与处置

乡村污水处理设施的污泥处理与处置应符合减量化、稳定化、无害化的原则，根据当地条件选择乡村适宜的污泥处理设施与处置方式，满足农用标准的污泥，宜优先就近土地利用。产生的污泥量较少时，可将污泥返回到化粪池或厌氧池等污水处理设施中进行存储，定期外排。污泥量较多时，宜单独进行污泥的处理与处置。污泥处理设施可与污水处理设施合建，也可分散设施联合集中处理。污泥处理可采用自然干化、堆肥，条件允许时，也可进入市政系统与市政污泥一并处理并符合现行行业标准《城镇污水处理厂污泥处理技术规程》CJJ 131 的要求。采用好氧堆肥处理时，堆肥时间宜在 15d 以上；堆肥温度宜保持 55℃、3d 以上或 50℃、10d 以上。采用传统厌氧堆肥时间宜在 3 个月～6 个月，温度接近常温。机械化厌氧堆肥宜保持中温 30℃～40℃和高温 50℃～55℃，时间宜保持15d～20d。

6.4.2 其他

乡村污水处理设施和污泥处理与处置过程产生臭气对周边人居环境造成污染时，需对臭气进行处理。污水和污泥处理设施的泵和风机应采取降噪措施，尽可能减少噪声对人居环境的影响。乡村污水处理设施宜配备自动控制和远程监管系统。

6.5 污水处理工程调试运行和验收

6.5.1 调试运行

1. 工程调试

乡村生活污水处理工程的调试可分为调试前准备、设备调试与工艺调试。其中设备调试包括单机调试及联动调试。

（1）调试前准备

调试前准备如表 6-9 所示。

乡村生活污水治理工程调试准备　　　　　　　　　　　　表 6-9

乡镇　　　　村　　　　年　月　日　　　工程号

项目名称				
调试经理		工艺调试小组成员		
项目类型				
调试开始时间	年　月　日	调试规模（m³/d）		
	检查项	情况反馈		具体解决措施
前期资料（电子版）	工艺图纸	有□	无□	
	设备清单	有□	无□	
	技术合同文本	有□	无□	
	水质数据	有□	无□	
	自控提资要求	有□	无□	
	负责人员通讯录	有□	无□	
调试准备及应对措施	通水（进出水管道是否具备、进水水量是否满足）条件是否具备	是□	否□	
	通电（能否满足所有设备同时运行）条件是否具备	是□	否□	
	管道闭水/打压试验要求	满足□	不满足□	
	设备满水试验要求	满足□	不满足□	
	设备盖板是否能够移动	是□	否□	
	风机能否正常工作	是□	否□	
	风机风量/风压是否满足	是□	否□	
	风机机油是否满足使用需求	是□	否□	
	回流泵能否正常工作	是□	否□	
	回流泵流量是否满足	是□	否□	
	气提是否正常运行	是□	否□	
	气提回流流量是否满足	是□	否□	
	排泥、排渣是否正常运行	是□	否□	
	紫外消毒是否正常运行	是□	否□	
	流量计工作、读数是否正常	是□	否□	
	各阀门是否满足调节条件	满足□	不满足□	
	O 池曝气是否均匀	是□	否□	
	A 池搅拌要求是否满足	是□	否□	
	电气自控是否可以满足现场操控要求	是□	否□	
	自控数据断电重启是否保存	是□	否□	
	电气自控远程操控要求	满足□	不满足□	
	需要外加碳源等药剂要求	满足□	不满足□	
	加药系统完成清水试验要求	满足□	不满足□	
	现场是否具备爬梯	是□	否□	
	若需投泥，污泥来源要求	满足□	不满足□	
	现场是否具备场地堆积污泥	是□	否□	
	人工/机械投泥条件是否具备	是□	否□	
	调试方案	有□	无□	
	培训方案	有□	无□	
	调试记录表	有□	无□	
对上述不满足条件情况说明： 　　　　　　　　签字：　　　　　　日期：				
审核： 　　　　　　　　　　签字：　　　　　　日期：				

（2）设备调试

1）单机调试

设备或系统符合功能试验要求后，在建设单位、监理工程师、厂商代表商定的时间，在建设单位、监理工程师都出席的情况下进行单机调试。

池体满水（水源为厂区临时水），确保池体水位满足调试要求。

开启设备润滑系统和冷却系统，并随时观察运行状态。

在润滑、冷却系统工作正常后，开启设备进行全面试验。试验中要检查核实仪表的准确性；工作电流稳定情况；控制环路的功能是否完善；系统功能是否有液体泄漏等情况，并以书面形式进行记录。

每台设备的荷载调试，需达到正常连续运转规定时间，且达到生产厂商关于设备安装及调试的要求为止。

单机调试结束后，断开电源和其他动力源；消除压力和负荷，例如放水、放气；检查设备有无异常变化，检查各处紧固件；安装好因调试而预留未装的或调试时拆下的部件和附属装置；整理记录、填写调试报告，清理现场。

2）联动调试

联动调试目的是对土建、设备、电气、仪表工程的功能和工程质量的综合测试。清水联动调试应在各单项功能试验合格后才能进行，而且必须征得业主、监理工程师、设计单位的同意后，共同确定调试时间。

联动调试分为两阶段：

① 第一阶段

——检验工艺流程的使用功能；

——检验机电设备的工作情况；

——检验仪表及自控系统检测和控制情况；

——检验各类附属结构的功能。

② 第二阶段

检验电气负荷能否满足使用要求，运行时必须达到全厂电力负荷的75%；由于清水调试水的回路问题，因此，在第一阶段运行完成合格后，可在污水运行时检验全厂的电力负荷；此时仅需检验电力设施，不影响构筑物及其设备。

（3）工艺调试

工艺调试的主要目的是使污水处理设施功能指标满足设计要求，出水水质满足排放及合同标准。工艺调试的关键点在于微生物的培养以及加药量、曝气量、回流量等关键工况参数的控制。

1）微生物的培养

微生物的培养分为两种形式，自然培养与间接培养，间接培养又叫接种培养，即在培养开始时需要接种微生物。

① 自然培养

间歇进水培养阶段：将处理设施用原水注水至设计水位，调整相应运行工况参数，并开始运行。运行达一定时间后，更换设备内水体，继续用原水注满池体，依照原参数继续运行。

小流量连续进水阶段：间歇进水培养一段时间后，开始小流量连续进水进行培养，先按照设计流量的 20%～30% 进行连续进水，同步取进、出水水样进行水质检测；当具备一定的处理效果后，进入提负荷阶段，此时在小流量进水的基础上以 10%～20% 梯度逐步加大进水流量，这一过程需要根据进出水水质情况来同步调整运行参数。当整体去除效果达到 40%～50% 后，微生物培养完成，进入调试优化阶段。

② 间接培养

微生物接种后，即可进入间歇进水培养阶段。间歇进水培养阶段、小流量连续进水阶段与提负荷阶段均与"自然培养"操作相同；区别在于，间歇培养可取消第一阶段的间歇进水培养，可大幅度缩短调速时间。

2）调试优化阶段

调试优化阶段，主要是根据水质水量等情况变化对加药量、曝气量、回流量等关键工况参数进行优化调整。此阶段需要注意对运营人员进行培训，并指导运营人员及时优化调整工况参数。该阶段结束后，可申请水质验收。

2. 试运行

试运行期间，由运营方主导整站区运行，由调试人员辅助指导并协助处理突发状况，并继续对运营人员进行培训，包括各类突发状况的处理、设备的操作保养、日常的巡检、水质数据的分析及根据数据调整运行参数等工作。

6.5.2　竣工验收

乡村生活污水处理工程可参考现行国家标准《城镇污水处理厂工程质量验收规范》GB 50334 的相关内容，同时还可参考现行国家标准《混凝土结构工程施工质量验收规范》GB 50204、《砌体结构工程施工质量验收规范》GB 50203、《给水排水构筑物工程施工及验收规范》GB 50141、《给水排水管道工程施工及验收规范》GB 50268 和《建设项目（工程）竣工验收办法》、《建设项目竣工环境保护验收管理办法》等对乡村生活污水处理工程进行验收。

竣工验收往往以单个合同为依据，包括终端设施、管网工程，以及附加承包给施工单位的接户工程。

1. 竣工验收的组织实施

乡村生活污水处理工程竣工验收由建设单位（乡镇政府）负责组织实施，设计、施工、监理单位参加，并邀请县技术指导组成员参加。乡镇分管领导、联络员、驻村干部、村两委负责人、村民代表（监督员）等相关人员全程参加初验和竣工验收。

2. 验收步骤

竣工验收分施工单位自检、监理单位初验和竣工验收三个阶段。工程项目竣工后，施工单位先进行自检，自检后提交验收申请报告；监理单位根据施工单位申请报告，组织业主、设计、施工等单位进行现场工程验收，形成初验意见（表 6-10）；初验合格后，由业主单位组织，进行竣工验收（表 6-11）。

竣工验收按下列步骤进行：

（1）施工单位介绍工程施工情况、自检情况，出示竣工资料（竣工图和各项原始资料）；

（2）监理单位通报工程监理的主要内容，发表竣工验收意见，提交监理工作报告；

乡村生活污水处理工程初验收　　　　　　　　　　　表 6-10

乡镇　　　村　　　年　月　日　工程号

阶段		初验收流程			
终端工程验收	终端工艺				
	池体标高是否按图施工	□是　□否			
	池体满水试验是否合格	□是　□否	厌氧池底及池壁材料	（砖或混凝土）	
	内壁防渗措施	填充料/过水管网	□有□无/□有　□无		
	湿地底板/池体材料	外观度（含绿化）	□好　□中　□差		
	湿地填层是否按设计要求	□是□否	处理效果	合格□　不合格□	
管网验收	雨水分流	□是□否			
	管网铺设是否按照工程设计要求	□是□否			
	管网闭水试验是否合格	□是□否			
	管材管件是否使用规定的推荐品牌	□是□部分□否			
	凌空管、裸露管是否采取保护措施	□是□否			
	格栅井、检查井是否合格是否内外粉刷	□是□否 / □是□否			
	化粪池质量是否合格（不漏水）	□是□否			
受益农户	纳管处理：　户；散户处理（改厕）：　户		受益率　　　%		
档案材料	(1) 入户调查表及汇总信息；　(2) 项目设计信息；(3) 招投标信息；(4) 工程施工信息；(5) 工程监理信息；(6) 其他相关信息		□齐全□不齐全		
初验收意见（通过、不通过，需要整改事项，可另用纸质）					
施工负责人签名			设计单位签名		
监理单位签名			村监督员签名		
村书记主任签名			驻村干部签名		

乡村生活污水处理工程竣工验收　　　　　　　　　表 6-11

乡镇　　　村　　　　　　　工程号

工程基本情况		管网工程设计单位		资质	
		处理设施设计单位		资质	
		土建工程施工单位		资质	
		安装工程施工单位		资质	
		设计池容（m³）		纳管户数和人口　户人	外来人口　　　猪牛数量
	管网施工验收	按设计规范施工情况			
		管材规格及长度			
		雨污分流情况			
		闭水试验抽检			
		施工负责人签名		验收组长签名	
	主体工程验收	池体建设按规范施工建设情况			
		池体结构或材料			
		内墙防渗方式			
		池体试水			
		施工负责人签名		验收组长签名	

初验收是否通过或整改是否完成	
验收材料翔实齐全情况	1. 设计文件（施工图纸和说明书，设备技术说明书，招标投标文件和工程合同，图纸会审记录，设计变改签证和技术核定单等）是否齐全　　　　　　　　　　　是□　否□ 2. 工程总结、监理报告、施工工作总结等是否齐全　　　　　　是□　否□ 3. 工程竣工图、施工记录、工程结算审计报告是否齐全 （工程结算审计报告可在综合性验收前提供）　　　　　　　　　是□　否□ 4.《附件1：乡村生活污水治理工程初验收表》一式四份　　　　有□　无□ 5.《附件4：乡镇污水治理受益农户表》一式四份　　　　　　　有□　无□ 6. 未纳管户数说明及下一步打算　　　　　　　　　　　　　　有□　无□ 7. 施工影像资料及中期检查资料　　　　　　　　　　　　　　有□　无□ 8. 其他需要的资料及说明的问题　　　　　　　　　　　　　　有□　无□
	需要补充的资料

水质监测结果	进水	COD＿＿＿＿mg/L，氨氮＿＿＿＿mg/L，总磷＿＿＿＿mg/L，SS＿＿＿＿mg/L		
	出水	COD＿＿＿＿mg/L，氨氮＿＿＿＿mg/L，总磷＿＿＿＿mg/L，SS＿＿＿＿mg/L		
	执行标准	（一级A、一级B或二级）	是否达标	
	监测单位		资质情况	
	监测报告出具时间	年　月　日		
	其他需要说明的情况			

验收结论	（验收意见，不够可另附页）
	验收组成员签名： 验收组长签名： 　　　　　　　　　　　　　　　　　　　　　　　　　　　　　　年　月　日

（3）组织现场验收；

（4）验收组提出检查验收意见及限期整改意见；

（5）完成竣工验收报告。

3. 验收内容

（1）台账资料验收

竣工验收前，建设、施工、监理单位分别收集、整理工程竣工资料，并汇编成册。纸质档资料汇编成册，原件由建设单位保存，复印件交农办备案（表6-12）。电子资料包括所有工程的原件资料，以村为单位，按照顺序依次扫描建档，由乡镇、农办分别存档。有原始文件能用电子文档发送的，如竣工图电子文档发送农办，备案资料长期保存，或按规定移交。

（2）现场工程验收要求

1）终端设施

① 设置标识标牌，内容应当包括池体规模、处理能力、处理模式和工艺流程、出水水质标准、受益农户数、施工单位名称、竣工时间等信息；

阶段	存档内容	备注
基础工作	乡镇和村生活污水治理方面的计划、方案、重要文件、相关会议记录；入户调查表及汇总表；治污工作实施方案；村庄现状及户厕现状的图片（视频）；宣传、座谈等相关活动（图片、宣传资料）及其他相关信息	
工程设计	工程设计合同；工程设计文本（包括项目设计文件图表、设计修改部分文件图表、设计变更、工程概算）；设计评审相关情况，包括评审会议通知、参加会议签到单、会议纪要等	
招投标	公告、广告；招标文件及附件、中标通知书；已签字的合同、履约、质保等	
项目施工	1. 乡镇和村建筑材料保管记录、乡村监督记录； 2. 施工方档案材料，包括材料、设备采购的相关订单、支付发票等凭据、质保证书、工程质量管理、工程施工进度、工程变更、检验验收单、施工日记等记录材料；隐藏工程（包括地下管线）检查记录，质量评定记录及图片影像资料；施工过程中的缺陷、质量问题处理、分析与结论文件、工程变更、事故处理等文件；工程变更及工程量记录； 3. 监理方要保存全套与工程监理相关的档案资料，包括项目的监理合同、监理计划、开（停、复、返）工报告、监理日志月报、会议纪要；工程建设监理报告等资料	
竣工验收	竣工验收资料（竣工图纸、项目竣工验收会议记录、竣工验收报告等）；村级项目建设情况和农户受益情况；工程建设财务评审报告及验收报告；治污设施试运行检测报告；工程建设效果及设施运行情况的图片（音像）对比资料等	

乡村生活污水处理工程档案管理目录　　　　　　　　　　　　表 6-12

② 处理池建造规范无渗漏，填充物、内部布水管网符合设计要求，有出水排放观察池；动力池设备安装规范、运行正常；

③ 人工湿地无渗漏，水生植物种类和种植密度符合设计要求；

④ 出水水质达到设计标准，以环保部门出具的水质检测报告为依据。水质检测可在综合性验收前由乡镇委托环保部门实施。检测合格的，由乡镇支付检测费，县财政全额补助；检测不合格的，由施工单位支付检测费。

2）管网工程（隐蔽工程）

① 沟槽开挖，管道垫层铺设、回填达到设计要求；

② 所有检查井、出户井、清扫口、化粪池砌筑安装规范无渗漏，无杂物，水流通畅，按设计粉刷，井盖完好，雨污标识正确；

③ 主（支）管按规范铺设，无堵塞，无渗漏；凌空悬挂管、裸露管采取稳固和防冻防裂措施；路面恢复质量好；

④ 实现雨污分流截污纳管，按要求纳管户产生的所有生活污水（洗涤、厨房、化粪池出水管）全部接入污水管网。

3）接户工程

① 提供详细的接户档案，即原有和新增受益户花名册（表 6-13）。采取随机抽检方式进行验证，随机抽检新增受益农户数 20％。

② 经乡村申请、市治污办批准的暂缓实施区块中的农户，可不列入计算受益率基数；未改厕农户留有接污预留口可计算为受益农户数，需在限期内（综合性验收前）进行改厕；未改厕农户的粪尿用于农业生产，洗涤、厨房污水已经全部接入污水管网，可计算为受益农户数。

乡镇污水治理受益农户 表 6-13

建制村	总户数	受益农户数	农户受益率（%）	暂缓实施自然村或区块中的农户数
村				
村				
……				
小计				

6.6 污水处理设施检（监）测措施

6.6.1 污水水质检测

乡村污水处理设施运行过程中，应定期对进出水水质进行检测。污水站进出水水样可每周 1 次现场采集后进行分析，分散型处理设施可每 3 个月在现场进行检测。鉴于污水检测的复杂性，具体可参见《水和废水监测分析方法》（第四版）等。除水温、透明度、浊度、pH 等指标可采用简易办法现场测定外，COD、BOD_5、氨氮、磷、总菌数等其他水质指标的检测建议采样后运送至有资质和检测设施的专门单位进行检测。在有条件的地区，氨氮、硝酸盐、磷等指标可采用现场试纸测定。

6.6.2 水样的采集与保存

采样时，当水深大于 1m 时，应在表层 1/4 深度处采取；水深小于或等于 1m 时，在水深 1/2 处采取。采样注意事项如下：

（1）用样品容器直接采样时，必须用水样冲洗容器 3 次后再采样，但当水面有浮油时，采油的容器不能冲洗。

（2）采样时应去除水面漂浮的杂物和垃圾等物体。

（3）采样水量要充满整个采样容器。

（4）采样容器上要贴上采样标签，注明样品编号、采样地点、采样日期和时间、采样人姓名等。如有必要，还需认真填写"污水采样记录表"，表中应有下列内容：污染源名称、监测目的、监测项目、采样点位、采样日期和时间、样品编号、污水性质、污水流量、采样人姓名及其他有关事项等。具体格式可根据相关环境监测站的要求制定。

（5）水样采集后，应尽快送往环境监测站分析，样品若放置久了，会受物理、化学和生物等因素的影响，某些组分的浓度可能会发生变化。

（6）水样的保存可采取冷藏或冷冻，即将样品在 4℃ 冷藏或将水样迅速冷冻，贮存于暗处，一些测定项目还要求采取加入化学保存剂的方法。

6.6.3 现场简易检测指标与方法

（1）臭：量取 100mL 水样置于 250mL 锥形瓶内，用温水或冷水在瓶外调节水温至 20℃ 左右，振荡瓶内水样，从瓶口闻其气味，用表 6-14 所示的 6 个等级臭强度进行描述。

臭强度等级   表 6-14

等级	强度	说明
0	无	无任何气味
1	微弱	一般人难于察觉，嗅觉敏感者可以察觉
2	弱	一般人刚能察觉
3	明显	已能明显察觉，需加以处理
4	强	有很明显的臭味
5	很强	有强烈的恶臭

（2）水温：将水温计插入一定深度的水中，放置 5min 后，迅速提出水面并读数。当气温与水温相差较大时，尤其要注意立即读数，避免受气温的影响。

（3）透明度：将振荡均匀的水样立即倒入透明度计筒内至 30cm 处，从筒口垂直向下观察，如不能清楚地看见印刷符号，缓慢地放出水样，直到刚好能辨认出符号为止，记录此时水柱高度。

（4）浊度、pH 的测定可采用相应的便携式仪器现场测定，具体测定步骤可见仪器说明书，pH 的粗略测定还可以用 pH 试纸。氨氮、硝酸盐、磷等指标也可采用现场试纸测定。

6.6.4 排水系统的维护与管理

应配备人员对村落排水管网系统定期检修维护，发现堵塞立即疏通。

由于接口处易松动，弯头处易堆积淤泥，应定期检查管道弯头和接口处。室外塑料管道在长期日照下，易产生裂纹，因此布设排水管道时应考虑其使用寿命，如发现开始产生裂纹，宜进行管道更换。

厨房下水道前应安装防堵漏斗，并定期清理其上残渣，厨房污水应先进入隔油池，防止管道堵塞；浴室排水应进入毛发过滤器，排水管道前需安装防堵细格栅。

雨水排放明渠应定期进行疏通，以免渠道堵塞，雨水溢出；土渠道应注意土体的稳固性，在多雨地区尽量采用混凝土明渠排放雨水。

6.6.5 散户污水处理设施运行管理

乡村散户污水处理设施宜由农户自行看管，包括化粪池的定期清淘、生物处理设施的定期排泥、生态处理单元的植物收割等。但农户缺乏污水处理技术的专业知识，对污水处理设施的运行维护管理水平有限，因此村落或集镇可统一聘请若干专业人员，为农户提供技术指导和专业咨询，对村落或集镇管辖范围内的散户污水处理设施进行定期巡查，巡查周期不宜大于 3 个月。村庄也可指定专人，对散户的污水处理设施进行统一管理。

6.6.6 污水处理站运行管理

村落集中污水处理站的启动与试运行需由专门单位负责。待系统正常运行后，应将设计和管理手册交给运行方。运行方应配备具有一定专业技能的专职或兼职工作人员，按照手册的要求严格管理污水处理设施，并符合国家现行标准《污水处理设备安全技术规范》

GB/T 28742、《城镇污水处理厂运行、维护及安全技术规程》CJJ 60 的规定，保证污水站的正常运行。

污水处理站的设备一旦出现故障，须及时与相关技术人员或生产厂家联系，进行及时维修或更换。

应定期对污水处理站的进水和出水进行观察或测定，如进水异常，需及时采取相应措施。根据出水颜色和浑浊度，可粗略评价好氧生物处理设施是否处于正常运转状态。如出水水质透明度明显下降，悬浮颗粒物增多，则处理设施可能处于非正常运行状态。原因可能有进水水量过大，曝气充氧不足，污泥沉淀效果不好，气温下降等；相应的解决措施为控制进水水量，检查曝气设备是否正产开启，及时排走池底沉积污泥，冬季采取保温措施或降低污水处理量。

6.6.7　污水处理设施的监管

为保障乡村生活污水处理设施的长效运行，应建立相应的监管机制。乡村污水处理设施运行管理的监管宜由县（市、区）相关职能部门或乡镇政府统一实施，亦可委托第三方代行监管职责。监管部门应要求运行管理责任人或运行管理单位定期提交运行管理报告，并进行审核。监管部门应定期和不定期进行现场检查，并委托检测机构，定期或不定期对污水处理设施的出水进行取样检测，核对运营报告提供的数据。

监管部门应建立居民投诉渠道，鼓励居民对运行管理工作进行监督。监管部门可根据监管考核办法，定期对运行管理质量进行考核，并向主管部门提交监管考核结果，作为运行管理费用支付的依据。

第7章 给水排水产品标准在乡村建设中常见问题与案例分析

乡村给水排水系统发展极不平衡，整体较差。除少部分地区乡村给水排水纳入城市市政给水排水系统，其给水水质、水量、水压满足生活用水要求，生活污水排入市政排水管网外，绝大部分村庄规模小，布局分散，没有统一的建设规划和基础设施配套。

7.1 给水产品标准在乡村建设中常见问题

乡村给水由于基础薄弱、工程量大面广、投资标准低，总体上存在供水规模小、设施不完善，供水保证率、自来水普及率、水质达标率、信息化、专业管理水平低的问题，与美丽乡村和全面建成小康社会的要求不适应。

乡村饮用水工程管理主体是水利部门，给水未能纳入乡村建设统一规划，重建轻管的问题依旧存在。大型水厂有专人管理，小型水厂和分散型供水设施由于缺乏管理，运行经费无专人管理。目前乡村小型自来水厂较多，大部分是非专业化企业，在取水源保护方面问题很多。乡村居住分散，水体水质状况不一样，局部地区的乡村工业发展较快，由于管理不善，对地下水和地表水体的污染较大，致使水源水质难以达到饮用水的健康要求，对人民生活和生产用水安全都有很大的影响。各地区乡村给水工程发展不平衡，给水工程设施整体水平不高。许多城镇和村庄的用水都依赖地表水，但随着经济的发展，工业企业对水体的污染也在加剧。加之，缺乏统筹规划，各自为政，大部分村庄都自行分散给水，水源保护困难。乡镇一级水厂按最大规模建设，但平时用水人数又很少，水质能否达标还存在一些问题，管网维护维修费用有缺口，同时部分水厂属于民营企业，由物价局定水价，国家没有相关的价格政策，得不到发改委支持，享受不到国家政策支持，收费又比较困难，小水厂难以维持。

7.1.1 饮用水水质超标问题严重

饮用水水质超标问题主要为细菌学超标、锰超标、铁超标、pH 超标、有机污染物超标、浑浊度超标等，大都是受人畜粪便、化肥、农药污染及部分水质矿物质含量偏高所致，部分苦咸水地区水样苦涩，咸味严重，这些不合格水质必须经过净化设备处理才能安全饮用。人的生命和健康与水密切相关，水不仅是人类生存的基本需要，而且关系到人的身体健康。在我国，通过饮水发生和传播的疾病就有 50 多种，解决饮水安全问题就成为减少疾病、提高健康水平行之有效的办法。乡村给水净水消毒设施不完备、使用不规范，水质合格率比较低。规模以上工程配备水质化验室的比例为 30%；供水规模 20m³/d～1000m³/d 工程配备水处理设施比例为 23%，配备消毒设备比例为 29%；供水规模 20m³/d 以下工程基本没有水处理和消毒设备。规模以下工程消毒设备普遍没有正常运行。卫生部门监测结果显示，乡村给水水质合格率还比较低，部分地区中小型工程细菌学指标超标严重。

7.1.2　水源可靠性差

规模以上集中供水工程水源可靠率为 70% 左右，规模以下集中供水工程水源可靠率为 50% 左右。部分地区给水水源缺乏，一部分山区、半山区，其交通不便，村落分散，相对高差较大，村民居住的地理位置高，在村附近找不到理想的可饮用水源；一些地区至今仍沿用传统的井水进行取水，由于地下水位下降或水源采用地表水，遇上干旱时节，水源经常枯竭，致使水量不足。

7.1.3　乡村给水产品质量把控不严，设施和管网建设标准执行度低

乡村给水产品质量把控不严，部分工程设施和管网建设标准低、运行维护机制不健全，供水可靠性差，漏损率高。

（1）乡村给水产品质量把控不严，管材、管件及阀门质量差：由于缺乏监管或监管不力，部分流入乡村市场的给水产品质量低劣，漏损严重。

（2）输水管道破损，水资源浪费严重：一些以水库为水源的水厂，水库原水通过明装混凝土管道输送到清水池，混凝土输水管经过几十年的使用已经被严重腐蚀，管壁明显变薄，管道接口处产生明显的渗水现象。管道老化导致渗水，不仅浪费水资源，更可能因雨水通过管道裂缝渗入管道导致管网内水质恶化，引发供水事故。

（3）源水未经处理，水质不稳定：有些水厂有蓄水池但没有净水设备，是村级自来水的普遍现象。

（4）运行管理落后：一些乡村的自来水，为重力供水形式。各用户自来水进户前基本上没有计量水表，村里无专职管网维修和保养人员，管网建设无统一规划，管网控制阀设置不合理，干管新开口多，管径分配不合理，由于管理落后和水量的不稳定性，自来水的正常供应经常得不到保证。同时因用户不按用水量缴纳水费，水资源浪费现象严重，自来水经营无法按市场规律运作，未形成良性循环，制约了社会经济的发展。

（5）管网损坏老化严重：早期的自来水管道基本上是 PVC 管及镀锌管，管网经过长时间的使用，又缺乏有效合理的维护，管网已经严重老化。PVC 管易老化变硬、变脆，接口渗漏现象严重，爆管事故增多，部分 PVC-U 给水塑料管采用铅盐做稳定剂，铅盐会析出污染水质；镀锌管则因氧化和原电池作用严重腐蚀，管壁变薄甚至穿孔，渗漏严重。经过多年的应用实践，PVC 管及镀锌管因为自身无法克服的缺陷，均已被国家禁止使用于新建的给水工程，取而代之以钢塑复合管、PPR 管、PE 管等多种新型环保型管材。

（6）管网管径普遍偏小、压力偏低。管道施工不规范，普遍埋深不足，由于覆土深度不够，管道容易遭到破坏，寒冷地区管道还可能冻裂破损。爆管停水维修后，没有对管道进行冲洗消毒，造成污染。

7.1.4　乡村给水水源缺乏保护

大多数工程没有划定水源保护区或保护范围，更缺少污染防控措施。根据生态环境部和农村农业部联合发布《农业农村污染治理攻坚战行动计划》（环土壤〔2018〕143 号）

要求，加强乡村饮用水水源保护。

（1）加快乡村饮用水水源调查评估和保护区划定。县级及以上地方人民政府要结合当地实际情况，组织有关部门开展乡村饮用水水源环境状况调查评估和保护区的划定，2020年底前完成供水人口在 10000 人或日供水 1000m³ 以上的饮用水水源调查评估和保护区划定工作。乡村饮用水水源保护区的边界要设立地理界标、警示标志或宣传牌。将饮用水水源保护要求和村民应承担的保护责任纳入村规民约。

（2）加强乡村饮用水水质监测。县级及以上地方人民政府组织相关部门监测和评估本行政区域内饮用水水源、供水单位供水、用户水龙头出水的水质等饮用水安全状况。实施从源头到水龙头的全过程控制，落实水源保护、工程建设、水质监测检测"三同时"制度。供水人口在 10000 人或日供水 1000m³ 以上的饮用水水源每季度监测一次。各地按照现行国家相关标准，结合本地水质本底状况确定监测项目并组织实施。县级及以上地方人民政府有关部门，应当向社会公开饮用水安全状况信息。

（3）开展乡村饮用水水源环境风险排查整治。以供水人口在 10000 人或日供水 1000m³ 以上的饮用水水源保护区为重点，对可能影响乡村饮用水水源环境安全的化工、造纸、冶炼、制药等风险源和生活污水、垃圾、畜禽养殖等风险源进行排查。对水质不达标的水源，采取水源更换、集中供水、污染治理等措施，确保乡村饮水安全。

7.1.5 乡村给水水质监测制度有待完善

调研过程中发现，河北、北京、陕西、广东等省市的乡村给水水源多为管井水，深度从 30m～300m 不等，给水方式有定时供水、分时供水和 24h 不间断供水 3 种，水量基本可以满足村户生活用水；但水质情况处于失控状态，主要存在下列问题：

（1）无水质检测报告。水源井基本上没有初始水质检测报告或没有存档，管井在使用过程中也没有定时定期检测，目前水质情况只能靠村民目测、鼻闻、口尝来监控水质，水质存在隐患。

（2）无水质监测制度。目前乡村水源都有泵房、带锁具的铁门，有专人管理钥匙，但是在给水泵房未见水质监测制度；经询问，基本上都忽略了水质问题，认为清澈的水、没有味道的水就是好水，缺乏科学的方式方法来衡量水质标准。

（3）乡村水质标准缺失。我国关于水质标准的规定有很多：《生活饮用水卫生标准》GB 5749、《城市供水水质标准》CJ/T 206、《城镇供水水质标准检验方法》CJ/T 141、《生活饮用水水源水质标准》CJ 3020 等，这些标准可以保障人民的用水安全，但是如果按照这个标准控制乡村给水水源，还有许多艰巨的工作需要完成。

7.2 给水案例分析

7.2.1 湖北某饮水安全水厂

湖北省某村，是政府全面启动乡村振兴战略、开展村庄整治工作的试点村。原给水水源为地下水，未经处理直接提升到位于山坡处的高位水池，通过给水管网自流向村民供水。供水方式为：地下水井→高位水池→用户，详见图 7-1。

图 7-1　原水井和高位水池

原有供水方式存在的问题有：水井的产水量不足，尤其在早、中、晚及节假日用水高峰时尤为突出；缺乏必要的水处理装置或消毒工艺，存在微生物污染问题和季节性铝超标的风险。

饮水安全水厂通过扩建原有水井作为新水源，水量充足，可满足用水量的需求。采用超滤处理工艺，适应乡村间歇用水的特点，可以在原水水质水量波动极大的情况下，始终保持出水水质的卫生安全性。水厂原水箱和清水箱采用不锈钢组合水箱，与超滤净水设备设置在一个设备房里，保温防晒，卫生条件大为改善，详见图 7-2。

图 7-2　新建设备房

给水工艺流程为：

集水井→取水泵房→输水管道→原水箱→超滤净水设备→清水箱→配水管网

膜材质：外压 PVDF 超滤膜

技术特点：

（1）采用超滤处理工艺

可以去除包括病毒在内的各种致病微生物及浊质颗粒，而无需向水中投加任何药剂；

当原水水质变化或受污染而致出水水质变差时，可使用微絮凝-超滤备选方案，而无须改变工艺流程。

（2）适应乡村间歇用水的特点

超滤净水装置既可连续运行，也可间歇运行，处理效果不受运行形式的影响，任何时候均能获得达标的出水水质。

（3）长期免维护稳定运行

低通量运行，可连续过滤数十日，而无须对超滤膜进行化学清洗，完全实现长期免维护稳定运行，明显降低日常运行维护费用，管理也十分方便，特别适于无技术力量的乡村使用。

（4）一体化加工，安装方便快捷

采用柱式外压超滤膜过滤方式，无须修建混凝土构筑物，全部净水过程都集中在膜柱中进行，模块化结构，在工厂加工制造，现场安装，能快速投入使用。

（5）全自动运行，物联网监控，实现无人值守，适应乡村的技术管理水平。

饮水工程建成后，解决了 220 户、约 1000 人口的生活用水困难问题。

7.2.2 广东省某市膜法饮水安康工程

广东省某市膜法饮水安康工程供水保障全村人口 300 人，供水规模 $30m^3/d$。该村原以山泉水为饮用水源，利用水塔供水，主要存在微生物、浊度、铁锰超标、供水保证率低等饮水不安全问题，详见图 7-3。

图 7-3 某膜法饮水安康工程

工艺流程如下：山泉水→除铁锰设备→水塔→超滤→管网。

（1）设计参数：膜通量 $30L/(m^2 \cdot h)$，每天 4 次～6 次冲洗，过滤压力小于 0.20MPa。

（2）设计规模：$30m^3/d$。

（3）产水水质：符合《生活饮用水卫生标准》GB 5749—2006。

（4）膜材质：内压式的 PVC 合金膜。

（5）技术特点：采用以超滤为核心的耦合工艺，解决乡村的给水水质安全问题，本项目采用除锰过滤器与超滤膜组合，解决项目点锰超标、浊度、微生物超标的问题；产水水质优且稳定，确保给水水质；利用高差作为过滤动力，运行低能耗，运行费用低；全自动运行，操作简单，物联网监控，实现无人值守，适应乡村的技术管理水平。

（6）运行参数：原水水质符合《地表水环境质量标准》GB 3838—2002中的Ⅰ类，过滤压力小于80kPa，水冲洗周期4h～6h；物理冲洗时间60s～120s；恢复性化学清洗周期大于1年。

该工程于2017年10月8日开工，2017年10月10日完工，运行至今，水质达标，水量稳定。

7.2.3　云南省某村给水项目工程

云南省某村给水项目保障全村人口200人，供水规模40m³/d。村民原来以山泉水为饮用水源，利用重力供水，主要存在浊度、微生物超标，水质不达标，供水保证率低等饮水不安全问题，详见图7-4。

图 7-4　模块化超滤设备

本工程工艺流程如下：山泉水→超滤→清水池→管网。

（1）设计参数：膜通量10L/(m²·h)～20L/(m²·h)，冲洗间隔时间30min～60min，过滤压力小于30kPa。

（2）设计规模：40m³/d。

（3）产水水质：符合《生活饮用水卫生标准》GB 5749—2006。

（4）膜材质：浸没式的PVDF复合膜。

（5）技术特点：工艺简单，设备模块化，采用超滤膜直接过滤；原水水质变化大，而产水水质优且稳定，确保给水水质；对水源水质变化有比较强的抗击能力，设备运行稳定；过滤运行低能耗，运行费用低；采用模块化的设备，便于设备在山区的运输安装。适应山区水源浊度变化大的特点，有较强的抗冲击能力。全自动运行，操作简单，物联网监控，实现无人值守，适应乡村的技术管理水平。

（6）运行参数：原水水质符合《地表水环境质量标准》GB 3838—2002中的Ⅰ类，过滤压力小于30kPa，气水冲洗周期30min～60min；物理冲洗时间3min～4min；恢复性化学清洗周期大于 1 年。

该工程于 2018 年 5 月 4 日开工，2018 年 5 月 6 日完工，运行至今，水质达标，水量稳定。

7.2.4 陕西省某县给水工程

村民们对给水排水的理解是能用就行，还到不了严格按照标准、技术规程施工安装的程度。目前，自来水管道已通到各家各户，水源为地下水。村民觉得水质很好，没有任何净化、处理设施。在给水方面还不能达到全日制供水，还有部分村民因开展养殖业用水量大而自己凿井，用自来水浇菜地的情况比较普遍。自来水管道在施工安装过程中，不能严格按照技术规程施工，安装方式随意性很强，直接影响到供水安全，详见图 7-5。

图 7-5　给水管道敷设在排水沟壁和沟底

7.2.5 湖南省某市集中给水项目

由村民自筹资金建成，供水用户约 20 户村民，水源取自山泉水，重力流入设在山包上的高位水池，没有经过任何处理以及消毒措施，重力供水，部分村民家水压不足，雨雪天水浊度、色度明显超标。每户村民从高位水池敷设专用管道自用，多采用 PVC-U 给水塑料管，承插连接，室外管道无覆土或覆土很浅，管道敷设随意性很强，故障率较高，干旱季节水量不足，山泉断流，供水安全性较差，详见图 7-6。

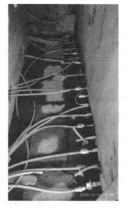

图 7-6　高位水池及配水管

7.3　排水产品标准在乡村建设中常见问题

乡村生活污水主要包括粪便污水、洗浴、洗衣和厨房污水等。生活污水中黑水（指厕所冲洗粪便的高浓度生活污水）大多通过化粪池沉淀后直接排放河道或通过土壤渗入地下，灰水（指除冲厕用水以外的厨房用水、洗浴和洗涤用水等低浓度生活污水）就地泼洒或直接排放河道。乡村生活污水造成的环境污染不仅是乡村水源地潜在的安全隐患，还会加剧淡水资源的危机，使耕地灌溉得不到有效保障，危害村民的生存发展。因此，加强乡村生活污水收集、处理与资源化设施建设，避免因生活污水直接排放而引起的水体、土壤和农产品污染，确保乡村水源的安全和村民身心健康，是美丽乡村建设中加强基础设施建设、推进村庄整治工作的重要内容，也是乡村人居环境改善需要解决的迫切问题。

根据了解和统计，目前我国乡村生活污水排水主要存在下列特征：

1. 雨污未分流，生活污水无序排放

由于乡村集镇是随着经济发展逐步建设起来的，很少经过专业规划机构规划发展，因此造成生活污水无序乱排。部分乡村道路两侧设置盖板渠道或明渠，收集沿线雨水及村民家的生活污水，渠道顺地势敷设，最终排至河道内，部分渠道废弃物较多，环境状况较差；部分村民的生活污水采用散排的形式，卫生间和厨房的污水就近排至住户周边，家庭养殖户的污水排至地面，形成污水横溢的现象。部分污水排放过程中蒸发或下渗，对环境有较大影响，污染地下水，造成接纳水体水质恶化。

2. 乡村排水产品质量把控不严，排污管渠跑冒滴漏严重

由于缺乏监管或监管不力，乡村排水产品质量把控不严，管材、管件等质量差，部分流入乡村市场的排水产品质量低劣，排水管材破损及接口漏损严重。

有的排污渠道还是土渠，部分排水管道采用混凝土平口管，采用钢丝网水泥抹带密封，属于刚性连接，抗不均匀沉降差，接口容易拉开，检查井为砖砌，化粪池也普遍存在破损、渗漏等问题，跑冒滴漏严重。施工不规范，如混凝土管不做混凝土带状基础，地基处理密实度不够，管道回填土中尖锐物损坏塑料排水管等，导致管道漏水，路面下沉。

3. 生活污水收集难

乡村村民居住分散，基本以自然村、散户的形式，受自然条件等影响，污水收集难度很大，难以实现统一收集；部分民房院落之间的通道非常窄，地势高低不平，布置排水管难度很大，采用传统的重力排水方式难于操作，敷设压力排水管道距离较长；部分村镇安装污水收集罐，村民家中厨房及卫生间的水，通过管道就排到室外污水收集罐，污水收集清运专职人员定期来收集污水，对保护环境有很大的帮助，但耗费人力物力；部分村镇民房建设有化粪池，但化粪池没有条件设置出水管道，当化粪池满了以后全靠人工清掏，部分村民将污水挑去浇菜地，效果还不错，但还不能真正达到"还肥于田"的效果。

乡村生活污水宜按下列原则进行收集：

（1）纳管处理。对于离污水管网较近的具备纳管条件的村庄，原则上优先采用纳管处理,将生活污水接入市政排水管网,纳入城镇污水处理厂统一处理后达标排放。

(2)集中处理。对于人口规模较大、集聚程度较高、经济条件较好、河网水系不太发达的村庄,优先通过敷设管道收集生活污水并采用相对集中的方式处理后排放。

(3)分散处理。对人口规模较小、居住较为分散、地形地貌复杂、河网水系比较发达的村庄,采用分散收集处理后排放。

7.4 排水案例分析

河北省某村改造前,村民大多采用旱厕,部分污水排入渗井,污染地下水,村庄环境脏乱差,改造前的卫生间详见 7-7。

图 7-7 改造前旱厕及渗井

在相关政策的支持下,该村大规模采用真空排水管网的污水治理新模式。彻底消除旱厕及渗井,污水做到全部收集。整个村内室外真空管网总长约 20km,其中 DN110 以上主管网长约 8km;村内东、西共 2 个真空泵房、共计 9 套工作站,安装真空集便器 380 套,其中坐便器 368 套、蹲便器 12 套;村内配套真空排水系统公共卫生间 3 个。改造后,村内所产生的灰水(生活废水)及黑水(生活污水)分别收集处理,达到资源回收再利用,真正做到绿色生态小镇。

针对部分乡村民房院落之间通道狭窄,地势高低不平,布置排水管难度很大,采用传统的重力排水方式难于实施,敷设压力排水管道距离较长,采用真空排水系统是一种很好的解决方案。通过采用真空排水系统,可解决乡村旱厕及生态厕所的问题,消除厕所异味,消除对地下水的污染,克服传统重力流污水管网的种种弊端,解决各种污水收集的难题,尤其乡村黑水、灰水分别收集处理,可降低污水处理难度和处理费用,黑水通过制备有机肥等可资源化途径,回归到土地,可减少化肥、农药的使用。改造后的街景及卫生间详见图 7-8、图 7-9。

图 7-8　改造后的街景

图 7-9　改造后的卫生间

7.5　污水处理及回用系统在乡村建设中常见问题

7.5.1　污水处理及回用系统在乡村建设中存在问题

（1）缺乏项目用地配套政策：土地利用总体规划调整时大都没有事先预留污水处理设施建设用地，同时乡村现有村庄建设用地比较有限，污水处理设施建设用地选址大都选择有条件建设区，需要办理省级用地批准手续，没有便捷手续，程序复杂，时间漫长。

（2）缺乏可行有效的技术支撑：乡村生活污水处理工艺不仅要保证稳定高效，还要做到"低投资、易管理"，尽管城镇生活污水处理工艺、运维技术已日臻成熟，但直接移植到乡村，还是会出现"水土不服"。

（3）缺乏可行有效的治理标准：乡村布局分散、规模较小，乡村人口流动性大，水量不稳定，且乡村和城市生活污水的水量水质和排放方式有差别，直接套用城市治理标准，影响治理效果。

（4）缺乏合理成本分摊机制：部分乡村污水处理设施建设采用 PPP 模式，没有收费机制，所有建设运维费用还是全靠财政承担，财政包袱比较重。

7.5.2　污水处理的特点

我国乡村大量生活污水未经处理直接排放，已建成的污水处理设施不到一半能正常运行，造成乡村的环境、水体、土壤污染日益严重。乡村污水处理有下列特点：

（1）村镇污水治理发展相当缓慢，与城市、县城相比，污水垃圾等环境基础设施严重滞后。区域之间也存在公共服务不均衡的现象，东部地区污水治理率达到 34.1％，中部地区达到 13％，而西部只有 12.4％。

（2）污水量波动大。乡村许多年轻人都外出打工，只在节假日或农忙时回来，造成在节假日或农忙时污水量猛增，给处理带来压力。

（3）增长快。随着村民生活水平的提高以及乡村生活方式的改变，生活污水的产生量也随之增长。

（4）处理率低。乡村污水处理建设费用需求较大，但经济承载力弱，村民对污水处理积极性不高，生活污水大多未经处理肆意排放，严重污染乡村的生态环境，直接威胁广大村民群众的身体健康以及乡村的经济发展。

（5）污水处理工艺问题。目前国内有多种村镇生活污水处理工艺，但由于各地情况不同，许多地方采取的处理工艺不适合本地情况，造成处理效果不佳。我国不同地区之间自然环境、经济条件差别大，各地乡村污水排放特征差异较大，对污水处理技术要求也不尽相同，而乡村存在技术力量薄弱、管理能力不足等问题。

（6）乡村污水治理设施普遍存在"建好不用，只晒太阳"的现象。根据国家审计署发布的《2017 年第四季度国家重大政策措施落实情况跟踪审计结果》（2018 年第 2 号公告）显示，环保项目建设缓慢或建成后闲置情况较为严重。例如，江苏省 195 个污水处理设施有 146 个闲置，涉及投资 10449.77 万元，真正运行率还不到 10％。

7.5.3　污水处理缺乏分级排放标准

乡村污水处理实际工程建设中，常套用城市相关标准，国家应根据各地区特点，综合考虑经济发展与环境保护、污水排放与利用等关系，建立相应的村镇污水污染物排放标准。

我国幅员辽阔，各地自然条件、经济水平差异巨大，村镇类型众多，生活污水水质和排放规律、污水收集处理方式和排放要求与城市不同。目前村镇污水排水主要依据《污水综合排放标准》GB 8978—1996、《城镇污水处理厂污染物排放标准》GB 18918—2002、《小城镇污水处理工程建设标准》（建标 148-2010）。建标 148-2010 将小城镇污水处理工程按建设规模划分为：Ⅰ 类 5000m³/d～10000m³/d，Ⅱ 类 3000m³/d～5000m³/d，Ⅲ 类 1000m³/d～3000m³/d，Ⅳ 类 1000m³/d 以下。不同规模执行不同的出水水质指标，其中 Ⅰ 类、Ⅱ 类污水处理厂执行 GB 18918—2002 中的一级 A 标准，Ⅲ 类、Ⅳ 类污水处理厂执行 GB 18918—2002 中的三级标准。乡村污水执行城镇污水排放标准，对乡村污水处理工艺、设计水平、运行水平有很高的要求，是造成污水处理设施排水达不到预期处理效果、污水处理设施无法正常运行的原因之一，在实际工程中存在设计出水水质指标要求偏高的问题。近年来，河北、江西、福建、宁夏、浙江等地相继颁发了各省乡村污水处理设施排放标准。地方标准根据乡村经济水平和受纳水体的不同，提出应该参照哪个标准执行，或者以污染物排放主要指标（COD、总氮、总磷）制定了新的排放限值，几级标准均低于《城镇污水处理厂污染物排放标准》GB 18918—2002 同级限值。我国有粪便还田传统，促进农业发展，生活污水中氮、磷等营养元素是造成城市水体富营养化的重要原因，但却是农作物生长所需，应根据需要考虑乡村污水用于灌溉等回用目的。

乡村生活污水处理宜以县域为整体"统一规划、统一建设、统一运行、统一管理"城乡污水处理设施，组织编制县域乡村生活污水治理规划，因地制宜选择合适处理工艺和确定处理标准，推行污水处理设施建设运行一体化，强化设施运行维护保障。

规划原则：在规划中贯彻低碳生态理念，结合农田灌溉回用、生态修复保护和环境景观建设，注重水资源和氮磷资源的循环利用。

排放标准分级：建议出台专门针对乡村污水的排放标准，确定乡村排放标准分级管理。污水处理工艺选择和处理程度直接影响到工程投资和运行维护费用，根据区域特征及排水去向，综合考虑经济水平、地理环境、水质水量特点、区域水环境保护要求、排放标准、资源化利用、运行维护等因素，因地制宜选择合适的处理模式、工艺及运行管理方式。

2015 年 4 月，国务院印发《水污染防治行动计划》，简称"水十条"。明确要加快乡村环境综合整治，实行乡村污水处理统一规划、建设、管理，推进乡村环境连片治理。有条件的地区积极推进城镇污水处理设施和服务向乡村延伸。2018 年中央一号文件，更是着重强调要加强乡村环境治理，将乡村生活污水治理作为实施"乡村振兴战略"和改善乡村人居环境的重要工作内容。《全国农村环境综合整治"十三五"规划》中规定，到 2020 年，新增完成环境综合整治的建制村 13 万个，乡村污水处理率达到 60％。

生态环境部办公厅、住房和城乡建设部办公厅联合发布《关于加快制定地方农村生活污水处理排放标准的通知》（环办水体函〔2018〕1083 号），乡村生活污水处理排放标准是乡村环境管理的重要依据，关系污水处理技术和工艺的选择，关系污水处理设施建设和运行维护成本。为落实《中共中央办公厅国务院办公厅关于印发〈农村人居环境整治三年行动方案〉的通知》要求，指导推动各地加快制定乡村生活污水排放标准，提升乡村生活污水治理水平，提出如下要求：

1. 总体要求

乡村生活污水治理，要以改善乡村人居环境为核心，坚持从实际出发，因地制宜采用污染治理与资源利用相结合、工程措施与生态措施相结合、集中与分散相结合的建设模式和处理工艺。推动城镇污水管网向周边村庄延伸覆盖。积极推广易维护、低成本、低能耗的污水处理技术，鼓励采用生态处理工艺。加强生活污水源头减量和尾水回收利用。充分利用现有的沼气池等粪污处理设施，强化改厕与乡村生活污水治理的有效衔接，采取适当方式对厕所粪污进行无害化处理或资源化利用，严禁未经处理的厕所粪污直排环境。

乡村生活污水处理排放标准的制定，要根据乡村不同区位条件、村庄人口聚集程度、污水产生规模、排放去向和人居环境改善需求，按照分区分级、宽严相济、回用优先、注重实效、便于监管的原则，分类确定控制指标和排放限值。

2. 明确适用范围

乡村生活污水就近纳入城镇污水管网的，执行现行国家标准《污水排入城镇下水道水质标准》GB/T31962。500m³/d 以上规模（含 500m³/d）的乡村生活污水处理设施可参照执行现行国家标准《城镇污水处理厂污染物排放标准》GB 18918。乡村生活污水处理排放标准原则上适用于处理规模在 500 m³/d 以下的乡村生活污水处理设施污染物排放管理，各地可根据实际情况进一步确定具体处理规模标准。

3. 分类确定控制指标和排放限值

乡村生活污水处理设施出水排放去向可分为直接排入水体、间接排入水体、出水回用三类。

出水直接排入环境功能明确的水体，控制指标和排放限值应根据水体的功能要求和保护目标确定。出水直接排入Ⅱ类和Ⅲ类水体的污染物控制指标至少应包括化学需氧量（COD_{Cr}）、pH、悬浮物（SS）、氨氮（NH_3-N）等；出水直接排入Ⅳ类和Ⅴ类水体的，污染物控制指标至少应包括化学需氧量（COD_{Cr}）、pH、悬浮物（SS）等。出水排入封闭水体或超标因子为氮磷的不达标水体，控制指标除上述指标外应增加总氮（TN）和总磷（TP）。

出水直接排入村庄附近池塘等环境功能未明确的小微水体，控制指标和排放限值的确定，应保证该受纳水体不发生黑臭。出水流经沟渠、自然湿地等间接排入水体，可适当放宽排放限值。

出水回用于农业灌溉或其他用途时，应执行现行国家或地方相应的回用水水质标准。

7.5.4 污水处理缺乏建设与运行管理标准

乡污水处理缺乏涵盖处理设施设计、建设、验收、运行维护、出水达标排放、设备产品等各个环节的标准化体系。

村镇污水处理技术相关标准的制定，对规范整个行业的技术发展起着重要作用。2008年以来，住建和环保等部门相继发布了一系列村镇生活污水处理技术标准、指南指导建设工作，如表7-1所示。这些标准的出台对于规范管理村镇污水处理设施的建设起了一定的作用。但乡村污水处理设施建设、运行监管欠缺，造成村镇污水处理套用城镇污水处理技术模式，也存在大量利用简单工艺达到较高排放标准的工程案例。村镇污水处理设施很多处于未运行的状态，或未按设计标准运行，出水水质不达标。

村镇生活污水处理相关标准　　　　　　　　　　　　　　　　　　表 7-1

序号	管理范畴	标准（规范/指南）名称	标准编号	主要内容	发布部门
1	村庄整治	村庄整治技术标准	GB/T 50445—2019	安全与防灾、给水设施、垃圾收集与处理、粪便处理、排水设施、道路桥梁及交通安全设施、公共环境、坑塘河道等，其中有关村镇污水处理只有很少一部分内容	住房和城乡建设部

序号	管理范畴	标准（规范/指南）名称	标准编号	主要内容	发布部门
2	简单村镇排水设施建设	镇（乡）村排水工程技术规程	CJJ 124—2008	镇（乡）排水、村排水、施工与质量验收等。主要是针对村镇排水作出的规定	住房和城乡建设部
3	污水处理设施建设	农村生活污水处理工程技术标准	GB/T 51347—2019	行政村、自然村以及分散农户新建、扩建和改建的生活污水（包括居民厕所、盥洗和厨房排水等）处理设施的设计、施工和验收	住房和城乡建设部
4	小型处理设备	小型生活污水处理成套设备	CJ/T 355—2010	单套处理能力不超过50m³/d的小型生活污水处理成套设备	住房和城乡建设部
5	小型处理设备	户用生活污水处理装置	CJ/T 441—2013	单套处理能力不超过2 m³/d的小型生活污水处理成套设备	住房和城乡建设部
6	适用技术	不同区域乡村生活污水处理技术指南		分地区因地制宜对乡村生活污水处理进行技术指导	住房和城乡建设部
7	生活污染控制技术要求	村镇生活污染防治最佳可行技术指南	HJ-BAT-9	村镇污水、垃圾、空气等生活污染防治	生态环境部
8	生活污染控制技术要求	农村生活污染控制技术规范	HJ 574—2010	村镇污水、垃圾、空气等生活污染防治	生态环境部

随着乡村生活污水处理设施数量迅速增加，亟须完善乡村污水处理治理的标准化监管体系以提升治理效果。乡村生活污水处理设施运行维护包括收集管网及处理设施的维护管理，由于缺乏建设与运行管理标准，管网建设落后、建成管网收集率不高、雨污混流现象突出。

已建成的小城镇污水处理设施存在负荷低的情况，平均负荷低于60%，近一半的省份污水处理率低于35%，污水处理厂长期"吃不饱"，成为"晒太阳"工程；村镇污水收集管网在水量小、波动大的条件下沉积堵塞管道。

对于村镇小型污水处理装置，现有标准缺乏对长期稳定运行的统一定义、技术要求、设计标准。现有《小型生活污水处理成套设备》CJ/T 355—2010、《户用生活污水处理装置》CJ/T 441—2013对产品的结构、电气、控制仪表、安全、外观规格等进行了简单规定，设备安装验收时只对较短期限的进出水水质进行检测。因此小型污水处理装置设备存在产品设计标准低，乡村污水处理设施运行普遍存在低稳定性和难持续性等问题。

处理技术标准：以县域范围综合整治为主，处理模式可分为就近纳管处理、村集中处理和分户处理三种模式。根据区域经济发展和地理气候特征的不同考虑不同的技术及工艺组合。

运行维护标准：推进乡村生活污水处理设施运行管理标准化是实现污水处理设施长效运行机制的重要内容，包括适合村镇污水处理运行管理技术和模式。

7.6 污水处理案例分析

7.6.1 河北省某市生活污水处理厂项目

（1）项目概况：该区域有 5 个村庄约 4000 户，无法实现生活污水接入市政管网，因此就地建设一座小型污水处理站。未建之前，该片区生活污水无处理设施，全部直接排放自然水体或者地表，自然水体水质污染严重，详见图 7-10。项目建设后，有效解决了生活污水收集与处理问题，水体水质逐渐改善。

图 7-10　河道污染情况

（2）处理规模：2000m³/d。

（3）进水类型：生活污水。

（4）出水标准：《城镇污水处理厂污染物排放标准》GB 18918—2002 一级 A 标准。

（5）工艺原理及流程：ABAF/OBAF 前置反硝化脱氮生物滤池组工艺，详见图 7-11、图 7-12。

图 7-11　ABAF/OBAF 前置反硝化脱氮生物滤池组

工艺流程如图 7-12 所示。

污水预处理后进入第一级 ABAF 滤池，利用回流液中的硝态氮进行反硝化并消耗降解部分 COD 和 BOD，污水进入第二级 OBAF 滤

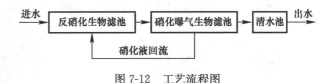

图 7-12 工艺流程图

池后，利用硝化作用对绝大部分氨氮进行去除，同时对剩余的 COD、BOD 进一步降解，出水进入清水池贮存待反冲洗用，部分出水回流到 ABAF 进水口用于反硝化，部分作外排。生物处理以外连接化学除磷工艺，可保证出水 TP≤0.5mg/L，NH₃-N≤5mg/L，TN≤10mg/L。运行过程中，滤池运行一段时间后需对滤池进行反冲洗；反冲洗采用气水联合反冲洗，反冲洗污水通过反洗缓冲池返回沉淀池，与原污水混合进行处理。

（6）项目先进性分析：

1）采用 BAF 核心技术，融合多项专利；

2）采用流体仿真技术，系统氧利用率高、处理效果好；

3）抗堵塞专利技术，产品运行稳定高效；

4）独特的保温设计，可满足寒冷地区运行；

5）模块化组合，运输、安装方便。

7.6.2 安徽省某村分散式污水处理项目

（1）项目概况：该项目是某区深入推进生态区建设，系统开展乡村生活污水治理工作试点项目之一。项目建设前，村民洗菜、洗漱等生活用污水直接倒在地上或直排入村庄自然水体，详见图 7-13。项目于 2017 年 12 月开工，根据该村人口分散、生活污水收集较难的情况，该项目进行管网铺设和设备安装两项工作，工程量主要包括 DN300 HDPE 双壁波纹管道 1100m，DN200 HDPE 双壁波纹管道 150m，De110 UPVC 管道 600m，检查井 139 座，一体化设备 2 套。2018 年 2 月建成即开始调试，2018 年 3 月正式投入运行，出水稳定达一级 B 标准。项目至今仍稳定运行，详见图 7-14、图 7-15。

图 7-13 项目建设前农民生活用污水流入沟渠

图 7-14　村里管道及检查井施工

图 7-15　站区建成图

（2）处理规模：10m³/d。

（3）进水类型：生活污水。

（4）出水标准：《城镇污水处理厂污染物排放标准》GB 18918—2002 一级 B 标准。

（5）工艺流程：生活污水→A/O 泥膜耦合脱氮除磷一体化设备→出水。

（6）主体设备：A/O 泥膜耦合一体化设备，采用涡轮往复 A/O 技术，具备脱氮除磷功能，详见图 7-16。

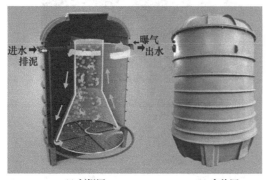

(a) 剖视图　　　　(b) 实物图　　　　(c) 串并联安装效果图

图 7-16　主要设备

污水经化粪池处理后进入 A/O 泥膜耦合脱氮除磷一体化设备，在设备内经缺氧反硝化、好氧硝化反应及好氧吸磷、厌氧释磷反应后进入沉淀池泥水分离后达标排放。

（7）设备先进性：

1）模块化组合，运输、安装方便；

2）采用涡轮循环往复 A/O 泥膜耦合技术，抗冲击负荷强；

3）配置高，故障点少，吨水能耗 0.2kWh；

4）采用高分子材料一次成型，使用寿命长；

5）运维简便，无人值守。

7.6.3　安徽省某镇集中式污水处理项目

（1）项目概况：某镇污水处理站及配套管网建设工程，主要工程内容为新建污水处理站及其配套管网。该工程分近、远两期建设，工程总用地面积 3.16 亩，其中：近期（2020 年）规模 1200m³/d，占地 1.93 亩；远期（2030）规模 2400m³/d，占地 1.23 亩；生态渠总用地面积 1.8 亩，按近期（2020 年）规模 1200m³/d 设计建设；调节池、贮泥池、巴氏计量槽等构筑物及设备间等附属建筑物按远期（2030 年）规模 2400m³/d 设计建设；一体化设备及其他设备按近远期规模分期建设。污水处理站工程主体工艺采用 A³/O 泥膜耦合脱氮除磷工艺，出水达一级 A 标准后排入站区北侧生态渠，详见图 7-17、图 7-18。

图 7-17　项目管道、检查井施工

图 7-18　污水处理站建成图

（2）处理规模：近期（2020 年）1200m³/d；远期（2030 年）2400m³/d。

（3）进水类型：生活污水。

（4）出水标准：《城镇污水处理厂污染物排放标准》GB 18918—2002 一级 A 标准。

（5）工艺流程：污水→管网→格栅→A³/O 泥膜耦合脱氮除磷一体化设备→出水。

（6）主体设备：A³/O 泥膜耦合脱氮除磷一体化设备，具备脱氮除磷功能，详见图 7-19。

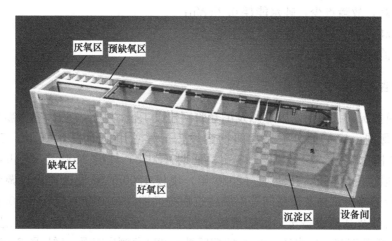

图 7-19　设备图

A³/O 泥膜耦合脱氮除磷一体化设备采用 A³/O 泥膜耦合脱氮除磷工艺，该工艺在厌氧池前端增设了预缺氧池，确保其在好氧池的过量吸磷效率得到充分提升，大大提高系统生物除磷效率。污水经厌氧充分释磷后进入缺氧反硝化池，在缺氧池内通过设置填料载体和水力流态设计实现泥膜耦合环境，具有活性污泥法与生物膜法双重优势。生物脱氮后，污水自流进入两级或多级好氧池。同时，通过设置填料载体和精确曝气系统设计可以将泥法和膜法有机结合，实现了泥膜耦合。污水经好氧处理去除有机物、氨氮和总磷后，进入备用加药絮凝区、单泥斗沉淀池进行固液分离。固液分离后的出水经消毒处理后达标排放，系统产生的污泥一部分污泥回流，剩余污泥排放到贮泥池。

（7）项目先进性分析

1）模块化组合，运输、安装方便，单台处理规模 15m³/d～200m³/d，组合处理量可达 3000m³/d；

2）工艺稳定性高，微生物膜自动更新保持高活性，无污泥膨胀和填料堵塞问题；

3）出水水质优质稳定，通过载体填料的设置和精确的曝气系统设计，实现了泥膜充分混合状态，大大提高了系统内的微生物量，同时脱氮除磷效率高；

4）泥膜耦合系统污泥指数小，污泥龄长，从而使得系统污泥产生量小，减少污泥处理成本；

5）动力设备少，有利地减少故障点，维护工作量小；

6）可采用智慧水务远程管理系统，实现无人值守，大幅降低人工费用，降低运行成本。

7.6.4　浙江省某镇乡村生活污水处理项目

（1）项目概况：项目位于浙江省某镇，项目处理规模 $Q=150$m³/d，共收集 500 户乡村生活污水（村民住户相对集中），系统 20h 运行，$Q_h = 7.5m^3/h$，项目建成及竣工时间 2016 年 8 月。

（2）进出水水质

1）原水水质：乡村生活污水；

2）出水水质：《城镇污水处理厂污染物排放标准》GB 18918—2002 一级 A 标准。

（3）处理技术与工艺原理

1）处理技术：厌氧＋复合增氧生态湿地。

村镇生活污水经污水收集总管汇集后进入格栅隔油池进行预处理去除污水中较大的固体物质及残余的漂浮油脂，出水自流进入初沉淀，在初沉（斜板沉淀）池内，污水（进水）中的大多固体物质在此沉淀去除，较清洁出水进入厌氧生化池，在此厌氧调节池内设置新型生物填料，此生物填料比表面积大、不积泥、浸水后重量轻且使用寿命长（≥10 年）。在无氧的条件下，污水通过长有厌氧微生物的载体介质，通过厌氧微生物的作用将污水中大分子有机物分解为小分子有机物，再将小分子有机物厌氧消化、厌氧发酵，最终在厌氧条件下由多种（厌氧或兼性）微生物的共同作用下，使有机物分解并产生 CH_4 和 CO_2。

厌氧处理池出水进入二沉池，二沉池设竖流沉淀池，前段脱落生物膜、多余污泥及磷等大部分在此去除，出水再进入复合增氧生态湿地。复合增氧生态湿地在传统垂直潜流人工湿地的基础上，采用微生态湿地设计（微生物垂直潜流生态湿地），在生态湿地表层投加 BZF 复合微生物，复合微生物与人工湿地中的蚯蚓、表层植物一起组成微生物生态系统，微生物以污水中的胶体态和溶解性有机物为食料而生态繁殖，并且在湿地表面形成生物膜，疏松透气的填料层有利于污染物降解和避免出现厌氧条件。并且在底部设置湿地反冲洗排水管，以利于后期运维管理。

复合（垂直潜流）增氧生态湿地去除的污染物包括氮、磷、SS、有机物、微量元素、病原体等。有关研究结果表明，在进水浓度较低的条件下，复合垂直潜流湿地对 BOD_5 的去除率可达 85%～95%，CODcr 去除率可达 80% 以上，处理出水中 BOD_5 的浓度在 10mg/L 左右，SS 小于 20mg/L。生活污水中大部分有机物作为微生物的有机养分，最终被转化为微生物体、CO_2 和 H_2O。

出水达《城镇污水处理厂污染物排放标准》GB 18918—2002 一级 A 标准后外排，也可作中水回用于绿化灌溉及路面冲洗等。

水质指标如下：$COD_{cr} \leqslant 50mg/L$，$BOD_5 \leqslant 10mg/L$，氨氮≤5（8）mg/L，TN≤15mg/L，TP≤0.5mg/L，SS≤10mg/L，pH＝6～9。

2）工艺流程：乡村生活污水收集总管→格栅隔油池→一体化厌氧调节池（增压、反冲洗）→复合增氧生态湿地→标准排放井→出水。

（4）经济效益分析

针对乡村污水集中处理存在管网投资大、维护管理难等问题，提出就地处理模式，将"厌氧＋垂直潜流人工湿地技术"改造成"一体化厌氧调节池＋复合垂直潜流人工湿地技术"的处理方式。它的能耗设备为 1 台 0.75kW/380V 提升增压水泵，年耗电量为 1050kW·h，电价按 0.6 元/(kW·h) 计算，年运行费用仅为 630 元，除定期对人工湿地进行加压外，还可定期对人工湿地实现反冲洗功能，尽量减少人工湿地堵塞的可能性。

7.6.5 江苏某厕所污水生态治理工程

江苏某湖大堤上的厕所很分散，污水量也不集中。平时水量较少，节假日旅游高峰期，游客量增加，污水量也随之增加。采用微生态滤床处理工艺，在绿化带中针对单个厕所设计微生态滤床面积 $45m^2 \sim 60m^2$，采用一体化化粪池收集厕所污水，设计有效容积 $16m^3$，处理水量 $10m^3/d$ 按照节假日最高客流量设计。

采用微生态滤床工艺处理乡村污水，就近小范围收集农户的日常洗衣、做饭、洗浴、厕所污水。小规模治理，可以几户、几十户，甚至上百户作为一个处理单元。微生态滤床面积也从几平方米、几十平方米，甚至几百平方米不等。微生态滤床系统处理 $1m^3$ 污水成本只需 0.1 元。该项目建成后的照片见图 7-20。

图 7-20 项目建成图

第8章 乡村建设给水排水产品标准展望

目前，我国城镇给水排水产品标准体系建设比较完善，但由于我国幅员广阔，各地区乡村给水排水模式比较复杂，以及乡村维护管理水平不高、运营资金不足、技术人才缺乏等原因，城镇给水排水系统集中建设模式、运营管理方式及其建立的产品标准体系等，不能完全照抄照搬地应用于各地乡村建设。深入研究各地乡村特别是小、散、远村庄的给水排水模式，积极探索制定保障乡村给水排水系统良性运营的法规政策和管理体制，甄别推广应用适用于乡村的城镇现有成熟的给水排水产品，大力研发各地乡村紧缺的给水排水产品，逐步建立健全符合乡村实际需求的给水排水产品标准体系，全面实现乡村智慧水务建设步伐，是未来乡村建设和振兴发展的迫切要求。

8.1 乡村给水排水模式规划

8.1.1 给水

乡村给水模式分为独立给水系统和区域给水系统。

（1）独立式给水系统又分为集中给水系统与分散给水系统。

1）集中给水系统，是指一个乡村地区建设统一而完整的取水工程、净水工程及输配水工程，将取水、净化、加压、输配水等单元统一集中建设。集中给水系统是乡村目前最提倡的给水系统，给水保证率高，水质容易保证，用户使用方便，便于管理与维护。

2）分散给水系统，是指无配水管网，用户自行取水。无条件建设集中给水系统的乡村，可根据当地具体情况，以家庭或小区为单位建设分散给水系统，一般采用深井手动泵给水系统和雨水收集系统。分散给水系统水质不易保证，容易受污染，用户用水不便，仅适用于居住很分散、没有电源或常规水源短缺的地区。

（2）区域给水系统，是指多个相邻乡村地区共享一个或多个水源、水厂集中化、管网连成一片的经济适用的给水模式，统一规划、统一管理，按照水系、地理环境特征划分给水区域，必要时可打破行政界限。建设乡村区域给水系统，具有重大的现实意义和可行性，主要体现在下列几个方面：

1）有利于水资源的合理利用与保护；

2）节省基建投资和运行费用，提高效益；

3）提高水质，保证供水安全稳定性；

4）带动乡村其他基础设施的统筹、配套发展。建设乡村区域给水系统模式，要求该地区经济发展水平较高，乡村群落相对集中，还需要具有较丰富的水资源和较为平坦的地形。乡村区域给水系统是乡村给水事业发展到高级阶段的一种模式，是未来乡村给水模式的发展趋势。

（3）乡村区域给水模式建议，如表 8-1 所示。

乡村区域给水模式建议　　　　　　　　　　　　　表 8-1

类型	代表区域	区域给水建议
经济发达地区乡村	主要指东部沿海地区；沿江、沿河、沿路城镇密集地区；大中城市周边地区	近期宜设 远期应设
经济中等发达地区乡村	主要指东部沿海地带内的经济低谷区；沿江、沿河、沿路经济隆起带的边缘地区；地市远郊区和中西部地区的平原地带	远期应设
经济欠发达地区乡村	主要指西部地区以及中部地区的部分经济落后区域，以山地、丘陵、高原为主，多属林区、牧区、半轮船半牧区	远期可设

8.1.2　排水

（1）乡村排水模式可分为合流制、分流制、源分离三种排水系统：

1）合流制排水系统是将乡村生活污水、企业废水和雨水等混合在同一个管渠内排除的系统；

2）分流制排水系统是将乡村污水（包括生活污水和企业废水）和雨水分别在 2 个及以上各自独立的管渠内排除的系统；

3）源分离排水系统是从源头上实现乡村生活污水的分离式收集，进而实现污水资源化处理的排水模式。

（2）科学合理地规划建设乡村排水模式非常重要，它不仅从根本上影响排水的设计、施工、维护管理，而且对乡村的规划和环境保护影响深远，同时也影响排水工程的总投资和维护管理费用。雨污分流是乡村未来提倡的排水模式，即使现在不具备建设雨污分流体制的经济能力，也应从长远规划，先建设污水管网，并为未来雨水管网的建设留有余地，最后逐步实现雨污分流的排水模式。源分离排水模式旨在将生活污水中污染负荷和营养盐集中的粪尿单独分离并资源化，而将污染负荷低且水量大的杂排水就近处理后用作乡村生态环境用水或杂用水，随着源分离技术及产品的发展，源分离排水系统未来在乡村中具有非常广阔的应用前景，特别是在小、散、远村庄值得推广和应用。

8.1.3　污水处理及回用

根据我国乡村的布局，未来乡村污水处理及回用模式有三种：

（1）集中处理回用模式，是指在全村范围内铺设污水处理管网和回用管网的方式，对全村的污水进行集中收集和处理，处理达标的污水进行回用或排放。此种模式适合在布局紧凑、规模较大、经济基础比较好的单村或者联村采用，其优点是污水处理率比较高，污水处理设施占地面积比较小，是有效解决乡村水环境污染的主要途径之一。

（2）分散处理回用模式，是指各农户对自己产生的生活污水单独处理，自己选择回用或者达标排放。分散处理回用模式适合村庄布局比较分散、经济基础比较薄弱、地势地貌比较复杂的西部地区，其优点是可以根据农户的不同经济条件，建立适合自己家庭条件的污水处理装置，居住距离较近的住户群，也可以根据居住特点，共同建设小型污水处理回用装置。

（3）接入市政污水管网模式，是指将住户污水经排污管道收集后，统一接入临近市政排污系统，利用近郊城市的污水处理系统进行统一处理回用。该污水处理模式不需要在村庄建设新的污水处理系统，适用于距离市政污水管网较近（一般为 5km 以内），符合污水管高程接入要求的村庄污水处理，适合于靠近城市或城市经济基础较好，具备实现乡村污水处理由"分散治污"向"集中治污、集中控制"转变条件的乡村地区，其优点具有投资省、施工周期短、见效快、统一管理方便等特点。

8.1.4　雨水收集及回用

（1）乡村雨水收集及回用的主要目的首先是解决人、牲畜饮用水源，其次是解决小规模灌溉水源，主要有两种模式：

1）集中雨水收集回用模式，是指以池塘蓄存汇集屋面、庭院和街道雨水，利用池塘中的水生植物保持水质，用于农业灌溉和绿化用水，同时也达到拦蓄雨水减少径流排放、美化环境的目的，调节乡村水生态环境，提高雨水资源的利用率；

2）屋面雨水收集回用模式，是指屋顶作为集雨面收集、输水、净化、储存雨水，这种模式可以设置为单体庭院的分散式系统，也可在庭院群体或小区中集中设置，方便就地收集雨水回用。

（2）乡村应根据不同地区不同水资源缺乏状况、降雨特性差别以及不同雨水利用方式，采用不同的雨水收集回用模式。如在华东地区，雨水量充沛，村镇地区经济条件较好，雨水的收集回用主要是生活杂用水、景观用水，只需对径流初期雨水进行处理，不需要蓄存；西北地区，降雨量较少，雨水的收集回收主要用于提供人畜的生活用水以及灌溉用水；华北地区，根据降雨量的多少，可以将雨水收集，并过滤去除径流中的颗粒物质，然后将水引入蓄水池中存储，再通过水泵输送至用水单元，作为生活用水、景观用水。

8.2　乡村给水排水产品标准需求

目前，乡村给水排水产品标准体系尚未建立健全，专门针对乡村基础设施建设的给水排水产品标准寥寥无几，尤其是在乡村具有使用广泛性、专属性的产品标准几乎仍是空白。乡村给水排水产品标准体系是乡村基础设施产品标准体系的重要组成部分，对我国乡村建设发展起到积极的支撑和保障作用，编制乡村给水排水产品标准体系是未来建设社会主义美丽乡村的迫切需求。乡村给水产品标准编制是要解决当前很多乡村地区饮水困难、饮水不安全和饮水不便等问题，指导给水产品标准编制与发展，引导规范给水产品研发方向，使之与乡村实际需求情况相适应；乡村排水产品标准编制是要解决当前很多乡村地区排水设施缺乏、环境污染治理难度大等问题，急需研发、生产及制定与乡村排水需求情况相适应的排水产品及标准。我国城镇给水排水产品标准发展得比较完善，这些标准适用于纳入城乡区域或集中给水排水系统的城郊乡村，现阶段不需另行增加给水排水产品标准，不需在乡村基础设施产品标准中重复列出或另成体系。

8.3　乡村给水排水系统产品标准应用

我国城镇已经建立了比较完善的给水排水产品标准体系，为乡村给水排水系统产品应用和研发提供了强有力的技术支撑。目前,我们急需做的工作是,要根据各地乡村不同的给水排水模式、管理体制、资金及技术人才配备等情况,甄别、推广应用适用于乡村的城镇现有成熟的给水排水产品标准,大力研发各地区乡村当前紧缺的给水排水产品标准,为不断建立健全乡村给水排水产品标准体系奠定基础。

8.3.1 给水系统

乡村给水系统是指镇(乡)、村庄总体规划所包括的乡村居民生活聚居区域内的生活、生产等用水供给,其系统组成主要包括水源及取水、给水处理、给水加压、输配水管道及贮水设施等技术及产品。

1. 水源及取水

我国乡村饮用水水源主要是江河水、水库湖泊水、坑塘窖水、井水及泉水等类型,对于乡村集中或区域给水模式,其相应取水技术及产品可参照城镇集中给水取水技术及产品标准进行设计、施工、验收及运行维护管理,如江河水、水库湖泊等地表水源可采用岸边式、河床式、低坝式等常用的固定式取水设施,以及浮船式和缆车式等常用的移动式取水设施;井水及泉水等地下水源可采用管井、大口井等取水设施。目前,我国乡村分散户用常用地下取水设施如图 8-1 所示。

(a) 手动压水泵　　　　　(b) 辘轳手摇　　　　　(c) 井下潜水泵(电泵或太阳能泵)

图 8-1　乡村户用常见地下取水设施

由于我国幅员辽阔,南北纵跨热带、亚热带、温带三大气候,地形变化复杂,水文地质条件差异性很大,从而决定了我国乡村饮用水源的类型和取水方式是多种多样的,现城镇取水技术及产品标准不能完全涵盖所有乡村取水形式,还需要深入调研各地乡村水源类型及水源地情况,特别是小、散、远的村庄分散取水,研发、生产、推广应用相应的安全稳定的取水技术及产品尤为迫切,如西南岩溶地区在大力开发岩溶水,西北黄土高原、苦咸水地区、缺少优质淡水的沿海等地区在积极开展雨水集蓄利用,经济实力较强的华东及华北小城镇在开展污水处理回用工程建设。由于社会经济的快速发展,导致乡村饮用水源面临各种各样的污染威胁,因此,积极开发乡村特色水资源和非传统水资源取水方式,研发和制定相应水源取水技术及产品标准,是解决当前乡村给水工程建设迫在眉睫的问题所在。

2. 给水处理

具备较为完善的专业管理条件时,乡村区域给水系统的给水处理技术及产品标准可以参照城镇集中给水处理技术及产品标准进行设计、施工、验收及运行维护管理,比较成熟,其主要技术及产品如表 8-2 所示。

给水处理技术与产品　　　　　　　　　　　　　　　　表 8-2

水源水质分类	技术与产品分类
含有胶体颗粒和悬浮颗粒	混凝、沉淀、澄清、气浮、过滤、筛滤、膜分离（微滤、超滤）、沉砂及离心分离等
含有溶解（无机）离子、溶解气体	石灰软化、离子交换、地下水除铁除锰、氧化还原、化学沉淀、膜分离（反渗透、纳滤，电渗析等）、浓差渗析、吹脱及曝气等
含有有机物	粉状活性炭吸附、原水曝气、生物预处理、臭氧预氧化、生物活性炭及大孔树脂吸附等
含有病毒、病菌	氯消毒、二氧化氯消毒、臭氧消毒、紫外线消毒、电化学消毒、加热消毒等

然而，乡村地区大量存在以村为单位的集中给水系统及分散给水系统仍面临着严峻的挑战，主要表现在：

（1）水源可选择性小、水质普遍较差，一般低于国家现行规定的生活饮用水的水源标准；

（2）建设条件差，饮水水质多数不达标；

（3）净水和杀菌设备技术难度大；供水项目建成后的日常维护与管理由各供水工程所在的行政村负责，而乡村缺乏专业技术人才；

（4）运营资金不足，运行管理困难。

现有的乡村集中给水系统大多采用一体化常规混凝—沉淀（澄清）—过滤处理工艺，具有结构紧凑、布局合理、占地面积小的优点，适用于水质好、浊度较低的原水。但一体化净水设备用在乡村集中给水系统存在下列问题：

（1）乡村水源水质较差，常规的絮凝—沉淀（澄清）—过滤工艺无法有效截流和去除病毒、粪链球菌、血吸虫、红虫、贾第虫、隐孢子虫等致病微生物，常规药剂消毒对病毒、抗病毒能力较强的细菌芽孢、两虫等效果差；

（2）常规处理工艺必须向水中投加混凝药剂，为获得良好的除浊效果，要求精准投加药剂，并随着水质水量的变化及时调整药剂投量及各种运行参数，要求管理人员具有较高的专业技术水平，但地处偏远地区的乡村缺乏专业技术力量；

（3）常规处理工艺只适用于城市连续供水，难以适合乡村间歇供水特点，这也是一体化常规工艺在乡村小型水厂普遍失败的原因之一；

（4）乡村净水设备处理水量小，水质变化大，常规工艺难以适应突发性水质、水量的变化；

（5）对于千吨以下的传统工艺，规模化效益低，投资成本通常很高。

鉴于乡村普遍存在维护管理水平不高、运营资金不足、技术人才缺乏的实际情况，对于以村为单位的集中给水系统，在选择给水处理产品时，不能完全照搬城镇集中给水处理模式进行设计、施工、验收及运行维护管理，应寻求维护管理简便、运行费用低、绿色环保的水处理工艺。对于以井水、窖贮水等为水源的分户或多户联合供水的分散给水系统更应寻求简单易行、经济适用的水处理设施，保障村民的饮水安全。

未来乡村给水处理重点研究领域如下：

（1）针对乡村运营资金不足、缺乏技术管理人才的实际特点，开发简单易行、经济实用的集多种水处理功能为一体的模块化产品，提高自动化和标准化水平，减少运行维护难度、降低运行维护费用；

（2）针对中小型乡村普遍存在的高氟水、苦咸水、铁锰超标水和硝酸盐污染等突出水质问题，研究经济、高效的水处理技术和设备；

（3）开展先进实用的乡村饮用水消毒技术研究，保障饮水卫生安全。

根据我国乡村给水与饮水安全现状与需求，有下列几种技术与产品是乡村给水未来研发、生产的方向：

（1）一体化净水设备。一体化净化设备是指将絮凝—沉淀（澄清）—过滤等多个净化过程组合在一起的一体化模块化产品，发展方向是要具备絮凝过滤一体化、全自动化、无过滤及组块化结构设计。

（2）生物慢滤净水设备。生物慢滤在自流供水情况下不需要电力，运行维护也不需要特别的技术，投资少、运行成本低、维护简单，比较适用于乡村给水处理。

（3）外压膜超滤净水设备。具有结构简单、分离效率高、出水水质稳定、环境节能、不再需要单独的消毒杀菌等优点，能处理 10NTU 以下的低浊度水，是一款理想的乡村给水净化处理的技术产品。

（4）无药剂免维护智能化超滤净水设备。无药剂免维护智能化超滤净水设备利用生物作用控制膜污染，使膜系统在零污染通量下运行，运行中不再需要水洗、气洗和药洗，可长时间免维护运行，显著地降低了能耗，节省了药剂费用，使运行费用显著地低于同等规模的常规水处理工艺及常规膜处理工艺，其独特的工作原理使其对水质、水量的突发性改变具有极强的适应能力，通过标准化、模块化集成，解决了偏远乡村水厂建设施工不便的问题，通过智能化化网络管理解决了乡村供水分散、量大面广、维护管理复杂、水质难以达标的难题，也有利于专业化、公司化管理，实现水处理产业的良性健康发展。

（5）无阀滤池净水设备。无阀滤池采用过滤工艺，其结构简单，成本低，适用于低浊度水，特别是环境保护比较好的、无雨季特征的山区山泉水和小溪水，适合山区的村民分散给水处理。

（6）无阀超滤净水设备。采用超滤膜替代传统无阀滤池的颗粒滤料，高效稳定截留水中致病微生物及无机、有机颗粒；膜组件更换简便，省去传统的无阀滤池装、出滤料的繁重工作；利用虹吸作用自动控制膜滤的过滤和反洗的周期性过程，省去传统超滤设备的各种电动阀门，无运动部件，构造简单，工作可靠，设备费用明显降低；除进水压力外，无须电、压缩空气等任何外加动力，运行费用明显降低，膜组件部分可以模块化组装，集装箱式运输，现场调试后即可投入使用，显著缩短建设周期；可配置在线监测仪表及 PLC 控制系统，实现系统智能化网络管理。

（7）消毒技术产品及设备。加药、紫外线和臭氧消毒适合乡村给水的消毒，未来应根据乡村给水的特点加大这几项消毒技术研究和消毒设备研制。现有一种缓释加药装置，采用固体药片，加药时无须用电，管理和维护较为方便，是乡村给水消毒的一种实用设备；紫外线杀菌是利用 253.7nm 波长的紫外线光对水中细菌 DNA 的特殊杀灭能力来进行杀菌的，在乡村给水消毒中，适合使用带"随需开启、延时关停"控制功能的紫外线杀菌装置，并且使用紫外线杀菌时不需要再检测余氯指标；臭氧消毒也有成熟设备，其消毒杀菌效果也很好，但其投资和运行成本均较高，适合乡村分散给水的消毒。

3. 给水加压

目前，城镇常用给水加压方式有工频水泵加高位贮水设施（高位水箱、高位水池或水塔）、变频调速给水设备和管网叠压变频给水设备等三种常用方式，这三种给水加压方式都有标准产品，规格型号齐全，可作为乡村给水加压系统产品设计、施工、验收及运行维护管理的依据。城镇常用给水加压方式比较情况如表 8-3 所示，常用给水加压设备如图 8-2 所示。

常用给水加压方式比较　　　　　　　　　　　表 8-3

序号	给水加压方式	水泵运行工况	能耗情况	供水安全稳定性	消除二次污染	一次投资	运行费用
1	高位贮水给水	均在高效段运行	1	好	差	1	1
2	变频调速给水	部分时间低效运行	1~2	比 1 差	较差	<1	>1
3	叠压给水	部分时间低效运行	≈1	差	好	<1	≈1

(a) 高位水塔　　　　　　(b) 变频给水设备　　　　　　(c) 叠压给水设备

图 8-2　城镇常见给水加压设备

由表 8-3 比较可知，从节能节水比较，三种常用给水加压方式中，高位贮水供水方式和叠压供水方式占有优势。我国地域广阔，各地区乡村经济发展水平，生产、生活方式，人文、地理特征等条件有很大差异，各类给水加压方式和设备都有其适用的地方，都是未来应用和研究的重点。在乡村给水加压工程设计时，在考虑节能节水的同时，还要兼顾其他因素，如南方丘陵地势起伏变化大、经济落后贫困的乡村，应优先选用利用地势高差高位贮水供水方式，该方式设备少、运行简单，受电制约少；北方高寒或平原地区，由于冻土层深度大或地势平坦，采用室外高位贮水方式工程造价高且维护不便，而采用变频调速供水设备比较适宜；依托城镇区域给水系统的乡村，如区域给水系统压力不满足需求而水量充足时，则采用叠压供水比较适宜；而在有条件设置高位贮水设施且附近有市政给水管允许采用叠压供水的乡村，采用叠压设备从市政给水管直接抽水至高位贮水设施再重力供水，这是最节能节水的给水方式。除了上述三种典型的给水加压方式外，根据乡村地形、地貌及适用维护的特点，还可以对上述几种给水方式进行组合或演变，也是未来乡村给水加压方式及其产品的研制方向，如恒速泵直接给水、恒速泵加水塔给水、恒速泵加高位水箱给水、恒速泵加气压给水、恒速泵并联分段直接给水、无级调速泵的恒压变量给水等等。

4. 输配水管道

城镇常用的输配水管材分为金属管材和非金属管材两大类。金属管材有给水铸铁管（灰口铸铁管、球墨铸铁管）和钢管；非金属管材分为钢筋混凝土管及新型的塑料管、复合管。上述各种管材已有比较成熟的产品标准，规格型号齐全，可作为乡村输配水管道系统设计、施工、验收及运行维护管理的依据。常用输配水管道管材选择情况如表 8-4 所示，常用输配水管如图 8-3 所示。

常用输配水管材选择 表 8-4

DN（mm）	推荐意见（以次序排列）
DN≥1800	预应力钢筒混凝土管、钢管、球墨铸铁管、玻璃钢夹砂管
DN＜1800、DN≥1200	球墨铸铁管、预应力钢筒混凝土管、钢管、玻璃钢夹砂管
DN＜1200、DN≥600	球墨铸铁管、预应力钢筒混凝土管、钢管
DN＜600、DN≥300	球墨铸铁管、钢丝网骨架聚乙烯塑料复合管、高密度聚乙烯管
DN＜300、DN≥100（小区）	高密度聚乙烯管、钢丝网骨架聚乙烯塑料复合管、球墨铸铁管
DN＜300、DN≥100（街道）	球墨铸铁管、钢丝网骨架聚乙烯塑料复合管
DN＜100	高密度聚乙烯管、聚氯乙烯塑料管、钢丝网骨架聚乙烯塑料复合管、薄壁不锈钢管、球墨铸铁管

(a) 球墨给水铸铁管

(b) 钢管

(c) 钢筋混凝土管

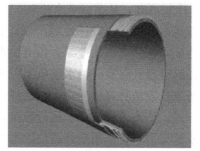

(d) 钢筒钢筋混凝土管

(e) 硬聚氯乙烯(PVC-U)管

(f) 聚乙烯(PE)管

图 8-3　城镇常用输配水管（一）

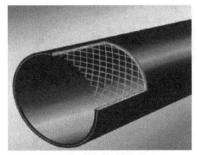 

(g) 钢丝网骨架聚乙烯塑料复合管(PSP)　　　　　(h) 玻璃钢夹砂管(RPM)

图 8-3　城镇常用输配水管（二）

钢管、球墨铸铁管、预应力钢筒混凝土管的力学性能较好，具有较高的抗拉强度，使用起来比较安全，更加适用于压力较高的给水施工环境。钢管的力学性能最好，并且是各向同性的材料，广泛应用于地形复杂，给水管道情况差异较大的复杂施工中；球墨铸铁管的抗震性能较好，能吸收因地基沉降而产生的应力，避免管线破裂；预应力钢筒混凝土管的刚度较大，能够承受较大的载荷，适用于变形控制要求高的给水施工中；钢管和球墨铸铁管的生产工艺相对比较简单、成熟，具有比较齐全的生产规范标准，这两种管材原材料比较容易控制，并且不同厂家的管材质量相差也不多；聚氯乙烯、聚乙烯等塑料管材由于是挤压成型，生产工艺较容易控制，这种管材的质量控制主要是原材料的控制，要选择高强度的混配料，才能制造出性能优异、质量稳定的聚氯乙烯管、聚乙烯管。另外，在防腐方面，由于金属管容易腐蚀，钢管要特别注意防腐设计。球墨铸铁管的防腐蚀处理相对比较容易，耐腐蚀性比钢管好。预应力钢筒混凝土管的内外壁被混凝土包裹，不需要进行防腐处理，但不适用于对混凝土有腐蚀的施工环境。玻璃钢夹砂管、钢丝网骨架聚乙烯塑料复合管及塑料给水管具有优良的耐腐蚀性能。

合理选择输配水管材是乡村给水工程建设施工顺利进行，并取得良好工程效益的前提和关键，应结合乡村给水工程的特点及工程施工环境等实际情况进行选择，避免因材料选用不合适而增加工程成本，造成乡村给水系统功能性发挥的缺失。乡村给水工程建设中输配水管道需求发展方向是质量轻、刚度大、抗腐蚀、价格低廉，几种常见的城镇给输配水管道的性能：钢筋制作的钢筋混凝土管简单，然而笨重且造价高；塑料管道价格便宜，密封性好并且质量轻，缺点在于强度不高，容易损坏；钢管的强度很高，但是造价很高，抗腐蚀能力差；钢丝网骨架聚乙烯塑料复合管、高密度聚乙烯管及玻璃钢夹砂管的各项数据都比较好，质量轻、轻度大、抗腐蚀、价格低廉。钢丝网骨架聚乙烯塑料复合管、高密度聚乙烯管及玻璃钢夹砂管是未来乡村给水工程建设中应用的优选管材。

5. 贮水设施

贮水设施是乡村给水系统的调节构筑物，包括高位水池（箱）、水塔、埋地清水池（箱）等。城镇贮水设施建造材料有混凝土、不锈钢、玻璃钢等类型，有比较成熟的产品标准，规格型号齐全，可作为乡村给水系统贮水设施设计、施工、验收及运行维护管理的依据。城镇常用贮水设施如图 8-4 所示。

贮水量大的埋地贮水池或水塔一般采用混凝土建造，贮水量小的贮水池（箱）材质一般采用不锈钢或玻璃钢等材质。混凝土水池表面一般比较粗糙，易附生藻类、青苔，沉淀

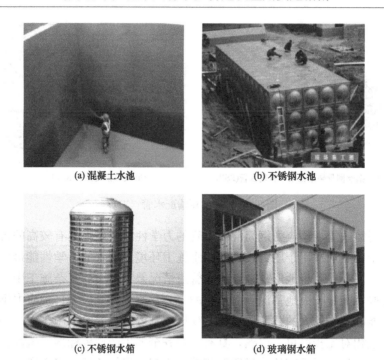

(a) 混凝土水池　　　　　　(b) 不锈钢水池

(c) 不锈钢水箱　　　　　　(d) 玻璃钢水箱

图 8-4　城镇常用贮水设施

物也不易清洗干净，影响给水水质，在长时间使用过程中，易析出有毒有害物质，影响给水水质，在实际使用中，调查发现混凝土水池都不同程度地存在细菌超标、水质恶化等问题。目前，钢制和混凝土水池（箱）因易污染已成为建筑给水排水的淘汰类产品，合格材质替代产品是不锈钢、玻璃钢、搪瓷、喷塑等不易产生污染的材质。在乡村给水系统建设中，由于水塔和混凝土水池因其有着良好的结构性和廉价性，仍在广泛采用，因此在混凝土水池和水塔水池池壁上的防腐材料选择尤为重要。随着科技的进步，大量新型材料、新工艺在给水工程中得到运用，合格防腐材料也历经了多个发展阶段，在钢筋混凝土的基础上内衬其他材质的做法在实际施工中得以不断创新、完善，并在此基础上产生了不锈钢板内衬法的新工艺，其制作方法是在水池内部衬贴食品级不锈钢板，加工采用氩弧焊制成型，其效果：

（1）保证水质清洁。与水接触的部分全是不锈钢材质，杜绝生锈，耐腐蚀性能优越，密闭性好，对水质无污染，可保证水质符合卫生要求。

（2）坚固耐用、使用寿命长。衬贴不锈钢板抗冲击力大、抗震性好。

（3）表面光洁平整，不易附生藻类、青苔，沉淀物易清洗冲刷。

8.3.2　排水系统

乡村排水系统是指镇（乡）、村庄总体规划所包括的乡村居民生活聚居区域内的生活污水排放、处理、回用，其系统组成主要包括排水管、排水检查井、化粪池（沼气池）、排水提升设施及污水处理回用等设施和产品。本节选取乡村排水系统中的主要组件——排水管道、排水检查井、排水提升设施、化粪池等标准产品进行阐述，乡村污水处理回用系统技术及产品详见本书第 8.3.3 节。

1. 排水管道

城镇常用的排水管道按其材料可分为传统管材和新型管材两大类，传统管材主要有混凝土排水管、铸铁排水管、镀锌钢管排水管，新型管材主要是硬质聚氯乙烯（PVC-U）排水管、高密度聚乙烯（HDPE）排水管和玻璃钢排水管。上述各种排水管材已有比较成熟的产品标准，规格型号齐全，可作为乡村排水管道系统设计、施工、验收及运行维护管理的依据。城镇常用排水管材比较情况如表 8-5 所示，常用排水管如图 8-5 所示。

常用排水管材比较 　　　　　　　　　　　　　　　　　　　　　表 8-5

比较项目	混凝土管	PVC-U 管	HDPE 管	金属管	玻璃钢管
抗渗性能	较差	较好	好	较好	好
水力学性能	内壁粗糙较易结垢	内壁光滑不易结垢	内壁光滑不易结垢	内壁光滑不易结垢	内壁光滑不易结垢
耐腐蚀性	一般	较强	强	一般	强
柔韧性	弱	较弱	强	弱	较强
基础处理要求	较高	较低	较低	较高	较高
摩阻系数	0.013～0.014	0.009	0.009	0.01	0.009
粗糙度	0.013	0.01	0.01	0.013	0.009
密封性能	橡胶圈止水，承插式，密封较差	橡胶圈止水，承插式，密封较好	电熔、热熔粘结连接密性好，无渗透	橡胶圈止水，承插式，密封较差	电熔、热熔粘结连接密性好，无渗透
运输安装及重量	不方便，重	方便，轻	方便，轻	不方便，重	方便，轻
施工难易	较难	容易	容易	容易	较难
经济性	综合造价低，使用年限短	综合造价低，使用年限短	综合造价低，使用年限长	综合造价低，使用年限短	综合造价高，使用年限长
使用年限	20 年～30 年	50 年	50 年以上	20 年～30 年	50 年以上
运行维护	定期维护	维护简单	维护简单	定期维护	维护简单
环保要求	一般	燃烧后会污染环境	无害，可回收利用	一般	无害，可回收利用

(a) 混凝土排水管

(b) 镀锌钢管排水管

(c) 铸铁排水管

(d) PVC-U 双壁波纹排水管

(e) HDPE 缠绕中空肋壁管

(f) 玻璃钢排水管

图 8-5　城镇常用排水管

乡村排水管材的选用应结合排水管网的特点，根据排水水质、水温、冰冻情况、断面尺寸、管内外所受压力、土质、地下水位、地下水侵蚀性和施工条件等因素进行选择，并应尽量就地取材。如压力排水管段（泵站压力管、倒虹管）可采用金属排水管、钢筋混凝土排水管或预应力钢筋混凝土排水管；地震区、施工条件较差地区（地下水位高、有流砂等）、穿越铁路及真空排水系统等排水管采用金属排水管（一般情况下重力流排水尽量避免采用金属排水管道）；排放有特殊性的污水，可采用混凝土排水管和耐腐蚀的塑料管等。乡村排水管网系统设计中，由于考虑到投资的原因，重力流排水管道通常采用混凝土管、钢筋混凝土管。近些年来，新型塑料排水管发展很快，以其重量轻、装运方便、优异的耐酸耐碱抗腐蚀性、流动阻力小等优点为许多城镇排水工程优先选用。塑料排水管与钢筋混凝土排水管相比，虽然造价比较高，一次性投资大，但塑料排水管寿命长，大约是钢筋混凝土排水管的2倍，而且它具有过水能力强、施工简易、易于维护等优点，从长期角度来看，比钢筋混凝土排水管经济，另外与钢筋混凝土排水管相比，塑料排水管不会造成二次污染，不会因渗漏而污染地下水源，具有良好的环境效益。因此，乡村排水工程建设中排水管道的需求发展方向是质量轻、刚度大、抗腐蚀、价格低廉，塑料排水管如果通过改善生产工艺降低成本，未来将是乡村排水工程建设中优选的排水管材。

2. 排水检查井

城镇常用的排水检查井分为传统检查井和预制检查井。传统检查井主要有砖砌检查井、现浇混凝土检查井等；预制检查井主要有塑料检查井、预制装配式钢筋混凝土检查井和混凝土模块式检查井。上述各种排水检查井已有比较成熟的产品标准，规格型号齐全，可作为乡村排水系统检查井设计、施工、验收及运行维护管理的依据。常用排水检查井比较情况如表8-6所示，常用的排水检查井如图8-6所示。

常用排水检查井比较　　　　　表8-6

比较项目	砖砌检查井	现浇混凝土检查井	塑料检查井	预制装配式钢筋混凝土检查井	混凝土模块式检查井
抗浮性能	较好	好	弱	好	好
抗渗性能	弱	一般	好	一般	一般
水力性能	一般	一般	好	一般	一般
耐压强度	一般	好	一般	好	好
基础处理要求	一般	较低	较高	较低	较低
施工难易	施工复杂，时间长	施工复杂，工序多	施工简单，速度快	施工简单，速度快	施工简单，速度快
经济性能	造价低，使用年限长	造价较一般，使用年限长	造价高，使用年限长	造价一般，使用年限长	造价一般，使用年限长
日常维护	简单	简单	复杂	简单	简单

塑料排水检查井是近年来在国外应用较成熟的排水新技术，在日本和欧美等国已得到普遍使用。目前，塑料排水检查井在我国城镇排水管网中也得到大量应用，并逐渐占据工程主导地位。由于砖砌或混凝土检查井为砖砌结构，塑料排水管道系统中两种不同材质的连接难以做到完全密封，另外井体与排水管间会产生不均匀沉降，造成管道和检查井连接处经常出现渗漏并污染地下水，因此，砖砌或混凝土检查井难以适应现代城镇排水工程建

设的发展需求，塑料排水检查井慢慢取代砖砌或混凝土检查井，必将成为未来城镇排水工程建设得到不断研究和应用发展的产品。未来乡村排水工程建设中，由于乡村建设资金不富裕和日常维护技术低等因素影响，传统排水管材、排水检查井未来一段时间内在乡村还会得到一定应用的，但塑料排水检查井拥有水力条件好、施工安装简便、占地面积小、节约能源等诸多优势，符合国家可持续发展的基本国策，未来几年随着技术的发展，塑料排水检查井必将克服耐压强度低、制作成本高等缺点，成为乡村排水系统建设的理想产品。

(a) 砖砌排水检查井

(b) 塑料排水检查井

(c) 装配式钢筋混凝土排水检查井

(d) 混凝土模块式排水检查井

图 8-6　城镇常用排水检查井

3. 排水提升设施

城镇传统的排水提升方式是"井＋泵"式，应用比较广泛，有比较成熟的产品标准，规格型号齐全。近些年来，新兴发展起来的一体化预制泵站、真空排水等排水提升技术和产品，在城镇污水、雨水提升工程中也得到了快速地推广应用。城镇现有排水提升技术和产品可作为乡村排水提升设施设计、施工、验收和运行维护管理的依据。不同排水提升方式比较情况如表 8-7 所示，排水提升装置如图 8-7 所示。

不同排水提升方式比较　　　　　　　　　　　　　　　　　　表 8-7

比较项目	"井＋泵"式	一体化预制式	真空式
土建要求	占地面积大，需设下沉式集水池，池顶板需预留孔洞	占地面积较小，不需要集水池，装置需下沉放置，需设基坑	占地面积小，设备不需要下沉放置
安装	安装复杂	安装简单	安装复杂
设备	设备常用，选择性大	设备常用，选择性大	生产厂家较少
卫生	密闭性差，臭气外逸	全封闭，卫生条件好	负压全封闭，卫生条件好
运营维护	需定期维修清掏	干式安装，易检修	运营较复杂，运营电费较高
造价	较少	高	较高

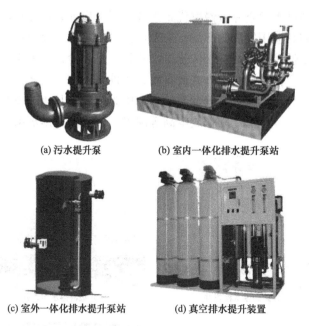

(a) 污水提升泵　　　　(b) 室内一体化排水提升泵站

(c) 室外一体化排水提升泵站　　　　(d) 真空排水提升装置

图 8-7　城镇排水提升装置

很多乡村地区地势复杂，污废水、雨水不能重力流排除，需要设置排水提升设施。"井＋泵"和一体化预制泵站是近期乡村主要选择的排水提升方式，建设资金不充裕的选择"井＋泵"式，维护管理复杂些但造价低；建设资金充足的选择一体化预制泵站，造价高但维护管理方便。真空排水如果仅仅用于乡村排水提升，与前两种排水提升方式相比较，在乡村应用中不具优势，不但初次造价高，而且后期运营管理费高，维护复杂，不提倡应用。真空排水技术除了具有排水提升的功能外，也是源分离生态排水系统的关键技术。目前，全社会正在构建面向资源化的生态排水系统，真空源分离生态排水模式是未来面向资源循环利用的主要卫生排水模式。

4. 化粪池

城镇常用化粪池有砖砌化粪池、钢筋混凝土化粪池、玻璃钢化粪池、沉管式化粪池、预制装配式化粪池等多种形式，如图 8-8 所示，上述各类型化粪池都有比较成熟的产品标准，规格型号齐全，乡村排水系统中的化粪池可参照上述化粪池产品和标准图集进行设计、施工、验收和运行维护管理。常用化粪池比较情况如表 8-8 所示。

常见化粪池比较（以 50m³ 化粪池为标准）　　　　表 8-8

比较项目	砖砌化粪池	混凝土化粪池	玻璃钢整体式化粪池	沉管式化粪池	预制装配式钢筋混凝土化粪池
占地面积（m²）	35.96	27.9	24	44.28	26.88
井盖数（套）	3	3	3	2	6
造价（万元）	10.15	11.39	13.37	10.73	8.18
特点及适用条件	施工较复杂，养护期比钢筋混凝土粪池短，施工时间较长，造价不高	施工较复杂，养护期长，施工时间长，造价较高	施工简单，工期短，焊砂，不易渗漏，造价高	施工简单，遇水大，土层有石块或大弧石不适用，施工时间短，造价中等	施工简单，适合各种地层，施工速度快，造价低

续表

比较项目	砖砌化粪池	混凝土化粪池	玻璃钢整体式化粪池	沉管式化粪池	预制装配式钢筋混凝土化粪池
优点	污水净化效果好	污水净化效果好	施工简单，速度快，不易渗漏	施工简单，速度快造价中等	施工简单，速度快，造价低
缺点	施工速度慢，工艺较复杂，易渗漏	施工速度慢，工艺较复杂，比较易渗漏	如果化粪池的玻璃钢池体质量不好，易老化坍塌，严重影响使用寿命和安全	污水净化效果不好，只适用多层建筑，用于高层建筑则占地面积太大，易渗漏	污水净化效果不好，易渗漏

(a) 砖砌化粪池

(b) 钢筋混凝土化粪池

(c) 玻璃钢化粪池

(d) 沉管式化粪池

(e) 预制装配式化粪池

图 8-8　城镇常用化粪池

近些年来，城镇常规集中卫生排水模式的种种弊端日益凸显，除处理成本高外，还有过度开发有限的可再生水源，污染土壤、地表水和地下水，不能回收常规理疗仪废水中有价值的营养成分，增加去除污染物难度等问题。未来在构建面向资源化的乡村卫生排水系统中，化粪池技术由于具有结构简单、运行维护方便和成本低廉等优点，是乡村排水系统中最关键的一项技术。常规化粪池通过改变化粪池的结构和运行方式，可以达到强化型化粪池处理效果。目前，新型化粪池技术研究成果有沼气化粪池、UASB（升流式厌氧污泥床反应器）型化粪池、填料型化粪池、折流板型化粪池等，这些新型化粪池都是非常适用于乡村地区的污水处理达标排放和资源化处理回用的。如存在大量可被利用沼气原料（农作物秸秆、畜禽粪便等）的乡村地区，可选取沼气型化粪池；采用源分离生态卫生模式的乡村生活废弃物（粪尿、厨余垃圾和少量水），可以采用 UASB 型化粪池、升流式化粪池进行资源化处理；没有可被利用原料的乡村地区，通过对化粪池技术改进，升级填料型化粪池、折流板型化粪池，强化处理效果，可以实现人粪尿等的卫生和无害化标准处理，最终以有机肥形式被资源化利用。我国乡村地区的社会经济发展以及自然条件差异较大，全面推广以水冲厕所为标志的卫生技术既不现实也无必要，强调粪尿的收集管理、污水回用以及就地资源化利用，是未来面向资源化的乡村卫生排水系统的发展方向，各种新型化粪池技术产品将会得到不断的研究、开发和推广应用。

5. 真空排水系统

真空排水系统是指利用真空设备，使管道内产生一定的真空度，利用管道内的真空压力梯度，实现污水远程输送，从而实现污水收集排放的一种卫生排水方式。真空排水系统，自 19 世纪荷兰工程师首先提出，并建立世界上第一套真空排水系统以来，已经历了近 200 年的发展历史，在欧洲、美国、日本及澳大利亚等发达国家和地区，得到了广泛应用，形式多种多样。目前，国内已建设有一些乡村污水真空排水系统案例，存在良莠不齐的情况，但不乏成功且运行良好的案例。现阶段，国内对真空排水系统的"基本理论、设计原理、计算方法"等还需要进一步研究，急需要制定真空排水系统国家或行业产品标准。

真空排水系统与传统的重力排水系统相比，有下列优点：

（1）便于实现污水资源化处理。真空排水系统，既可以实现源头污水的"混合真空排放"，也可以从源头分别对"黑水、灰水"进行分流处理，即"真空源分离"的污水分类收集及治理的解决方案，为粪尿（黑水）资源化处理提供了重要的途径，也给其他污水（灰水）的就地治理、循环利用提供了便利条件。

（2）环保卫生性能好。真空排水管道系统内始终为负压状态，能确保排水通畅、防止污水泄漏、防止浊气入室等，避免了重力排水系统地漏、检查井等非密封处对外散发臭气的弊端。

（3）适用性强。真空排水系统由于具备"管径小、流速快"等特点，在克服"地形、地貌、地势、地质"等方面具备很大优势，不仅能有效克服"入村难、入户难"的问题，而且也可确保很高的"污水收水率"，并节省很大的中途提升泵站的建设及运行费用。

（4）施工简便。真空排水系统的真空管道敷设灵活，特别适合丘陵、河川等地表起伏较大的地区，以及地下水位高、土壤稳定性差、地下有管道、河岩石等障碍物的复杂地形，加上真空管道"管径小、能抗冻"的特性，使得真空管道无须埋在"冻土层"以下，使得真空排水系统施工简便。

我国广大乡村地区，与欧美等国家相比，其显著不同在于，我国乡村的人口居住密度比较大。例如，城郊周边地区、小城镇地区、城中村地区等，而这些地区面临最大的问题就是"污水纳管难题"，进而带来"污水治理难题"。随着真空排水系统的发展与应用，为我国人口密集度较大的广大乡村地区的生活污水"收水、治水"，提供了一个新的解决方案。目前，我国有很多乡村地区，已经开始尝试建设和使用真空排水系统，实现乡村污水的收集及污水资源化处理，如一些经济发达的乡村，已经开始尝试采用"真空源分离"的污水治理综合解决方案，以实现粪尿资源化的再利用工程。

未来我国乡村实施真空排水系统的研究与发展方向，主要有下列几方面：

（1）真空排水收集终端，即确定污水以何种方式进入系统；

（2）真空排水管道，即确定如何在真空管道中输送污水；

（3）真空工作站，即如何将收集至真空工作站的污水及随之而来的大量气体排出系统。

随着真空排水技术日益成熟、产品的标准化以及人们对环境问题的日益关注，真空排水技术在乡村排水系统建设中会得到越来越广泛的应用。

8.3.3　污水处理及回用系统

乡村生活污水主要包括洗涤、沐浴、卫生洁具、冲刷地面及少量饲养家禽等排水，水量水质变化大、处理规模小且分散，间歇性排放，具有与城镇生活污水不同的特点。根据城镇污水处理技术研究成果和工程运行经验，目前，可适用于乡村生活污水处理回用技术及产品，如表 8-9 所示，这些技术及产品在城镇中大多已有比较成熟的产品标准，可作为乡村污水处理回用设计、施工、验收及运营维护管理的依据。

适用于乡村的城镇污水处理技术及产品　　　　　　　　　　表 8-9

技术分类	产品分类
物化处理技术	沉淀、过滤、混凝、吸附和消毒设备等
生物处理技术	活性污泥法、化粪池、沼气池、氧化沟、SBR、生物膜法等
生态处理技术	生物滤池、人工湿地、稳定塘、土地渗滤等
组合处理技术	厌氧接触池＋人工湿地净化、沼气池（或化粪池）＋人工湿地等

我国地域广阔，各地区乡村经济发展水平，生产、生活方式，人文、地理特征等条件有很大差异，污水处理回用工艺流程也是不一样的，主要有三种情况：

（1）经济发达、规模大且用地紧张的乡镇，优先采用污水处理回用工艺，即污水管网—厌氧（或化粪池）—好氧处理（适宜各地的污水处理技术）—沉淀—过滤—除臭消毒—回用，该工艺的污水先经过厌氧发酵处理后，可以去掉污水中部分有机物，再用常规好氧处理，然后出水经过消毒除臭回用于当地居民冲厕所、绿化浇灌、道路冲洗等；

（2）经济发达、规模小且用地紧张的乡镇，优先采用微动力充氧好氧生物处理加土壤渗滤工艺，即污水管网—厌氧（或化粪池）—好氧处理（适宜各地的污水处理技术）—土壤渗滤—回用，该工艺的好氧处理可以采用固定生长型反应器，土壤渗滤可以选择绿化用地等，经处理的污水可回用农田灌溉用水；

（3）规模小且闲置土地多的乡镇，优先采用生态处理工艺，即污水管网—厌氧（或化粪池）—生态处理（适宜各地的污水处理技术）—回用，生态处理单元的形式多种多样，如土壤渗滤、生物氧化塘、湿地处理以及它们的组合工艺技术，经处理的污水可回用农田灌溉用水。

乡村常用生活污水生物生态处理技术比较情况，如表 8-10 所示。

常见乡村生活污水生物生态处理技术比较 表 8-10

分类	基本原理	主要技术与产品	适用范围	优缺点
好氧生物处理	利用好氧微生物进行生物代谢	SBR、A/O、生物滤池、生物膜法	常用于经济条件较好污水处理要求较高的地区	污水处理效果好，占地少；采用机械曝气，运行费用高
厌氧生物处理	利用厌氧微生物降解有机物	三格化粪池、沼气池	一般用于处理系统的最前端，适用于我国大部分地区	投资少、维护简单，有能量回收
土地处理系统	利用土地、植物和微生物协同去除水中的污染物	地下渗滤、人工湿地	常用于土地资源丰富的地区；不适用于高浓度污水的处理	处理效果好；水力负荷低；占地面积大；受气候影响较大
稳定塘系统	利用天然净化能力对污水进行处理	高效藻类塘、水生植物塘	适用于土地资源丰富的地区；对高温、高浓度的有机废水有很好的去除效果	能有效去除污水中的有机物和病原体；占地面积大、受气候影响大

目前，我国乡村地区污水处理设施建设相对滞后，城市管网很难覆盖到乡村地区，所以适合城市地区的大型集中式污水处理设施在乡村有很大的局限性，不能全部照抄照搬地应用于我国全部乡村。对于乡村地区而言，污水处理设施建设、运营管理资金短缺，是制约乡村污水处理工作顺利进行的主要因素，因此乡村污水处理回用模式的适用性，主要表现在污水处理回用低成本性上面。对于不能接入市政污水管网模式的乡村，有集中处理回用模式和分散处理回用模式。集中处理回用模式需要建设比较完善的污水处理系统，有比较完善的污水收集和回用管网，投资费用较高；分散处理回用模式是从源头出发，将污染源分类收集，对不同水质的污水进行不同程度的处理和回用。分散处理回用模式较集中处理回用模式具有建设成本低、运营管理简单等优势，更适合在经济条件水平低、居住分散的乡村地区推广应用，而且分散处理回用无论从能耗角度还是从主要污染物的净化率、流程工艺角度考虑，小型分散型生活污水处理回用模式在乡村地区均有很好的应用前景。建设成本低、处理技术简单、操作简便的分散污水处理回用模式及集中、分散处理相结合的回用模式是未来乡村应用和发展趋势。目前，乡村比较适用的分散污水处理技术及产品如图 8-9 所示。

近些年来，经济发达的省份也已充分认识到未来乡村污水分散处理的重要性，积极开展研究，采用一些实用、合理、低能耗和低运行费用的技术来分散处理乡村污水，积累了很多成功经验，提出了一些适用于乡村的分散污水处理回用工艺技术，如表 8-11 所示，以及适用于不同地区乡村、不同情况的污水分散处理技术与产品更为详细的分类，如表 8-12所示。乡村分散污水处理回用系统产品研发方向是强调污水处理和资源化利用，分质就地处理回用，尽可能回收污水中的营养物质，并且要求工艺简单、处理效果有保证、运行维护简便，表 8-11 和表 8-12 中各种污水处理技术、产品，是未来各地乡村分散污水处理回用系统产品开发、研制及推广应用的方向。

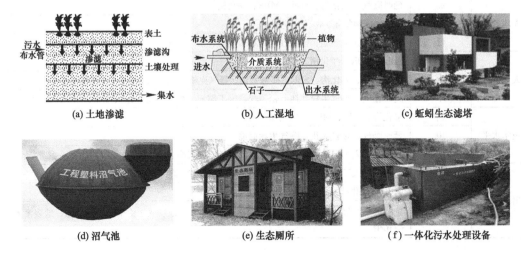

图 8-9　乡村常用分散污水处理技术及产品

乡村污水分散处理工艺技术　　　　表 8-11

初级处理工艺	主体处理工艺			
	人工系统		自然系统	
	传统工艺	新工艺	水体系统	土壤系统
分离式系统 化粪池 Imhoff 池 初沉池	活性污泥法 氧化沟 SBR 反应器 生物膜法 曝气生物滤池	膜-生物反应器（MBR）	稳定塘	人工湿地 慢速砂滤 地面漫流
一体化系统	净化槽			
	净化沼气池			

不同乡村地区分散污水处理技术与产品分类　　　　表 8-12

指标	属性	建议采用的技术与产品
地形	平原	延时曝气、氧化沟、SBR、接触氧化、曝气生物滤池、MBR、稳定塘、人工湿地、慢速砂滤、净化槽、沼气净化池
	山地	氧化沟、SBR、接触氧化、曝气生物滤池、MBR、稳定塘、人工湿地、慢速砂滤、地表漫流、净化槽、沼气净化池
气候	南方	延时曝气、氧化沟、SBR、接触氧化、曝气生物滤池、MBR、稳定塘、人工湿地、慢速砂滤、地表漫流、净化槽、沼气净化池
	北方	延时曝气、氧化沟、SBR、接触氧化、曝气生物滤池、MBR、净化槽
政府收入	高	延时曝气、氧化沟、SBR、MBR、净化槽
	中	氧化沟、接触氧化、曝气生物滤池、人工湿地、慢速砂滤、地表漫流、沼气净化池
	低	稳定塘、人工湿地、慢速砂滤、地表漫流、沼气净化池

指标	属性	建议采用的技术与产品
人均收入	高	延时曝气、氧化沟、SBR、MBR、净化槽
	中	SBR、接触氧化、曝气生物滤池
	低	稳定塘、人工湿地、慢速砂滤、地表漫流、沼气净化池
人口密度	大	SBR、MBR、净化槽
	中	延时曝气、氧化沟、SBR、接触氧化、曝气生物滤池、人工湿地、沼气净化池
	小	延时曝气、曝气生物滤池、稳定塘、人工湿地、慢速砂滤、地表漫流、沼气净化池
技术水平	高	氧化沟、SBR、MBR、净化槽
	中	延时曝气、接触氧化、曝气生物滤池
	低	稳定塘、人工湿地、慢速砂滤、地表漫流、沼气净化池
出水要求	灌溉	稳定塘、人工湿地、地表漫流、净化槽、沼气净化池
	高级回用	MBR、净化槽
	直接排放	延时曝气、氧化沟、SBR、接触氧化、曝气生物滤池、人工湿地、慢速砂滤、地表漫流、净化槽

8.3.4 雨水收集及回用系统

近些年来，城镇雨水利用工程建设方兴未艾，得到长足发展，城镇雨水利用工程设计与建设的标准化，材料与设备的系列化、成套化，为乡村雨水收集回用工程建设提供了比较成熟的技术与产品支持，如城镇雨水收集、蓄水、净化等产品设备，可作为乡村雨水收集回用系统设计、施工、验收及运行维护管理的依据。

广泛应用于乡村的雨水蓄水设施主要有水窖、水池、水窑、水罐及水箱等产品类型，如图 8-10 所示，在其结构方面，各有优缺点。上述各类型的雨水蓄水设施，虽然目前在生产实践中均有使用，但在不同乡村地区的地质、建筑材料、结构形式等条件下究竟何种类型更为经济，至今还没有建立起一套完善的评价体系；有关蓄水设施结构形式及防渗衬砌材料方面，已有大量实践经验和单项研究成果，但现有蓄水设施结构形式、施工技术、防渗抗冻技术等方面还存在许多问题，需要进一步改进与完善；同时一些新材料与结构蓄水设施也有待于进一步开发利用。所有这些，为未来乡村雨水蓄水设施技术发展提出了更高要求。

雨水净化设施是乡村雨水收集回用系统的重要组成部分，为了使收集的雨水尽可能满足用水水质要求，需要设置技术简单且易于维护管理的沉砂池、过滤器、净水设备等雨水处理设施，如图 8-11 所示。调研中发现，做好入雨水蓄水设施前的净化工作是十分必要的，由于没有经过科学实验，乡村大多数设置的沉砂池处理效果不是很理想。沉砂池应如何科学设计，过去未曾受到人们足够重视，其结构形式多种多样、不规范，未形成产品标准；常见的有矩形或梯形断面的单厢式、正方形断面的井式等。对沉砂池进行科学实验，论证选择合理的结构形式，并使之标准化，对推进乡村雨水回用技术的健康发展，具有重要的现实意义。

我国乡村雨水收集回用历史悠久，积累了许多成熟的应用型技术，如水窖蓄水技术、农艺保水技术、雨水高效收集回用技术等。这些技术简单易行，实用性强，效果显著，为广大缺水乡村地区所认可和接受，得到了广泛的应用，但不足之处是雨水收集回用技术的集成度不够，导致雨水收集、储存和回用效率不高，严重影响着雨水收集回用技术的进一步发展。因此，未来迫切需要针对乡村雨水收集回用系统各种构成开展先进实用的人工集流面材料与建造技术、高性能防渗材料与蓄水结构技术、集约化高效农业与节水灌溉技术等研究，为乡村雨水收集回用技术的可持续发展奠定基础。

(a) 混凝土雨水窖　　　　　　　　　(b) 塑料雨水窖

(c) 地上雨水罐　　　　　　　　　　(d) 玻璃钢雨水罐

图 8-10　乡村常用雨水蓄水设施

(a) 沉砂池　　　　　　　(b) 过滤器　　　　　　　(c) 雨水净水设备

图 8-11　乡村雨水净化处理设施

8.4　乡村给水排水系统运营管理

8.4.1　给水系统

　　乡村给水系统设施建成后，保持长期良性运营是乡村安全饮水的重要保证。调研中发现，我国大部分乡村地区给水系统管理存在着管理体系不健全、运行机制不完善、监管机制缺失以及运行维护经费不足、专业人才缺乏等问题，是乡村饮水安全的突出隐患。解决乡村给水系统运营管理中存在的问题，除了相关责任方要提升水平、改善管理外，各乡村根据当地具体情况，应重视和加强开展下列几方面工作。

1. 完善乡村饮用水法律法规和标准体系，保证乡村饮水管理安全

加快修订《生活饮用水卫生监督管理办法》，制定《农村饮用水卫生管理与监督条例》，防治乡村水源污染，保障乡村饮水安全；加强乡村饮用水相关标准规范的制定和修订工作；加快制定饮用水水源水质标准，修订完善地表水和地下水质量标准等。特别要针对乡村简易分散式供水的现状，重新修改或制定现行规范性文件，保证小、散、远地区村民的饮水安全。

2. 完善各级政府相关部门工作机制，落实部门责任，发挥协同作用

乡村给水涉及发展改革、水利、卫生、环保、财政、教育、农业（农垦）、林业、国土资源等部门，因此各相关部门应协调一致，做好相应管理与监督工作。建立有效的以政府为主的多部门饮用水卫生安全风险预警定期通报机制，使以政府为龙头的各部门形成上下贯通、左右衔接、互联互通、互有侧重、相互支撑的多元化的良好合作势态。各级政府应高度重视加强对生活饮用水的领导管理，将乡村生活饮用水供水安全纳入乡镇年度考核或美丽乡村建设考核指标评价中，切实提高乡村生活饮用水管理工作的积极性。

3. 健全相关运行管理机制，落实各项保障措施

乡村给水系统设施要保持长期良性运行，必须建立健全运行管理机制，落实好以下几项保障措施。一是要加强对水源地的保护与监管，确保水质安全。水厂和责任部门应定期派人对水源地进行监管巡视，防止工业废水、生活污水非法排入水源地。二是强化水质消毒、检测等常态化管理。对于未配备消毒和水质检测设备的水厂，应以补贴配备的方式按要求购置必要的水质检测设备，同时明确水厂自检项目和水质检测指标，建立健全自检机制，并通过对水厂管理人员的培训，使其具备一定的水质检测能力。三是建立常态化监管机制。市县水务局是乡村给水系统设施建设、运维职能关联度最高的单位，要通过明确职责和相应法规，让相关的部门各司其职和依规协同；区域卫生部门应负责乡村给水水质卫生及管理，确保乡村自来水的定期消毒和检验；环境部门应负责建立或划定水资源保护区，确保水资源的永续利用；集中给水系统的水厂内部应该建立健全相关运行管理机制，明确和实化相关操作规程，落实岗位责任制和定期考核机制。通过各方的通力合作，确保乡村给水系统设施稳定高效运行。

4. 统筹财政管理，落实财政补贴，维护、巩固、升级系统设施

乡村给水工程是乡村基础设施建设的重要组成部分，保证给水设施正常运行十分重要。建议有条件的乡村地区均由政府全面统筹乡村给水系统建设和维护的各项经费，加大乡村改水资金投入量，对不符合卫生要求的给水系统设施进行周围环境改善和技术改造，尽快完善水质处理和消毒设备；增加水质检测和日常运维的经费投入，保障水源环境清洁、消毒设备正常运转和水质检测合格，为村民解决安全饮水问题。

5. 加强专业人才队伍建设，提高管理人员业务素质

乡村给水系统设施管理人员素质直接关系到供水设施的正常运行，关系到饮用水的水质。现在多数乡村供水设施的管理人员、供水人员文化水平较低，对新设备的使用理解和应用程度达不到应有的效果。乡村给水系统设施主管（水务）部门应拿出专门资金，加强乡村给水系统设施管理人员的技术培训，定期、分批、有针对性地开展免费培训，制定相应的培训考核制度，推行持证上岗；同时通过购置相关专业书籍，邀请专家专题讲座，以及开展业务知识竞赛等途径，让管理人员有学习知识和交流经验的机会。通过培训和学习，使管理人员掌握各类机械设备和消毒设备的操作规程，能独立地对水质进行日常检测。

8.4.2　排水系统

调研中发现，很多乡村生活排水和污水处理设施良性运行很困难，有许多污水处理设施成了闲置工程，原因主要有乡村生活排水和污水处理的政策法规与技术标准缺失、管理体制未理顺、环境污染治理理念缺乏以及日常运行维护资金不足、专业人才缺乏等等，因此，各地乡村生活排水和污水处理应根据当地具体情况，积极研究和开展以下几方面的工作。

1. 完善乡村生活排水和污水处理政策法规、技术规范，保证乡村生活排水和污水处理设施运营管理有法可依

国家及相关部门应尽快出台乡村排水和污水处理方面的政策性文件，对乡村生活污水排放控制工作提出具体要求。各地区根据自身发展形势，研究制定本地乡村生活排水和污水处理方面的政策法规及管理规范，明确工程建设与管理、资金使用与管理、监督与考核等内容，指导本地乡村生活排水和污水处理工作的开展。尽快研发适合本地的乡村污水处理技术工艺，并将相应的设计规则、操作规范等上升为标准化的技术规范，促进管理工作科学开展。

2. 完善乡村排水管理体制，健全相关组织机构

强化水利、环保、建设等部门之间的协商协调机制建设，促进部门之间工作的沟通、配合和支持，加强各部门在乡村生活排水及污水处理设施的规划、建设、运行、监管等环节的合作。围绕实现城乡水公共服务均等化目标，深化水务一体化体制改革并延伸到乡村，以水务局来统筹城市和乡村的排水行政事务，实现城乡给水排水一体化。健全基层水利服务机构，赋予其排水与污水处理服务和监管职能，加大管理能力和硬件设施建设。

3. 加大宣传教育，引导村民积极参与和监督

乡村生活污水排放控制与村民日常生产生活密切联系，需要村民群众的高度认同和积极参与。需要大力发展乡村教育，提高村民的文化程度和综合素质，明白保护环境的重要性。通过定期宣传、开展教育活动等，普及环保知识，宣传乡村生活污水处理的重要性和相应的处理措施，使村民自觉自愿地加入到乡村生活污水处理的管理工作中去。

4. 拓宽资金渠道，加大资金投入力度

乡村生活排水和污水处理工作是一项非常繁琐又非常利民的一项工程，国家和地方政府要重视乡村生活排水和污水处理，了解它的重要性。要大力推进乡村生活排水和污水处理的相应政策的实施；资金问题要依据政府投入、企业参与、地方补贴政策相结合，鼓励社会各级组织将资金投入乡村生活排水和污水处理项目中，这样才能保证乡村生活排水和污水处理系统的运行得到有序健康发展。

5. 加强技术研发和专业培训，提高运行管理水平

乡村生活排水和污水处理的运行、维护和管理需要以一套成熟的技术推广体系和专业队伍作为基础支撑。首先，加大科研投入，利用国家重大水利和环保专项资金、公益行业科研专项等国家科研项目渠道以及地方的相关科研项目渠道，激励大专院校和科研机构开展适宜的乡村生活污水处理技术工艺研发。其次，把乡村排水和生活污水处理行业的人才培养纳入各级政府人才培训计划，并作为进一步推进乡镇基层水利服务体系建设的重要部分，对负责乡村排水和污水处理设施运行养护的专业服务人员建立上岗培训和持证上岗制度，提高人员专业化水平，形成一支过硬的专业管理和技术队伍。

8.5 乡村智慧水务建设

智慧水务是"智慧地球"发展理念在给水排水行业中的应用，它主要基于物联网、新一代移动宽带网络、大数据、云计算、智能决策等我国新兴战略性产业，将一切物体与互联网连接以进行给水排水信息的实时感知、传输、交换与共享，并通过深度的数据挖掘、分析与计算完成智能识别、定位、决策与管理，其基本工作方式为信息采集、存储管理、集成分析、可视化模拟，提供查询、检索、输出、更新、追踪等功能，通过物联网技术，将用户端延伸和扩展到任意设定的节点，进行信息交换和通信，对执行机构的动作进行远程控制和调整。目前，针对城市给水排水系统的智慧水务工程建设和应用研究较多，而乡村给水排水系统的智慧水务工程建设和应用研究报道较少。

调研中发现，由于我国乡村水务工程特点，决定了乡村智慧水务的建设尤为必要。我国乡村水务工程特点主要有：

（1）专业人员缺乏。乡村的维护管理人员只能完成简单的设备、管道更换，对于设备维护、水质监测、水质检测等专业化程度较高的工作难以胜任。

（2）地域分布极广。乡村给水排水动力中心存在小、远、散的特点，给水排水系统各个控制节点分布范围极广，如果由专业人员巡视，一个镇的村庄巡检一次，可能需要一周时间甚至更多，面对突发事故难以及时赶到现场。

（3）管理制度不完善。面对突发事件没有预案，各个乡村基层干部对给水排水工程突发事件敏感性不足、对污染事件对策不明、对灾难性后果的危害估计不足，一旦出现水质污染事件有可能出现局势失控或产生二次灾害。

（4）资金投入渠道不畅。乡村水务工程建设没有固定资金投入，各个乡村工程建设资金来源各异且可持续性不强。

（5）水务收费制度不完善。乡村给水基本不收费，个别乡村按 1.50 元/t 或 10 元/月收费；广大乡村排水尚未发现收费情况，甚至个别村民对建设村镇排水管网有抵触情绪。给水不收费，造成乡村村民节水意识淡漠，浪费水资源情况严重，有的村民守着河流却用自来水浇地。排水不收费，造成乡村排水工程建设资金严重不足，排水工程严重缺失，村一级区域基本上没有排水管网及排水处理措施。

未来乡村智慧给水建设，要利用信息技术手段实现对从水源地到水龙头的整个给水过程的实时监测管理，采取统一开发、统一部署的建设模式，构建从区域到全国的饮水安全在线监测系统，包括乡村饮水安全水质监测信息管理、水质化验信息管理、水质信息分析及预警，以及水质在线监测 APP 等，制定合理的信息公示制度，保障村民用水安全。具体如下：

（1）水质监测信息管理。通过建立水厂水质在线监测系统，各级管理者可以实时监测水厂出厂水的主要水质指标，并通过地图导航、菜单查询等方式对实时监测信息、历史数据、统计信息进行查询。

（2）水质化验信息管理。水质化验信息管理通过实时上报水厂日检水质指标数据和县级水质检测中心巡检数据，使运行管理人员了解生产运行各阶段的水质情况，并及时调整处理方案，保障给水水质。

（3）水质信息分析及预警。水质信息分析及预警可以随时查看水质在线监测数据，并对数据进行分析，结合历史数据，了解水质变化趋势。同时，系统依据相关标准设置各项水质参数报警阈值，当监测值达到阈值时，系统根据报警级别，通过手机 APP 推送等方式通知相应级别的管理人员。

（4）水质在线监测 APP。通过在线监测系统 APP，在手机等移动设备上随时查看水厂出水的有关指标，及时发现水质异常情况，方便管理人员快速响应，及时解决。

针对乡村生活污水处理在传统模式中存在规模小、站点多且分布面广、不利于专业管理的特点，未来乡村智慧污水处理的建设方向，可以利用物联网技术建立"智慧污水处理系统"，进行远程集中管理，进行"智慧治水"。"智慧污水处理系统"主要包括乡村生活污水处理设备及远程管理平台两部分，可通过传感器、控制设备及 GPRS 技术，建立乡村"智慧水务系统"，进行乡村生活污水的治理。乡村"智慧污水处理系统"可以实现手机客户端远程监控，及对上百个站点远程统一集中管理，可以实时收集流量、流速、水质指标等，利用后台的大数据进行分析整理，优化曝气时间、曝气量、回流泵运行等运行参数，达到减少管理人员、降低能耗、延长设备运行寿命等效果，同时，乡村"智慧污水处理系统"可为乡村生活污水处理提供大数据平台，为不同工艺的站点提供具有参考价值的运行参数等。

乡村智慧水务数据平台应用实例如图 8-12 所示。

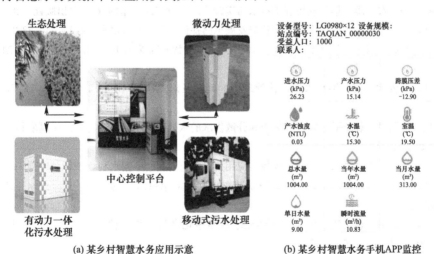

(a) 某乡村智慧水务应用示意　　　(b) 某乡村智慧水务手机APP监控

图 8-12　乡村智慧水务应用

智慧水务体系已在我国城市水务管理中得到了广泛的应用与实践检验，智慧水务体系不应只局限于城市应用，还应被积极推广到我国广大乡村地区以支撑乡村给水排水工程的现代化建设，改善乡村生活环境、提高农业生产效率、提升乡村生态水平。随着物联网、移动网络、大数据、云计算等高新技术的迅速发展，我国乡村智慧水务建设已成为必然趋势。

参 考 文 献

[1] 王晶. 农村给排水研究 [J]. 农村实用科技信息，2014 (3)：37.

[2] 曾令芳. 简评国外农村生活污水处理新方法 [J]. 中国农村水利水电，2001 (9)：30-31.

[3] 王慧斌. 新农村建设给排水系统规划问题的探讨 [J]. 师范学院学报（自然科学版），2006，5 (4)：137-139.

[4] 李云骧，裴铁鹏，祝伟. 农村饮水工程建设探讨 [J]. 中国水运（理论版），2007，5 (5)：54-55.

[5] 刘学功，刘文朝，崔招女. 农村供水工程发展模式及工程规划设计应注意的问题 [J]. 中国水利，2005 (17)：59-61.

[6] 卢广儒. 农村供水工程规划设计体会 [J]. 青海水利，1996 (1)：12-14.

[7] 曹井国，宁立群，段书惠，等. 我国城镇给水排水行业工程建设及产品标准体系对比分析 [J]. 给水排水，2016，42 (1)：102-108.

[8] 张大群，金宏，刘瑶. 城镇污水处理设备标准体系研究 [J]. 给水排水，2009，35 (3)：105-106.

[9] 李文. 适宜村镇供水的消毒技术研究 [D]. 石家庄：河北工程大学，2012.

[10] 孙士权. 村镇供水工程 [M]. 郑州：黄河水利出版社，2008.

[11] 刘玲花，周怀东等. 农村安全供水技术手册 [M]. 北京：化学工业出版社，2005.

[12] 上海市政工程设计研究总院（集团）有限公司. 给水排水设计手册 第三册 城镇给水（第三版）[M]. 北京：中国建筑工业出版社，2016.

[13] 金彦兆，等. 农村雨水集蓄利用理论技术与实践 [M]. 北京：中国水利水电出版社，2017：9.

[14] 杨继富，李斌. 我国农村供水发展现状与发展思路探讨 [J]. 农村水利，2017，7：23-25.

[15] 邵岳，王本进，赵睿. 北京市农村集中式供水管理现状及对策研究 [J]. 中国卫生法制，2018，3：56-59.

[16] 易竞豪，王敦球. 农村供水水厂运营管理中的问题及对策研究 [J]. 工程经济，2017，11：48-52.

[17] 孙长贵，艾阳泉，魏新平. 农村小集中和分散供水的水处理技术与设备 [J]. 中国农村水利水电，2013 (2)：52-54.

[18] 贾燕南，胡孟. 农村供水消毒技术选择与应用要点分析 [J]. 中国水利，2016，1：11-12.

[19] 黄功洛，李孟. 以超滤为核心一体化净水装置在闽清应急供水中的应用 [J]. 给水排水，2017，43（增刊）：41-42.

[20] 薛英文，马天佑，董文楚. 压力式一体化净水器净化微污染水试验 [J]. 武汉大学学报（工学版），2010，43 (5)：634-637.

[21] 修军军. 小型乡镇一体化处理设备净水水厂应用 [J]. 建材与装饰，2019 (4)：202-203.

[22] 范功端，苏昭越，林茹晶，等. 村镇三圆式一体化净水装置改造及调试运行 [J]. 中国给水排水，2016，32 (15)：9-13.

[23] 余根坚，刘行刚，杨继富. 饮用水一体化净水设备技术参数及认证关键技术研究 [J]. 水利技术监督，2012 (5)：11-14.

[24] 陈火明，卢尚华. 高效微絮凝净水技术的应用 [J]. 铁道劳动安全卫生与环保，2006，33 (5)：261-263.

[25] 赵克润. 一体化净水技术在凉州区农村饮水工程中的设计应用 [J]. 农业开发与装备，2017 (7)：70.

[26] 贾会艳. 水库水净水厂技术设计用 [J]. 山西建筑，2016，42（24）：130-131.

[27] 肖飞鹏，闫九球，黄伟军，等. 农村集中式供水一体化净水设备技术与技术性能比较分析 [J]. 广西水利水电，2017（6）：89-93.

[28] 蒋绍阶，潘畅，朱敬平，等. 新型螺旋斜板一体化净水设备在村镇供水中的应用 [J]. 给水排水，2014，40（增刊）：7-9.

[29] 住房和城乡建设部工程质量安全监管司，中国建筑标准设计研究院. 全国民用建筑工程设计技术措施（2009）给水排水 [M]. 北京：中国计划出版社，2009.

[30] 中国建筑设计研究院有限公司. 建筑给水排水设计手册 [M]. 3 版. 北京：中国建筑工业出版社，2018.

[31] 中国建筑标准设计研究院. 变频调速供水设备选用与安装 16S111 [S]. 北京：中国计划出版社，2016.

[32] 中国建筑标准设计研究院. 二次供水消毒设备选用及安装 14S104 [S]. 北京：中国计划出版社，2014.

[33] 中国建筑标准设计研究院. 矩形给水箱 12S101 [S]. 北京：中国计划出版社，2013.

[34] 《东北地区农村生活污水处理技术指南（试行）》住房和城乡建设部 2010 年 9 月

[35] 《西南地区农村生活污水处理技术指南（试行）》住房和城乡建设部 2010 年 9 月

[36] 《中南地区农村生活污水处理技术指南（试行）》住房和城乡建设部 2010 年 9 月

[37] 《西北地区农村生活污水处理技术指南（试行）》住房和城乡建设部 2010 年 9 月

[38] 《华北地区农村生活污水处理技术指南（试行）》住房和城乡建设部 2010 年 9 月

[39] 《东南地区农村生活污水处理技术指南（试行）》住房和城乡建设部 2010 年 9 月

[40] 农村生活污水处理工艺及运行管理. 北京：中国建筑工业出版社，2018.

[41] 村庄整治技术手册—排水设施与污水处理. 北京：中国建筑工业出版社，2010.

[42] 给水排水设计手册 第 5 册 城镇排水（第三版）. 北京：中国建筑工业出版社，2017.

[43] 水和废水监测分析方法（第四版）. 北京：中国环境科学出版社，2002.

[44] 生物膜反应器设计与运行手册 2013

[45] 周文理，柳蒙蒙，柴玉峰，等. 我国村镇生活污水治理技术标准体系构建的探讨 [J]. 给水排水，2018（2）.

[46] 何维华. 供水管网常用管材和阀门 [M]. 北京：中国建筑工业出版社，2011：4.

[47] 文科军. 节能住宅污水处理技术 [M]. 北京：中国建筑工业出版社，2015：6.

[48] 宋泽智，方荣. 蓄能加压给水设备的实际应用 [J]. 科技创新导报，2017，1：72-73.

[49] 侯广冰. 给水管道结构安全性评价 [D]. 北京：中国地质大学（北京），2017：5.

[50] 辛颖，安晓林. 我国农村排水系统的规划与管理探究 [J]. 现代园艺，2013，10：83-84.

[51] 杨晓英，袁晋，姚明星，等. 中国农村生活污水处理现状与发展对策——以苏南农村为例 [J]. 复旦学报（自然科学版），2016，2：183-188.

[52] 胡明，刘英豪，朱仕坤，等. 农村分散污水处理技术评价研究进展 [J]. 中国给水排水，2015，12：16-21.

[53] 刘雪美. 我国农村生活污水处理现状及展望 [J]. 安徽农业科学，2017，12：58-60.

[54] 明劲松，林子增. 国内外农村污水处理设施建设运营现状与思考 [J]. 环境科技，2016，6：66-69.

[55] 唐晓琳，李妍，李华. 我国农村污水处理技术研究进展 [J]. 中国资源综合利用，2017，12：96-98.

[56] 闫凯丽，吴德礼，张亚雷. 我国不同区域农村生活污水处理的技术选择 [J]. 江苏农业科学，2017，12：212-216.

[57] 范彬，王洪良，张玉，等. 化粪池技术在分散污水治理中的应用与发展 [J]. 环境工程学报，2017，3：1314-1321.

[58] 张帆. 市政排水检查井的应用研究探讨 [J]. 福建建设科技，2015，5：81-82.

[59] 张建明，王雷，刘兴哲，等. 室外负压排水技术在北方山区农村污水收集处理工程中的应用 [J]. 给水排水，2018，6：24-28.

[60] 张驰，徐康宁，苏冯婷，等. 国内外源分离排水工程项目概述 [J]. 中国给水排水，2015，2：28-33.

[61] 李旻，严巾堪，林常源. 基于真空源分离的生态卫生模式系统应用 [J]. 真空，2017，5：64-67.

[62] 陈永，赵世明. 典型村镇雨水利用模式研究：中国环境科学学会学术年会论文集 [C]，2014：587-591.

[63] 王丽，汪晓晖. 新农村建设中雨水利用研究综述 [J]. 山西建筑，2016，7：132-134.

[64] 李海燕，罗艳红，黄延. 我国农村雨水综合管理措施研究 [J]. 中国农村水利水电，2013，6：66-72.

[65] 罗本福，张彬，赵远清，等. 村镇给水排水产品标准体系的构建研究 [J]. 城镇供水，2016，1：81-84.

[66] 曹井国，宁立群，段书惠，等. 我国城镇给水排水行业工程建设及产品标准体系对比分析 [J]. 给水排水，2016，1：102-107.

[67] 闫长坤，智慧水务体系农村水利现代化建设中的应用浅谈 [J]. 水利技术与监督，2017，6：56-58.

[68] 敖旭平，徐斌，金凡，等. 智慧水务在农村生活污水处理中的应用研究 [J]. 中国给水排水，2015，8：34-36.

[69] 周慧芳，季学冬. 新农村给水排水工程低成本建设适宜技术研究 [J]. 江苏建筑职业技术学院学报，2016，2：40-42.

[70] 《村镇供水工程技术规范》SL 310—2019

[71] 《泵站设备安装及验收规范》SL 317—2015

[72] 《饮用水水源保护区标志技术要求》HJ/T 433—2008

[73] 《农村生活污染控制技术规范》HJ 574—2010

[74] 《厌氧-缺氧-好氧活性污泥法污水处理工程技术规范》HJ 576—2010

[75] 《序批式活性污泥法污水处理工程技术规范》HJ 577—2010

[76] 《氧化沟活性污泥法污水处理工程技术规范》HJ 578—2010

[77] 《膜分离法污水处理工程技术规范》HJ 579—2010

[78] 《含油污水处理工程技术规范》HJ 580—2010

[79] 《人工湿地污水处理工程技术规范》HJ 2005—2010

[80] 《污水混凝与絮凝处理工程技术规范》HJ 2006—2010

[81] 《污水气浮处理工程技术规范》HJ 2007—2010

[82] 《污水过滤处理工程技术规范》HJ 2008—2010

[83] 《生物接触氧化法污水处理工程技术规范》HJ 2009—2011

[84] 《膜生物法污水处理工程技术规范》HJ 2010—2011

[85] 《升流式厌氧污泥床反应器污水处理工程技术规范》HJ 2013—2012

[86] 《生物滤池法污水处理工程技术规范》HJ 2014—2012

[87] 《内循环好氧生物流化床污水处理工程技术规范》HJ 2021—2012

[88] 《医院污水处理工程技术规范》HJ 2029—2013

[89] 《城镇污水处理厂运行监督管理技术规范》HJ 2038—2014

[90] 《水解酸化反应器污水处理工程技术规范》HJ 2047—2015

[91] 《超滤膜及其组件》HY/T 112—2008

[92] 《阀门的标志和涂漆》JB/T 106—2004

[93] 《周边胶轮传动式浓缩机》JB/T 1992—1993

[94] 《工业通风机、鼓风机和压缩机 名词术语》JB/T 2977—2005

[95] 《液控止回蝶阀》JB/T 5299—2013

[96] 《混流泵、轴流泵开式叶片 验收技术条件》JB/T 5413—2007

[97] 《离心式污水泵 形式与基本参数》JB/T 6534—2006

[98] 《排污阀》JB/T 6900—1993

[99] 《生物接触氧化法 生活污水净化器》JB/T 6932—2010

[100] 《一般用途离心式鼓风机》JB/T 7258—2006

[101] 《氧化沟水平转轴转刷曝气机技术条件》JB/T 8700—2014

[102] 《离心式潜污泵》JB/T 8857—2011

[103] 《污水处理设备 通用技术条件》JB/T 8938—1999

[104] 《带式压滤机》JB/T 9040—2010

[105] 《水处理设备型号编制方法》JB/T 9667—1999

[106] 《中小型轴流潜水电泵》JB/T 10377—2015

[107] 《无堵塞泵》JB/T 10605—2017

[108] 《混流潜水电泵》JB/T 10608—2017

[109] 《水力控制阀》JB/T 10674—2006

[110] 《含油污水真空分离净化机》JB/T 10870—2008

[111] 《低阻力倒流防止器》JB/T 11151—2011

[112] 《给水管道进排气阀》JB/T 12386—2015

[113] 《无动力厌氧生物滤池法餐饮业污水处理器》JB/T 12914—2016

[114] 《公路服务区污水再生利用 第1部分：水质》JT/T 645.1—2016

[115] 《公路服务区污水再生利用 第2部分：处理系统技术要求》JT/T 645.2—2016

[116] 《公路服务区污水再生利用 第3部分：处理系统操作管理要求》JT/T 645.3—2016

[117] 《高速公路服务区生物接触氧化法污水处理成套设备》JT/T 802—2011

[118] 《公路服务区污水处理设施技术要求 第2部分：人工湿地处理系统》JT/T 1147.2—2017

[119] 《生活污水净化沼气池技术规范》NY/T 1702—2009

[120] 《生活污水净化沼气池标准图集》NY/T 2597—2014

[121] 《生活污水净化沼气池施工规程》NY/T 2601—2014

[122] 《生活污水净化沼气池运行管理规程》NY/T 2602—2014

[123] 《人工湿地污水处理技术导则》RISN-TG006-2009

[124] 《城镇污水处理厂防毒技术规范》AQ 4209—2010

[125] 《埋地硬聚氯乙烯给水管道工程技术规程》CECS 17—2000

[126] 《农村饮水安全评价准则》T/CHES 18—2018

[127] 《寒冷地区污水活性污泥法处理设计规程》CECS 111—2000

[128] 《建筑给水钢塑复合管管道工程技术规程》CECS 125—2001

[129] 《膜生物反应器城镇污水处理工艺设计规程》T/CECS 152—2017

[130] 《给水钢塑复合压力管管道工程技术规程》CECS 237—2008

[131] 《城镇污水污泥流化床干化焚烧技术规程》CECS 250—2008

[132] 《曝气生物滤池工程技术规程》CECS 265—2009

[133] 《建筑给水排水薄壁不锈钢管连接技术规程》CECS 277—2010

[134] 《雨、污水分层生物滴滤处理（MBTF）技术规程》CECS 294—2011

[135] 《钢骨架聚乙烯塑料复合管管道工程技术规程》CECS 315—2012

[136] 《室外真空排水系统工程技术规程》CECS 316—2012

[137] 《一体化生物转盘污水处理装置技术规程》CECS 375—2014

[138] 《数字集成全变频控制恒压供水设备应用技术规程》CECS 393—2015

[139] 《污水提升装置应用技术规程》T/CECS 463—2017

[140] 《村镇供水工程自动化监控技术规程》T/CECS 493—2017

[141] 《城镇污水处理厂污泥厌氧消化技术规程》T/CECS 496—2017

[142] 《城镇污水处理厂节地技术导则》T/CECS 511—2018

[143] 《城镇污水处理厂污泥好氧发酵技术规程》T/CECS 536—2018

[144] 《城镇污水处理厂污泥隔膜压滤深度脱水技术规程》T/CECS 537—2018

[145] 《室内真空排水系统工程技术规程》T/CECS 544—2018